“十二五”国家重点图书

国家科学技术学术著作出版基金资助出版

电/化/学/丛/书

绿色电化学合成

Green Electrochemical Synthesis

马淳安　等编著

化学工业出版社

·北京·

本书全面系统地介绍了电化学合成的理论、方法和应用。全书共7章，首先介绍电化学合成的基本理论、研究方法、电合成反应器、电极材料、隔膜材料、性能评价方法等，然后重点阐述了无机电化学合成、有机电化学合成、电化学聚合反应、离子液体中的电化学合成等方面的基本方法及其节能减排特性。

本书可供化学、化工及电化学、有机化学、精细化工、应用化学和药物研究等领域的科研工作者、工程技术人员参考和阅读，同时也可供高校相关专业的师生作为教学参考。

图书在版编目（CIP）数据

绿色电化学合成/马淳安等编著. —北京：化学工业出版社，2015.11
（电化学丛书）
ISBN 978-7-122-25158-9

Ⅰ.①绿… Ⅱ.①马… Ⅲ.①电化学-化学合成 Ⅳ.①O646

中国版本图书馆CIP数据核字（2015）第218090号

责任编辑：成荣霞　梁　虹　　文字编辑：林　媛
责任校对：吴　静　　装帧设计：刘丽华

出版发行：化学工业出版社（北京市东城区青年湖南街13号　邮政编码100011）
印　　装：北京虎彩文化传播有限公司
710mm×1000mm　1/16　印张13¾　字数273千字　2016年5月北京第1版第1次印刷

购书咨询：010-64518888　　售后服务：010-64518899
网　　址：http://www.cip.com.cn
凡购买本书，如有缺损质量问题，本社销售中心负责调换。

定　　价：78.00元　

序

《电化学丛书》的策划与出版，可以说是电化学科学大好发展形势下的“有识之举”，其中包括如下两个方面的意义。

首先，从基础学科的发展看，电化学一般被认为是隶属物理化学（二级学科）的一门三级学科，其发展重点往往从属物理化学的发展重点。例如，电化学发展早期从属原子分子学说的发展（如法拉第定律和电化学当量）；19世纪起则依附化学热力学的发展而着重电化学热力学的发展（如能斯特公式和电解质理论）。20世纪40年代后，“电极过程动力学”异军突起，曾领风骚四五十年。约从20世纪80年代起，形势又有新的变化：一方面是固体物理理论和第一性原理计算方法的更广泛应用与取得实用性成果；另一方面是对具有各种特殊功能的新材料的迫切要求与大量新材料的制备合成。一门以综合材料学基本理论、实验方法与计算方法为基础的电化学新学科似乎正在形成。在《电化学丛书》的选题中，显然也反映了这一重大形势发展。

其次，电化学从诞生初期起就是一门与实际紧密结合的学科，这一学科在解决当代人类持续性发展“世纪性难题”（能源与环境）征途中重要性位置的提升和受到期待之热切，的确令人印象深刻。可以不夸张地说，从历史发展看，电化学当今所受到的重视是空前的。探讨如何利用这一大好形势发展电化学在各方面的应用，以及结合应用研究发展学科，应该是《电化学丛书》不容推脱的任务。另一方面，尽管形势大好，我仍然期望各位编委在介绍和讨论发展电化学科学和技术以解决人类持续发展难题时，要有大家风度，即对电化学科学和技术的优点、特点、难点和缺点的介绍要“面面俱到”，切不可“卖瓜的只说瓜甜”，反而贻笑大方。

《电化学丛书》的编撰和发行还反映了电化学科学发展形势大好的另一重要方面，即我国电化学人才发展之兴旺。丛书各分册均由该领域学有专攻的科学家执笔。可以期望：各分册将不仅能在较高水平上梳理各分支学科的框架与发展，同时也将提供较系统的材料，供读者了解我国学者的工作与取得的成就。

总之，我热切希望《电化学丛书》的策划与出版将使我国电化学科学书籍跃进至新的水平。

查全性

（中国科学院院士）

二〇一〇年夏于珞珈山

前　言

随着能源与环境问题的日益严峻，一场以节约资源和能源，保护生态环境平衡为主的绿色工业革命正在蓬勃兴起，人们都在设想用原子经济性的科学方法来重新设计新的合成路线，从而在源头上防止污染的产生。这种以绿色合成为目标的方法和技术除化学催化合成和酶催化合成以外，最引人瞩目的合成方法当属电化学合成技术。目前，世界上许多先进的工业国都采用该方法陆续研究和开发各类环境友好、高附加值的产品及其相应技术，发展速度非常迅速。

近年来，我国电化学合成领域的发展也比较快，形成了若干独立的工业部门，如氯碱工业、无机及有机电合成工业等，在国民经济中居重要地位。我国在这一领域的研究队伍正在不断壮大，研究单位日趋增多。至今，召开了十八次全国电化学会议和十四次全国有机电化学和工业学术会议，并在每次会议中都出版了论文集，大大推动了我国电化学合成和工业领域的技术进步和发展。但与发达国家相比，我国仍有较大差距，尤其是这一领域的知识传播还比较薄弱，许多高校化学化工类的本科生和研究生在这一领域的培养和训练比较欠缺，大部分学生很少涉及该领域的理论知识和应用技术。同时，许多从事化学化工教学、研究和开发的科技工作者对这一领域的了解也相对较少。

为了使读者更好地了解电化学合成的发展情况，传播这一领域的知识和技术，促进我国绿色电化学合成的技术进步和发展，笔者根据掌握的国内外在这一领域的最新研究进展以及在教学和研究工作中的一些积累特编写成此书，以满足广大化学化工读者的需要。

本书共分 7 章，前 3 章分别介绍电化学合成的基本理论、研究方法、电合成反应器、电极材料、隔膜材料和性能评价方法等内容；第 4 章介绍无机电化学合成；第 5 章重点介绍有机电化学合成；第 6 章介绍电化学聚合反应；第 7 章主要介绍离子液体中的电化学合成。

本书是马淳安教授 20 多年来在电化学合成基础研究和工程应用领域的实践经验与成果总结，其中徐颖华副研究员参与了第 2、3 章的编写，赵峰鸣副教授参与了第 4 章的编写，褚有群副教授参与了第 5 章的编写，李美超教授参与了第 6 章的编写，毛信表副教授参与了第 7 章的编写，最后由马淳安教授统稿。

本书旨在使读者能熟悉和了解电化学合成的基本知识、相应技术及其在绿色化学合成领域中的应用前景，并根据研究的实际体系设计出实验室规模的研究方案及操作方法，从而能达到开发一般电化学合成产品的目的；同时希望本书对拓宽本科生和研究生的视野，传播这一学科领域的知识，促进我国绿色化学合成领域的进步和发展，能起到积极的推动作用。感谢国家科学技术学术著作出版基金和浙江工业大学出版基金的资助。鉴于电化学合成领域发展速度很快，加上笔者学识有限，书中的疏漏之处在所难免，敬请读者批评指正。

编著者

2016 年 2 月

目　录

第 1 章　绪论

第 2 章　电化学合成的理论基础

第 3 章　电化学合成技术

第 4 章 无机电化学合成

第5章 有机电化学合成

第 6 章 电化学聚合反应

第 7 章 离子液体中的电化学合成

第1章 绪论

1.1 电化学合成与环境[1~14]

1.1.1 人类生存的物质需求与环境之间的矛盾

至今，通过化学方法已给人类创造了优厚的物质基础和物质文明，并已渗透到人类物质社会的各个领域。尤其是进入21世纪以后，人们想进一步提高生活质量、促进人类健康长寿，所以人类社会对物质需求提出了更高的愿望与要求。但是，人们在获得化学所带来的物质享受的同时，地球上的大气、江河湖海和各种食物都不同程度地受到污染，人类社会对此已付出沉重的代价，其生存已受到严重的威胁。

众所周知，在地球表面上引起水体污染的主要来源有自然污染和人为污染两方面。自然污染主要由自然因素造成，例如由于特殊的地质原因使某些区域某种有害化学元素大量富集，天然植物腐烂所产生的毒物，降雨过程大气中淋洗下来的有害物质等。人为污染是人类在工业生产过程中排出的废气、废水和废渣，农业生产过程中喷洒的农药和使用的化肥，生活过程中排出的生活污水和垃圾，医院在治疗过程中排放的有毒物质等。例如农药、药物、皮革、染料、化肥、橡胶、油漆、洗涤剂等传统化工产品生产过程中都或多或少地排出废水和废渣，这些废水和废渣若无控制地排入江、河、湖、海，就会污染水体。又如农药、药品、化肥、染料、洗涤剂等在应用过程中除应用所需部分以外大部分都没有控制地进入水体，如图1.1所示。

所以，这些化工品在人类生存过程中若没有控制地大规模生产和应用，最终都将进入地球表面的水体系统，而这些有害物质进入水体后比较稳定难以降解，直接毁坏农田、危及渔业、影响工业产品质量，尤其是对人类生存所必需的食物造成严重污染（如图1.2所示），给人们的生命和健康带来严重的威胁。

另外，大气中的有害污染物浓度已达到破坏生态系统和对人和物造成危害的程度。目前人们已检测到100种左右对人类产生危害的大气污染物，其影响面十分

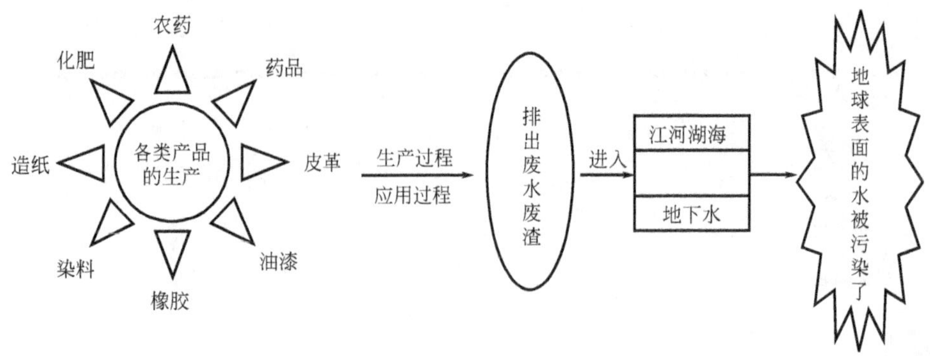

图 1.1　化工产品生产和应用过程发生的水污染

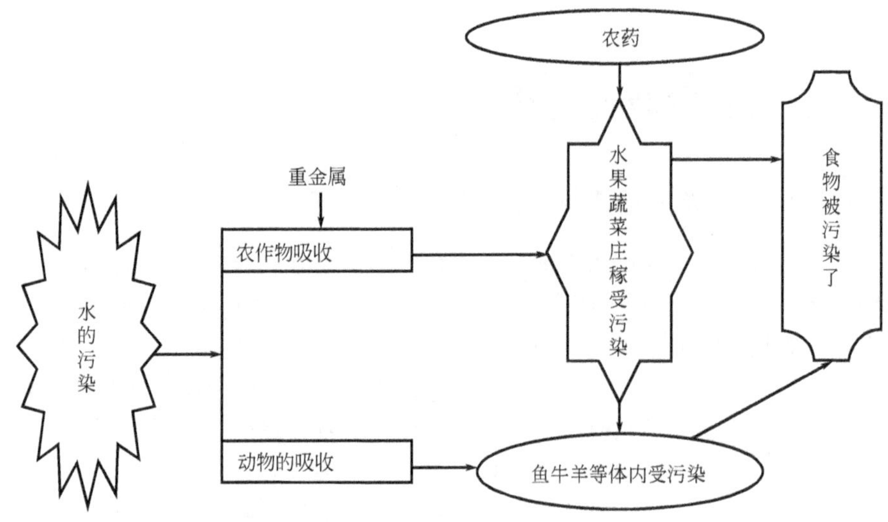

图 1.2　水、农药、重金属等引起的食物污染

广。具有普遍性的污染物包括二氧化碳、氮氧化物、硫氧化物、碳氢化物以及悬浮可吸入的颗粒物等。这些污染物主要来自汽车尾气、炼油过程和化工产品合成过程排出的气体（如图 1.3 所示）。进入 21 世纪后随着地球上人口的急速增加，经济的发展，地球表面的大气污染日趋严重。尤其是有害气体的大量排放，不仅使大气在局部区域内发生严重污染，而且影响到大气的成分与组成以及全球性的气候变化，并出现了温室效应、酸雨和臭氧层耗损等全球性环境问题，严重威胁着人类的生存和发展空间。

总而言之，人类的物质需求与环境污染之间的关系已处于不和谐的一种状态，如何解决物质需求与环境保护这对矛盾已成为全球的当务之急。

目前，人类社会已进入 21 世纪，人们总结以往工业革命过程所走过的道路，已开始觉悟到人类在获取必需的物质基础过程中必须保护环境，必须与自然和谐共处，协调发展，走可持续发展的道路，同时对传统工业系统进行改革、转型、升

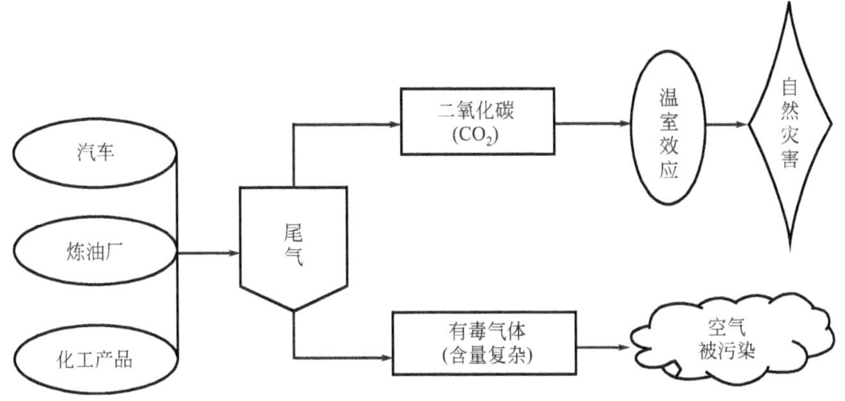

图 1.3　大气中产生的污染物

级，对新上的工业体系从产品设计、生产方法和工艺流程等进行全面创新，走绿色化学和清洁生产的全新道路，真正达到世界可持续发展事务委员会提出的经济增长、环境平衡和社会进步的三大目标。

近十年来，人们已开始认识到，在生产物质过程中只有从合成的源头杜绝污染物的产生，才是主动的、高层次的治本举措，也是一种全新的绿色化学清洁生产模式，它遵循“原子经济性”原则、“零排放”原则、“反应物、催化剂、溶剂、助剂无毒或低毒”原则等，这类生产方法主要包括化学催化合成、生物合成与电化学合成（见图 1.4）。这三种合成方法按反应所需分别在合成过程中加入所设计的反应物、选择的催化剂和控制适合的反应条件，都可以合成相应的产物，但哪一种方法能够达到原子经济性目标，符合零排放要求，这需要对这三种合成方法进行优化和选择。本专著只讨论电化学合成方法，对化学催化合成方法和生物合成方法感兴趣的科技人员可选择相关的书籍阅读和参考。

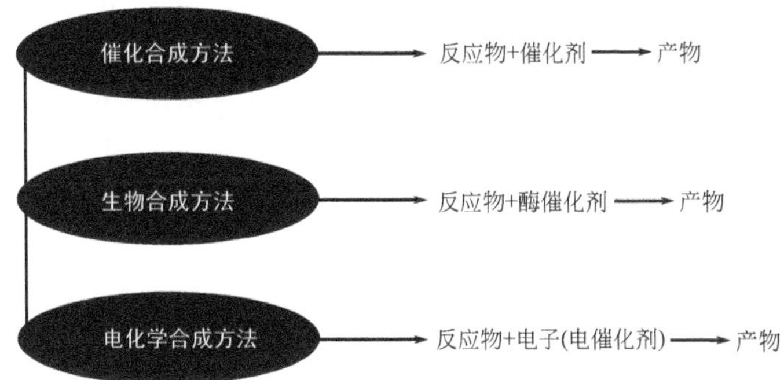

图 1.4　绿色化学合成过程的三种合成方法

1.1.2　绿色电化学合成的意义

现今，全世界主要利用煤或石油制品与空气中的氧气反应而获得能量或动力，在此反应过程中煤或石油制品不但受卡诺循环的限制，热效率很低，而且要排放出大量的二氧化碳和有害物质，如图 1.5 所示。

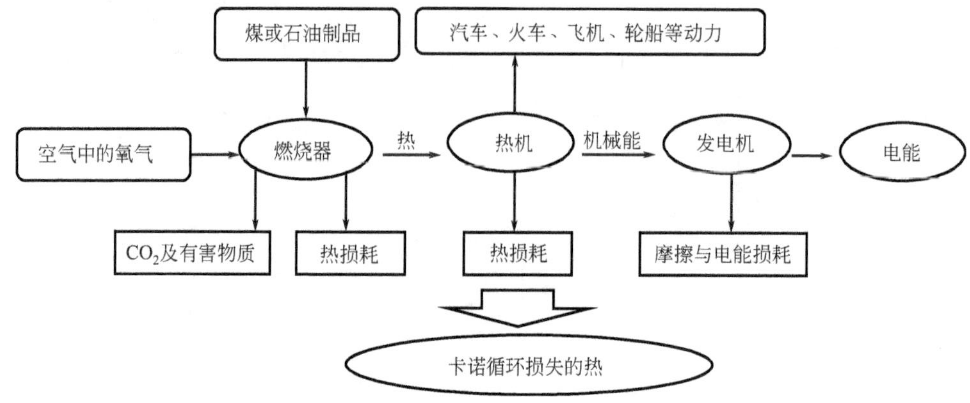

图 1.5　化石燃料在使用过程中的热损失和排出的污染

电化学是电能与化学能之间相互转化的一门科学，其中化学能转化为电能的反应称为电池反应，电能转化为新物质的反应称为电解反应，通过第一种转化过程我们可以开发出人类所需要的新能源，通过第二种转化过程我们可以创造出品种繁多的新物质。与传统的化学合成反应相比，电解合成反应无须使用有毒的试剂，“三废”较少，因此，被认为是一种典型的绿色化学合成技术。电合成技术为科学家们的合成化学研究提供了新思路，为解决人类社会急需的物质需求提供重要的技术支撑，对传统化学工业的节能减排具有重要意义。

1.2 绿色电化学合成的主要对象[2～4,10～22]

电化学合成最基本的研究对象是各类电化学反应在“电极/溶液”界面上的热力学与动力学性质，探讨这些反应在电化学体系内的反应可能性及其机理。化学反应的本质是反应物外层电子的得失，故任何一个氧化还原反应理论上都可以按照化学和电化学两种本质不同的反应机理来完成。对于任何一个如下式所示的氧化还原反应：

$$A+B \longrightarrow C+D \tag{1}$$

如果通过化学反应实现上述反应，则可以表示为：

$$A+B \longrightarrow [AB] \longrightarrow C+D \tag{2}$$

化学反应过程中 A 粒子和 B 粒子通过相互碰撞形成一种活化配合物中间态 [AB]，然后转变成产物。如果式(1) 的反应在电解装置中进行，则在阴极和阳极分别发生下列电极反应：

阴极反应：
$$A+ne^- \longrightarrow C \tag{3}$$

阳极反应：
$$B-ne^- \longrightarrow D \tag{4}$$

电化学总反应：
$$A+B \longrightarrow C+D \tag{5}$$

对于单个电极而言，电极过程由下列步骤串联而成：①反应物粒子自溶液本体向电极表面传递；②反应物粒子在电极表面或电极表面附近液层中进行某种转化，例如表面吸附或发生化学反应；③在电极与溶液之间的界面上进行得失电子的电极反应；④电极反应产物在电极表面或电极表面附近液层中进行某种转化，例如表面脱附或发生化学反应；⑤电极反应产物自电极表面向溶液本体传递。任何一个电极过程都包括上述①、③、⑤三步，某些电极过程还包括②、④两步或其中一步。电极过程各步骤的速度存在差别，整个过程由其中最慢的一步控制，称为“控制步骤”。电化学合成工艺流程通常包括前处理、电解合成、后处理各步，其中电解合成是最重要的步骤。电化学合成前后处理过程与化学合成相似，通常包括净化、除湿、精制、分离等操作。

1.3 电化学合成的主要优点[2～4]

与化学合成相比，电化学合成的主要优点如下：

① 可通过调节电极电位去改变电极反应速率。根据计算，过电位改变 1V，活化能降低 40kJ，这可使反应速率增加 10^7 倍。因此，电合成工业一般都在常温常压下进行。如果通过升温的办法使反应速率增加 10^7 倍，那必须把温度从室温升高到 600K 左右，这将对反应设备的要求大大提高。

② 较易控制电极反应的方向。通过控制电位和选择适当的电极、溶剂等方法，使反应朝着人们所希望的方向进行，减少副反应，从而可以得到较高产率和较纯净的产品，包括许多用一般化学合成法难以制得的物质，如高氧化性或强还原性物质。

③ 环境污染少。电化学反应所用的氧化剂或还原剂是电子，这是清洁而干净的物质。电化学合成过程容易实现自动、连续，电解槽容易密闭，因而排放的“三废”很少，不会给环境造成公害。可以说电化学合成是干净的化学工业。

参 考 文 献

[1] 查全性编著. 电极过程动力学导论. 第 2 版. 北京：科学出版社，1987.
[2] 马淳安著. 有机电化学合成导论. 北京：科学出版社，2003.
[3] 马淳安，俞文国. 精细化工，1995，12 (1)：39.
[4] 马淳安. 电化学，1999，5 (4)：395.
[5] 孙彦平. 化工学报，1993，44 (4)：389.
[6] 陈震，陈日耀，郑曦等. 化学世界，2001，5：271.
[7] 黄培强，高景星. 化学进展，1998，10 (3)：265.
[8] 白新德，蔡俊，尤引娟等. 复合材料学报，1996，13 (2)：53.
[9] 廖学红，朱俊杰，赵小宁等. 高等学校化学学报，2000，21 (12)：1838.
[10] Mazur M. Electrochemistry Communications，2004，6 (4)：400.
[11] Valizadeh S，George J M，Leisner，et al. Thin solid Films，2002，402 (1-2)：262.
[12] Aranda S D，Lokhande C D. Ceramics International，2002，28 (5)：467.
[13] Matveev A T，Golberg D，Novikov V P，et al. Carbon，2001，39 (1)：155.

[14] 王化章，汤啸，杨建红等. 中国有色金属学报，1997，7 (2)：34.
[15] 谢民，赵良仲，徐翠英等. 电化学，1997，3 (1)：72.
[16] 杨海福，陈建军，任彦蓉. 青海大学学报（自然科学版），2003，21 (4)：28.
[17] Liao M Y，Lin J M，Wang J H，et al. Electrochemistry Communications，2003，5 (4)：312.
[18] 韩喻，谢凯. 微纳电子技术，2003，(7/8)：137.
[19] 玉占君，李晓辉，郭文生等. 光谱实验室，1999，16 (1)：34.
[20] 卢星辉. 精细化工，2000，17 (S)：123.
[21] 周贤红，张国杰. 氯碱工业，2000，1：1.
[22] 王大全，马淳安主编. 中国有机电化学与工业进展. 北京：中国石化出版社，2007.

第2章

电化学合成的理论基础

电化学合成是电化学科学中的一个重要分支，主要研究电能转化为化学能时所遵循的规律，以及实现这一转化的基本条件，因此，在学习电化学合成以前，需掌握或复习电化学的一些基本理论。

本章的目的主要是通过阐述电化学合成所涉及的一些电化学基本概念和基本原理，使那些尚未系统学过电化学理论或长期没接触到电化学问题的读者能初步了解这一领域的主要基础理论，为以后章节的学习做好必要的知识准备。

2.1 电化学热力学[1～3]

2.1.1 电动势与理论分解电压

在一个电化学反应器中，当无电流通过时，两电极之间自发产生的电位差，叫做电动势。就原电池而言，该电位差达到了最高的电压值，而对电解池来说，则为电解反应所需的最低电压值，也就是理论分解电压。在这种情况下，电化学体系内部处于热力学平衡状态，反应以可逆方式进行，其电动势的大小与温度、压力、浓度以及热力学状态函数等因素有关。

(1) 电动势与吉布斯自由能的关系

根据热力学的吉布斯函数定义：

$$dG=-SdT+Vdp-\delta W_{非}$$

在等温、等压条件下，即 $dT=0$，$dp=0$

所以 $dG=-\delta W_{非}$ 即 $\Delta G=-W_{非}$

上式的意义是：体系吉布斯自由能的减少等于体系在等温等压条件下所做的最大非体积功。在电化学反应体系中，非体积功等于电功。

所以 $\Delta G=-W_{电功}=-QE=-nFE$

或 $$\Delta G^{\ominus}=-nFE^{\ominus} \tag{2.1}$$

由上式可见，只要知道吉布斯自由能值，就可求得可逆电池的电动势，反之亦然。

(2) 电动势温度系数与电池反应的 ΔH、ΔS 之间的关系

已知电池反应的 $\Delta G = -nFE$，若对温度 T 微商，即得：

$$\left(\frac{\partial \Delta G}{\partial T}\right)_p = -nF\left(\frac{\partial E}{\partial T}\right)_p$$

由热力学关系式：$\left(\frac{\partial \Delta G}{\partial T}\right)_p = -\Delta S$

所以
$$\Delta S = nF\left(\frac{\partial E}{\partial T}\right)_p \tag{2.2}$$

又如热力学关系式：$\Delta G = \Delta H - T\Delta S$

则把 $\Delta G = -nFE$ 和 $\Delta S = nF\left(\frac{\partial E}{\partial T}\right)_p$ 代入上式，即得

$$-nFE = \Delta H - nFT\left(\frac{\partial E}{\partial T}\right)_p$$

所以
$$\Delta H = -nFE + nFT\left(\frac{\partial E}{\partial T}\right)_p \tag{2.3}$$

其中，$\left(\frac{\partial E}{\partial T}\right)_p$ 称为电动势（或理论分解电压）的温度系数，它反映了电化学反应器工作时与环境的热交换关系。因为

$$Q_{可} = T\Delta S = nFT\left(\frac{\partial E}{\partial T}\right)_p \tag{2.4}$$

式中，$Q_{可}$ 为体系与环境的热交换，$Q_{可}>0$ 表示吸热，$Q_{可}<0$ 表示放热。因此，

① 当$\left(\frac{\partial E}{\partial T}\right)_p=0$ 时，$Q_{可}=nFT\left(\frac{\partial E}{\partial T}\right)_p=0$，说明体系与环境没有热交换，电池做功的能量全部来自反应的焓变。

② 当$\left(\frac{\partial E}{\partial T}\right)_p<0$ 时，$Q_{可}=nFT\left(\frac{\partial E}{\partial T}\right)_p<0$，说明体系向环境放热，即反应的焓变大于电池做功所需的能量。

③ 当$\left(\frac{\partial E}{\partial T}\right)_p>0$ 时，$Q_{可}=nFT\left(\frac{\partial E}{\partial T}\right)_p>0$，说明体系自环境吸热，即反应的焓变不足以供电池做功。

(3) 电动势与溶液浓度、温度、压力等之间的关系——Nernst 公式

对于电池反应：

$$\nu_1 A_1 + \nu_2 A_2 = \nu_3 A_3 + \nu_4 A_4 \tag{2.5}$$

因为
$$\Delta G = \Delta G^{\ominus} + RT\ln\frac{a_3^{\nu_3} a_4^{\nu_4}}{a_1^{\nu_1} a_2^{\nu_2}} \tag{2.6}$$

而
$$\Delta G = -nFE;\Delta G^{\ominus} = -nFE^{\ominus}$$

所以
$$E = E^{\ominus} - \frac{RT}{nF}\ln\frac{a_3^{\nu_3} a_4^{\nu_4}}{a_1^{\nu_1} a_2^{\nu_2}} \tag{2.7}$$

或者写成一般式：

$$E=E^{\ominus}-\frac{RT}{nF}\ln\frac{\prod a_{产物}^{\nu_B}}{\prod a_{反应物}^{\nu_A}} \tag{2.8}$$

式中 E——电动势或理论分解电压；

$E^{\ominus}$——标准电动势或标准分解电压；

n——电化学反应中得失的电子数；

T——反应温度，K；

$a_{产物}$——电池反应或电解反应中产物的活度；

$a_{反应物}$——电池反应或电解反应中反应物的活度；

ν_A——反应物的化学计量数；

ν_B——产物的化学计量数。

此式叫做 Nernst 公式，它反映了当一个化学反应在电池中进行时，电池电动势或理论分解电压与参加电池反应的各物质浓度和温度等之间的关系。

2.1.2 平衡电极电位

在上节中我们把电池作为整体，依据电池反应的热力学状态函数变化讨论了电动势问题，为了深入研究电池中进行的反应，需要把注意力集中到某个电极，了解在电极上发生的具体反应和平衡。因此，电极反应和电极电位的概念在电化学中具有重要的理论和实践意义。电极反应是有电子参加的反应，对应于可逆电极反应的平衡电位，称为平衡电极电位，用φ_{eq}表示，而$\varphi^{\ominus}$则表示标准平衡电极电位。

由于单个电极的电位绝对值无法测定，因此，一般是选择某一电极作基准（参比电极），将其它电极与之比较来测得其相对值。国际上统一采用的标准电极是氢电极，规定标准氢电极（Normal Hydrogen Electrode，NHE）的电位为零：

$$2H^{+}(a_{H^{+}}=1)+2e^{-} \rightleftharpoons H_2(p=101325Pa), \varphi^{\ominus}_{H_2/H^{+}}=0V \tag{2.9}$$

将被测电池与标准氢电极构成如下所示的原电池：

标准氢电极‖被测电极

该电池的电动势即为被测电极的电极电位。实际上，这种电极电位是以标准氢电极作为基点的相对电极电位，通常称为氢标电位。

电极处于平衡状态下的相对电极电位称为平衡电极电位（φ_{eq}），其数值不仅可以通过上述方式进行测量，同样也可以通过与标准氢电极构成原电池，根据原电池电动势的 Nernst 公式(2.8) 来计算得到。

如将任一电极反应表示为

$$O+ne^{-} \rightleftharpoons R \tag{2.10a}$$

式中 O——氧化态物质；

R——还原态物质；

n——反应中得失的电子数。

其与式(2.9) 所示的标准氢电极反应构成一原电池时，电池反应式为：

$$O+\frac{n}{2}H_2 \rightleftharpoons R+nH^+ \tag{2.10b}$$

由式(2.8) 可得电池电动势为：

$$E=\varphi_+-\varphi_-=E^\ominus-\frac{RT}{nF}\ln\frac{a_R a_{H^+}^n}{a_O p_{H_2}^{n/2}}=(\varphi_{R/O}^\ominus-\varphi_{H_2/H^+}^\ominus)-\left[\frac{RT}{nF}\ln\frac{a_R}{a_O}-\frac{RT}{nF}\ln\left(\frac{a_{H^+}^2}{p_{H_2}}\right)^{n/2}\right]$$

$$=\left(\varphi_{R/O}^\ominus-\frac{RT}{nF}\ln\frac{a_R}{a_O}\right)-\left(\varphi_{H_2/H^+}^\ominus-\frac{RT}{2F}\ln\frac{a_{H^+}^2}{p_{H_2}}\right)$$

对于标准氢电极，已规定$\varphi_{H_2/H^+}^\ominus=0$，所以上式中第二项应为零。根据氢标电位的定义，被测电极的平衡电极电位可表达如下：

$$\varphi_{eq}=E=\varphi_{R/O}^\ominus-\frac{RT}{nF}\ln\frac{a_R}{a_O}$$

即

$$\varphi_{eq}=\varphi_{R/O}^\ominus+\frac{RT}{nF}\ln\frac{a_O}{a_R} \tag{2.11a}$$

当$a_O=a_R=1$时，$\varphi_{eq}=\varphi_{R/O}^\ominus$，称为标准平衡电极电位，在25℃时，若采用常用对数，则式(2.11a) 可写为：

$$\varphi_{eq}=\varphi_{R/O}^\ominus+\frac{0.0591}{n}\lg\frac{a_O}{a_R} \tag{2.11b}$$

在实际研究中由于氢电极使用不便，人们常常用饱和甘汞电极或其它参比电极代替标准氢电极，如文献中常标以 v. s. SCE (Saturated Calomel Electrode)，即表示相对饱和甘汞电极的电位。虽然这种电位标度起点不同，但很容易换算。已知饱和甘汞电极在25℃时的电极电位为0.2438V，如果某电极电位标示为0.2V v. s. SCE，则它的氢标电极电位为0.4438V。

应该注意的是在电化学研究中，为了测量电极电位，应根据不同的介质选择合适的参比电极，以使测量精确和具有良好的重现性。通常在氯化物介质中选用甘汞电极，硫酸盐介质中宜选用硫酸亚汞电极，碱性介质中可选用氧化汞电极。

一些常见电极反应的标准平衡电极电位值可在有关手册中查到[2]。由这些数值大致可以判断反应的倾向性。$\varphi^\ominus$越正，则电极反应中的氧化态越容易获得电子，即越易还原，是强氧化剂；$\varphi^\ominus$值越负，则该电极反应中的还原态越容易失去电子，即越易氧化，是强还原剂。

因此，平衡电极电位能起到判断体系中氧化还原能力大小的作用，同样反映了电极上发生反应的倾向性。

2.2 不可逆电极过程[4~8]

在实际电化学体系中，电化学反应总是按一定的方向和反应速率进行的，因此，任何工业电化学中的电极反应都是非平衡电极过程，即不可逆电极过程，它直接与电化学反应速率、电压或电极体系中的各因素有关。本节主要讨论这方面的有关概念。

2.2.1 电极的极化

当电极上无电流通过时，电极处于平衡状态，与之相对应的电位是平衡电极电位。随着电极上电流密度的增加，电极的不可逆程度愈来愈大，电极电位对平衡电极电位的偏离亦愈来愈远。我们将电流通过电极时，电极电位偏离平衡电极电位的现象称为电极的极化。某一电流密度下的电极电位与其平衡电极电位之差称为过电位或超电势，用 $\Delta\varphi$ 表示，即

$$\Delta\varphi=\varphi-\varphi_{eq} \tag{2.12}$$

阳极极化时，$\varphi>\varphi_{eq}$，$\Delta\varphi$ 为正值。阴极极化时，$\varphi<\varphi_{eq}$，$\Delta\varphi$ 为负值。$\Delta\varphi$ 的绝对值表明极化作用的程度。

表示电极电位与电流密度关系的曲线（φ-i 曲线）称为极化曲线。在电化学中，如给定（或控制）电流密度，测量相应的电极电位，所得到的极化曲线称为恒（控制）电流极化曲线，即 $\varphi=f(i)$ 曲线；反之，若给定（控制）电极电位，测量相应的电流密度，所得的极化曲线称为恒（控制）电位极化曲线，即 $i=f(\varphi)$ 曲线。电极的极化曲线可用图 2.1 所示的仪器装置测定。

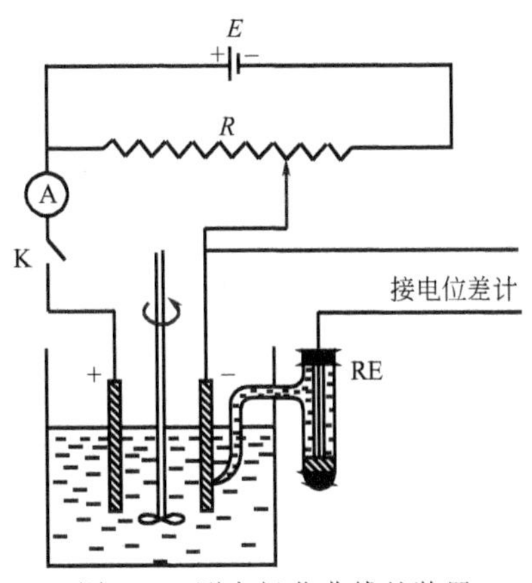

图 2.1 测定极化曲线的装置

由实验测得不同电流密度下的电极电位，减去由计算得到的平衡电极电位 φ_{eq}，就可求出不同电流密度下的过电位。影响过电位的因素很多，如电极材料、电极表面状态、电流密度、温度、电解质性质和浓度以及溶液中的杂质等，故过电位的测定常不能得到完全一致的结果。

2.2.2 电化学反应的工作电压

如前所述，就单个电极来说，阴极极化的结果使电极电位变负，阳极极化的结果使电极电位变正。

当两个电极组成电解池时，由于电解池的阳极是正极，阴极是负极，阳极电位的数值比阴极大，所以在电极电位对电流密度的图中，阳极极化曲线位于阴极极化曲线的上方，如图 2.2(a) 所示。随着电流密度的增加，电解池端电压增大，也就是说，电解时电流密度若增加，则消耗的能量也增多。

而原电池恰恰相反，原电池的阳极是负极，阴极是正极，阳极电位的数值比阴极小，因而在电极电位对电流密度的图中，阳极极化曲线位于阴极极化曲线的下

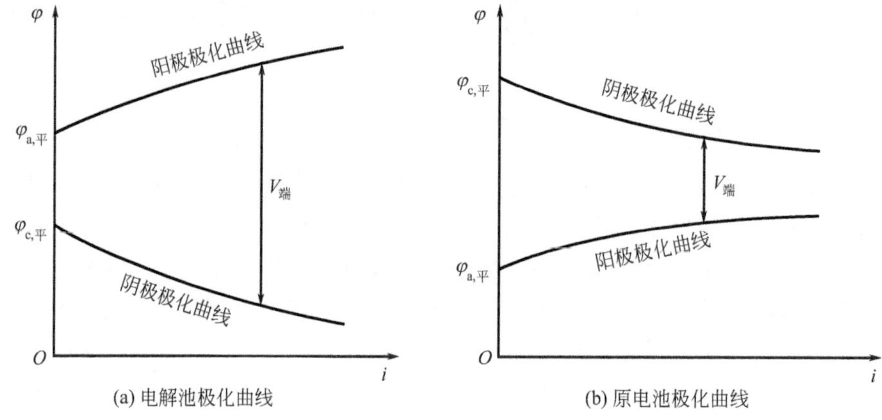

图 2.2　极化曲线

方，如图 2.2(b) 所示。所以原电池端电压随着电流密度的增大而减小。

原电池与电解池端电压与电动势之间的关系可如下表示

$$V_{端}=\varphi_c-\varphi_a-IR<E(原电池) \tag{2.13}$$

$$V_{端}=\varphi_a-\varphi_c+IR>E(电解池) \tag{2.14}$$

式中　φ_a——阳极的电极电位；

φ_c——阴极的电极电位；

I——电流；

R——电化学反应器内的各种欧姆电阻之和；

E——原电池和电解池的电动势。

可以看出，$V\neq E$ 的原因，固然因为多出 IR 一项，即电流通过电化学反应器时产生了各种欧姆电压降，但更重要的是每个电极通电后发生了极化现象，电位不等于其平衡电极电位（$\varphi\neq\varphi_{eq}$）。所以若研究电化学反应器的工作电压需对每一电极的电极电位进行分析。

2.2.3　电极过程的基本历程与速率控制步骤

电极过程是由多个步骤组成的复杂过程，一般情况下包括以下几个基本过程或步骤：

① 电化学反应过程——在电极/溶液界面上得到或失去电子时生成反应产物的过程，即电荷传递过程。

② 反应物和反应产物的传质过程——反应物向电极表面传递或反应产物自电极表面向溶液本体或向电极内部的传递过程。

③ 电极界面双电层的充放电过程。

④ 溶液中离子的电迁移或电子导体中电子的导电过程。

此外，还可能有吸（脱）附过程，新相生长过程，以及伴随电化学反应而发生的化学反应过程等。

上述这些基本过程各有自己的特点及影响因素。在研究电极过程时首先应分析总的电极过程可能包括哪些基本过程，同时要了解各基本过程的特点及相互联系，尤其要抓住其主要矛盾。

在电化学研究中，必须要把所研究的过程突出出来，使它成为整个电极过程的控制步骤，这样测得电极的性质才是所要研究的那个基本过程或步骤的特性。在稳态下，整个电极过程的动力学特征就和这个控制步骤的动力学特征相同。当电化学反应为控制步骤时，则测得的整个电极过程的动力学参数，就是该电化学步骤的动力学参数。反之，当扩散过程为控制步骤时，则整个电极过程的速度服从扩散动力学基本规律。当控制步骤发生转化时，往往同时存在着两个控制步骤，这时电极过程为混合控制。

2.2.4 电极反应过程的特征

电极过程是电子通过电极与溶液界面时所发生的一系列变化的总和，它具有氧化还原反应和异相反应两方面的特征[3]。一方面，它除具有电子得失的基本特征外，还具有常规氧化还原反应没有的两个特征：①电子经过外电路传递而不是直接转移；②氧化还原反应在空间上分离。另一方面，它除具有一般异相反应特征外(反应速率与界面的性质、状态、面积有关；反应速率与传质速率有关；反应与新相生成有关)，还具有两个特殊的特征（界面上存在双电层及界面电场，电场因素对反应影响极大；在一定范围内可持续地、任意地改变电场方向和强度，从而改变反应方向和速率)。

2.2.5 电极反应速率的表示方法

根据电极反应的特点，即它是有电子参与的氧化还原反应，故可用电流密度来表示电极反应的速率。假设电极反应为

$$\mathrm{O}+n\mathrm{e}^- \rightleftharpoons \mathrm{R} \tag{2.15}$$

按照异相化学反应速率的表示方法，该电极反应的速率为：

$$v=\frac{1}{S}\times\frac{\mathrm{d}c}{\mathrm{d}t} \tag{2.16}$$

式中，v 为电极反应速率；S 为电极表面的面积；c 为反应物浓度；t 为反应时间。

根据法拉第定律，当电极上有1mol 物质还原或氧化时，就需要通过 nF 电量。n 为电极反应中一个反应粒子所消耗的电子数。所以，可以用电流密度来表示电极反应的速率：

$$I=nFv=nF\ \frac{1}{S}\times\frac{\mathrm{d}c}{\mathrm{d}t} \tag{2.17}$$

当电极反应达到稳定状态时，外电流将全部消耗于电极反应，因此实验测得的

外电流密度值就代表了电极反应的速率。

2.3 电化学合成的质量因素[9~13]

2.3.1 电流效率

无论是实验室电解合成，还是工业化电解生产，实际电解得到的产物往往总比理论产物少，这就存在着电流效率（Current Efficiency）问题。

通常，我们把实际生成物质的量与按法拉第定律计算应生成的物质的量之比称作电流效率（η），如下式所示：

$$\eta=\frac{\text{实际产量}}{\text{理论产量}}\times 100\% \tag{2.18}$$

另外，电流效率也可以按生成一定数量物质所必需的理论电量（$Q_{理}$）与实际消耗的总电量（Q_r）之比来求算：

$$\eta=\frac{Q_{理}}{Q_r}\times 100\% \tag{2.19}$$

式中，理论电量 $Q_{理}$ 可按法拉第定律计算：

$$Q=\int It=\frac{m}{A}nF \tag{2.20}$$

式中 I——电流强度；

m——产物的质量；

A——产物的摩尔质量（相对分子质量）；

n——反应电子数；

F——法拉第常数。

电流效率通常小于100%，这主要是由于电解过程“副反应”、次级反应（或是逆向反应）或电极上不只是发生一个反应所引起的。例如，硝基苯电解合成对氨基苯酚的阴极反应过程中，按预定的主反应应为[4]：

$$C_6H_5NO_2 + 4H^+ + 4e^- \longrightarrow HOC_6H_4NH_2 + H_2O$$

但在反应过程中由于受酸浓度、反应物浓度、温度、电极材料等因素的影响，往往还伴随着如下副反应：

$$C_6H_5NO_2 + 6H^+ + 6e^- \longrightarrow C_6H_5NH_2 + 2H_2O$$

及

$$2H^+ + 2e^- \longrightarrow H_2\uparrow$$

因此，该反应的电流效率通常只有60%～70%[5~9]。

由此可见，在电解合成过程中电流效率是一个十分重要的技术经济指标，电流效率越高，电流损失越少，产物的产量越大，所以，在每一个电合成体系中，我们必须找出影响电流效率的主要因素，并采取措施加以改进，寻找出最理想的操作条件以及选择最合适的电极材料或催化剂，以达到最高的电流效率。

2.3.2 电解槽工作电压和电压效率

2.3.2.1 电解槽工作电压

在电解合成过程中，电解槽的工作电压常由以下几部分组成：

$$V=\varphi_{eq,a}-\varphi_{eq,c}+\eta_a+\eta_c+IR_{l,a}+IR_{l,c}+IR_d+IR_J+IR_x \quad (2.21)$$

式中 $\varphi_{eq,a}$——阳极平衡电极电位；

$\varphi_{eq,c}$——阴极平衡电极电位；

η_a——阳极过电位；

η_c——阴极过电位；

$IR_{l,a}$——阳极区电解液欧姆电压降；

$IR_{l,c}$——阴极区电解液欧姆电压降；

IR_d——隔膜欧姆电压降；

IR_J——接触欧姆电压降；

IR_x——导线电压降。

(1) 理论分解电压或电动势（E）

在 2.1 节中已阐述，在一个电化学反应器中，当无电流通过时，两电极之间自发产生的电位差，叫做电动势或理论分解电压，也就是电解反应所需的最低电压值，它由阴、阳极的平衡电极电位构成，即

$$E=\varphi_{eq,a}-\varphi_{eq,c} \quad (2.22)$$

电动势或理论分解电压的大小直接与温度、压力、浓度以及热力学状态函数等因素有关，可参见式(2.8)。同样，影响阴、阳极平衡电极电位大小的原因也与上述因素有关，这部分内容可参阅 2.1.2 节。

(2) 过电位（η）

在电化学体系中，当外线路有电流通入电解槽时，则在阴极上会发生阴极极化反应，产生阴极过电位

$$\eta_c=\varphi_{eq,c}-\varphi_c \quad (2.23)$$

在阳极上，则产生阳极过电位

$$\eta_a=\varphi_a-\varphi_{eq,a} \quad (2.24)$$

式中，η_c 和 η_a 表示电化学体系通入电流后阴极和阳极过电位。

一般来说，阴、阳极过电位的大小主要与电极反应过程中各个分步骤的“阻力”大小有关，因此，阴极或阳极总的过电位是各个分步骤过电位之和[10]，即

$$\eta_{总}=\sum\eta_i=\eta_d+\eta_{CT}+\eta_r+\eta_\Omega \quad (2.25)$$

式中　$\eta_{总}$——阴极或阳极的总过电位；

η_d——扩散过电位；

η_{CT}——迁越过电位或活化过电位；

η_r——反应过电位；

η_Ω——欧姆极化过电位。

另外，在电极反应过程中，过电位的大小还直接与电极材料、溶液成分和温度等外界条件有关，因此，它的大小也可用以下公式表示[11,12]：

① 在高电位极化区$\left(\eta > \frac{100}{n}\text{mV}\right)$

$$\eta_c = -\frac{2.3RT}{\alpha F}\lg i^\circ + \frac{2.3RT}{\alpha F}\lg i_c \tag{2.26}$$

$$\eta_a = -\frac{2.3RT}{\beta F}\lg i^\circ + \frac{2.3RT}{\beta F}\lg i_a \tag{2.27}$$

或

$$\eta_c = a + b\lg i_c \tag{2.28}$$

$$\eta_a = a + b\lg i_a \tag{2.29}$$

该极化区中过电位与极化电流之间存在半对数关系（η-$\lg i$），也叫 Tafel 关系。

② 低电位极化区$\left(\eta \ll \frac{50}{n}\text{mV}\right)$

$$\eta = \frac{RT}{nF} \times \frac{i}{i^\circ} \tag{2.30}$$

或

$$\eta = \omega i \tag{2.31}$$

$$\omega = \frac{RT}{nFi^\circ} \tag{2.32}$$

该极化区的过电位大小直接与极化电流呈线性关系（η-i）。

由上可知，过电位在一个电化学反应体系中是一种客观存在的“推动力”，它的大小不仅与内在的各个分步骤有关，而且还与电极材料、反应物浓度和温度等外界条件密切相关。因此，在实际电合成过程中，必须了解和掌握这些控制因素，以找到低电位、高电流的电合成条件。

(3) 溶液电阻（R_l）

阴极区和阳极区的电解液电压降（$IR_{l,c}$，$IR_{l,a}$）是由溶液电阻所引起的。一般来说，电流通过电解液时的电压降可由下式表示：

$$V_l = \frac{IL}{S\kappa} \tag{2.33}$$

或者

$$V_l = \frac{iL}{\kappa} \tag{2.34}$$

式中　V_l——溶液电阻引起的电压损失，V；

I——通过溶液的电流强度，A；

S——阴极或阳极的有效电极面积，m^2；

i——阴极或阳极的电流密度，A/m^2；

L——阴、阳极之间的距离，m；

κ——溶液的电导率，S/m。

由式(2.33) 和式(2.34) 可见，为了减少电解液中的电压损失，必须有效地控制阴、阳极之间的极间距（L）以及提高溶液的电导率（κ）。而式(2.34) 中的电导率大小则与电解质溶液的本性（价态、淌度）、浓度、温度等因素有关，因此，在实际电合成体系中，必须加以综合考虑。

在某些电解过程中，由于有气体析出反应发生，导致溶液中充满气泡，使真实的电导率小于无气泡时的电导率。因此，电解过程中应设法减少溶液中的气泡以及使气泡能顺利逸出。

另外，由于大部分有机反应物无极性或极性较差，有的呈油状，在水溶液中的溶解度较小（例如苯、硝基苯等），故在有机电合成中电解液电阻较大。在电解液中加入某种助剂（例如十六烷基二甲基苄基氯化铵等），将有利于提高反应物的溶解度或导电性，从而有利于降低溶液电阻。

(4) 隔膜电压降（V_D）

在隔膜电解槽中，隔膜电压降的大小主要取决于隔膜电阻和电流密度。而隔膜电阻主要取决于膜的性质及工作条件，例如：膜的组成、结构、厚度以及电解液的组成、浓度、温度、电导率等。一般隔膜电压降可由下式求得：

$$V_D = IR_D = i\left(\rho_o d + \frac{K_D}{2} d^2\right) \tag{2.35}$$

式中　d——隔膜厚度，m；

i——电流密度，A/m^2；

ρ_o——隔膜中电解液的电阻率，$\Omega \cdot m$；

K_D——隔膜结构参数。

但由于上式中存在一些特定的参数，致使该式仅能粗略计算隔膜电压降，而难以准确计算该值，因此，在具体体系中一般都注重实际测量。

(5) 接触电压降（V_J）

在电合成体系中，导线与导线的连接，导线与阴、阳极之间的连接均存着接触电阻（R_J）。当有电流通过时，在这些接点上将产生接触电压降（V_J）。在电解槽安装时，如果这些接点装配良好，则接触电压降就低，反之则高。

为了有效地降低接触电阻，一般在接触处使用导电胶，这样可明显地降低接触电压降。由于接触电压降较难用公式求得，所以在生产或合成过程中通常用仪表予以测定。

(6) 导线电压降（V_x）

由于金属导线具有一定的电阻（R_x），当电流通过导线时将会产生放热反应，引起电压损失，这种电压损失称为导线电压降（V_x），它可通过欧姆定律求得：

$$V_x=\frac{I\rho L}{S} \tag{2.36}$$

式中 I——电流强度，A；

ρ——电阻率，$\Omega \cdot mm^2/m$；

L——导线长度，m；

S——导线横截面积，mm^2。

由式(2.36)可知，导线电压降（V_x）直接与电阻率有关。由于不同的金属材料具有不同的电阻率，所以在选用导线时应选用电阻率低的材料，如银、铜、铝等金属。考虑到银价格较为昂贵，一般选用紫铜较合适。

另外，导线电压降还与导线的截面积、长度以及电流强度等有关。例如截面积越大，导线上的 V_x 越小，但若太大，则投资成本太高，所以，在实际应用时，必须考虑各方面的因素，进行计算和优化。

2.3.2.2 电压效率

电压效率（η_v）是电解反应的理论分解电压与电解槽工作电压之比，即

$$\eta_v=\frac{E}{V} \tag{2.37}$$

从上式可以看出，电压效率的高低不但可以反映出电极反应的可逆程度，即通电后由于阴、阳极极化产生的过电位的高低，而且综合反映了电化学反应器的结构、性能优劣，即电解槽各组成部分欧姆压降的高低。因此，通过电压效率可分析电合成中的经济利益和具体的一些措施。

2.3.3 电解能耗及电能效率

(1) 能耗

电解过程中的能耗主要指直流电耗，通常以单位产量（kg 或 t）消耗的直流电来表示，即

$$W=\frac{kV}{\eta_I} \tag{2.38}$$

式中 W——直流电耗，$kW \cdot h/t$；

k——生成产物的理论耗电量，$kA \cdot h/t$；

V——槽电压，V；

η_I——电流效率，%。

从式(2.38)可以看出，直流电耗由三大因素构成。但由于 k 值在体系确定的情况下基本不变，因此，影响直流电耗的主要因素是槽电压和电流效率。若能降低槽电压和提高电流效率，则可以降低直流电耗。

另外，在电解产品生产的全过程中，除电解需要直流电以外，其它过程也消耗能量，例如动力能耗、整流能耗、分离和干燥过程中的能耗等，因此，在实际生产

过程中常使用总能耗这一技术指标。

(2) 能量效率

能量效率是指生成一定量产物所需的理论能耗与实际能耗之比，即

$$\eta_{W}=\frac{W_{理}}{W} \tag{2.39}$$

因为

$$W_{理}=kE$$

$$W=\frac{kV}{\eta_{I}}$$

所以

$$\eta_{W}=\frac{W_{理}}{W}=\frac{kE}{kV}\eta_{I}=\frac{E}{V}\eta_{I}=\eta_{V}\eta_{I} \tag{2.40}$$

由此可见，能量效率的高低主要取决于电压效率和电流效率。

2.3.4 转化率和产物收率

(1) 转化率（Fractional Conversion）

反应物在电化学反应中转化为产物的比率称为转化率（θ_{A}）。对于不同的电化学反应器，其转化率的表达式分别如下。

对于间歇式电化学反应器

$$\theta_{A}=\frac{c_{0}-c_{t}}{c_{0}}=1-\frac{c_{t}}{c_{0}} \tag{2.41}$$

式中　c_{0}——反应开始时的反应物浓度；

c_{t}——反应终了时的反应物浓度。

对于连续式电化学反应器：

$$\theta_{A}=\frac{c_{in}-c_{out}}{c_{in}}=1-\frac{c_{out}}{c_{in}} \tag{2.42}$$

式中　c_{in}——反应器入口处的反应物浓度；

c_{out}——反应器出口处的反应物浓度。

在电合成过程中，往往都希望提高反应物的转化率，这主要取决于反应的深度，例如反应时间或停留时间以及体积电流密度等；另外，由于电解反应过程是在电极与电解液界面上进行的异相反应，因此转化率的高低与单位体积电解槽中的电极面积密切相关。

(2) 产物收率（Material Yield）

产物收率是指由 1mol 参加反应的反应物所能得到产物的最大物质的量（mol），其定义为：

$$Y_{A}=\frac{反应物转化为产物的物质的量}{被消耗掉起始反应物的物质的量}$$

即

$$Y_{A}=\frac{m_{(p)}}{n_{(p)}m_{(o)}} \tag{2.43}$$

式中　$m_{(p)}$——转化为产物的反应物质量；

$m_{(o)}$——反应开始时反应物的质量；

$n_{(p)}$——反应消耗的反应物摩尔分数，%。

[例 2-1][4~6]　在 90℃和 25% H_2SO_4 体系中投入硝基苯 11.24kg，硝基苯含量为 98.0%，电解过程通过电量 9.79kA·h，槽电压 5.3V，电解还原所得对氨基苯酚（PAP）7.31kg，其含量为 97.8%，试求该电解过程中对氨基苯酚的收率、电流效率及直流电单耗。

[解]　(1) 求对氨基苯酚的收率，设 m_1 为硝基苯加入量，m_2 为对氨基苯酚产量，X_2、A_2 为对氨基苯酚的含量及相对分子质量，X_1、A_1 为硝基苯的含量及相对分子质量，已知 $A_1=123.0$，$A_2=109.1$，因此，PAP 的收率为：

$$Y_p=\frac{m_2X_2/A_2}{m_1X_1/A_1}\times 100\% \tag{2.44}$$

$$=\frac{m_2X_2}{m_1X_1\ (A_2/A_1)}\times 100\%$$

$$=\frac{m_2X_2}{m_1X_1\times 0.887}\times 100\%=\frac{7.31\times 0.978}{11.24\times 0.980\times 0.881}\times 100\%$$

$$\approx 73.2\%$$

(2) 求 PAP 电解过程的电流效率

已知生产 1kgPAP 的理论电量为：

$$Q_{理}=\frac{nF}{A_2} \tag{2.45}$$

式中，n 表示硝基苯电还原成 PAP 的反应电子数，由反应可知，$n=4$，F 为法拉第常数，A_2 为 PAP 相对分子质量，则：

$$Q_{理}=\frac{4\times 26.8}{109.1}\text{kA}\cdot\text{h/kg}\approx 0.983\text{kA}\cdot\text{h/kg}$$

所以，该电解过程的电流效率为：

$$\eta=\frac{Q_{理}\ m_2X_2}{Q}\times 100\% \tag{2.46}$$

$$=\frac{0.983\times 7.31\times 0.978}{9.79}\times 100\%$$

$$\approx 71.8\%$$

(3) 求直流电单耗

已知 PAP 的理论电耗为 0.983kA·h/kg PAP，电流效率为 71.8%，槽电压为 5.3V，则每生产 1t PAP 的直流电耗为：

$$W=\frac{Q_{理}\ V}{\eta}\times 1000 \tag{2.47}$$

$$=\left(\frac{0.983\times 5.30}{0.718}\times 1000\right)\text{kW}\cdot\text{h/t}=7256\text{kW}\cdot\text{h/t}$$

2.3.5 比电极面积和时空产率[13]

在有机电合成过程中，电解槽的生产能力直接与比电极面积和时空产率有关。

(1) 比电极面积 (Specific Electrode Area)

单位体积电化学反应器内所具有的电极活性表面积称作比电极面积（A_S）或单位体积的电活性面积（Electroactive Area per Unit Volume），即

$$A_S = A/V_R \tag{2.48}$$

式中 A——电极面积，m^2；

V_R——电化学反应器体积，m^3；

A_S——电化学反应器的比电极面积，m^2/m^3。

由上式可见，当体系内电流密度一定时，A_S 越大，反应器可通过的电流越大，生产能力越高；当固定反应器的总电流时，则 A_S 越大，电流密度越小，这将有利于降低电极的极化电位和槽电压。

表 2.1　不同电化学反应器的 A_S 值

反应器类型	$A_S/(m^2/m^3)$
箱式电化学反应器	10～15
压滤机式电化学反应器	30～170
毛细间隙电化学反应器	100～500
旋转电极电化学反应器	10～20
填充床(固定床)电化学反应器	1000～5000
叠层式电化学反应器	2000～5000
流化床电化学反应器	2000～10000

由于电极的表观面积和真实面积并不相同，加之不同电化学反应器内的电极结构差异很大，例如粉末多孔电极、固定床电极、流化床电极等三维电极，其电极的真实工作面积不但受粉末或颗粒大小及分布的限制，而且还与电流密度的高低、电解液的流动方式及传质条件等有关，所以要精确测定 A_S 值较为困难，但根据电解槽内具体的电极结构，可大致求出 A_S 值，如表 2.1 所示。

在电合成实践中，为了使电化学反应器结构紧凑、提高其生产能力，人们都尽力在提高 A_S 值，这已成为今后研究电化学反应器的努力方向。

(2) 时空产率

时空产率是指单位体积的电化学反应器在单位时间内所生产的产品质量，即

$$Y_{ST} = \frac{m}{tV_R} \tag{2.49}$$

式中 m——产品质量，kg；

V_R——反应器体积，m^3；

t——反应时间，s；

Y_{ST}——时空产率，$kg/(m^3 \cdot s)$。

因为 $$m=It\,\eta_I K_e=iAt\,\eta_I K_e$$

所以 $$Y_{ST}=\frac{iAt\,\eta_I K_e}{V_R t}=iA_S\,\eta_I K_e \tag{2.50}$$

式中 i——电流密度，A/m^2；

A_S——比电极面积，m^2/m^3；

η_I——电流效率，%；

K_e——电化当量，kg/(A·s)。

由上式可见，时空产率与单位体积电化学反应器内所通过的有效电流成正比，即与电流密度、电流效率、比电极面积成正比。通常，电化学反应器设计的优劣直接与时空产率的高低有关。因此，在设计、制作电化学反应器时就必须考虑如何提高电解反应的时空产率这个问题。

参 考 文 献

[1] 马淳安著. 有机电化学合成导论. 北京：科学出版社，2002.
[2] Greef R.，et al. Instrumental Methods in Electrochemistry，Ellis Horwood Limited，1985.
[3] 陈延禧著. 电解工程. 天津：天津科学技术出版社，1993：26.
[4] 马淳安，苏为科，王焕华. 浙江工学院学报，1992，20 (1)：1.
[5] 马淳安，俞文国. 精细化工，1995，12 (1)：39.
[6] 马淳安等，硝基苯电解合成对氨基苯酚的研究（工业模试鉴定报告），浙江工业大学资料，1992.
[7] Marquez J，Pletcher D J. J. Appl. Electrochem.，1980，10：567.
[8] Rance H C，Coulson J M. ElectrochimicaActa，1969，14：283.
[9] 马淳安. 中国发明专利. ZL93119242. 0，1993
[10] 杨文治编著. 电化学基础. 北京：北京大学出版社，1982：169-178.
[11] 查全性等著. 电极过程动力学导论. 第 2 版. 北京：科学出版社，1987：145-148.
[12] 李荻主编. 电化学原理. 北京：北京航空航天出版社，1989：358-362.
[13] Pletcher D. Industrial Electrochemistry，Chapman and Hall Ltd. First Published，1982：60-62；Second edition，1990：79-90.

第3章 电化学合成技术

电合成方法一个最大的优点是反应试剂（电子）的活性在很大范围内可以自由控制，而电合成方法设计能否成功则在很大程度上依赖于使用的条件是否合理。在电合成过程中，影响电极反应的因素很多，除一般化学反应动力学所涉及的压力、温度、时间、溶液组成、催化剂等因素以外，还必须考虑电极电位、电流、电量、电极材料、电解槽、电路联结等因素的影响。因此，在一个具体的电合成体系中产品收率、电流效率、直流电耗等技术指标的高低，反映了上述这些因素在该电解过程中的影响程度。本章主要介绍电合成过程中的一些相关技术。

3.1 电解装置和电解方式

3.1.1 电解装置

电合成最基本的装置包括五部分：①直流电源；②阳极和阴极；③电解容器；④电压测量仪表；⑤电流测量仪表。这五要素无论是实验室电解装置，还是工业化生产装置都缺一不可，只是规模大小有所不同。

图 3.1 为 3,6-二氯吡啶甲酸电解合成的试验装置[1]。由图可见，该装置中除了以上所说的五要素以外，还包括一些其他配件，因此，在具体的电合成体系中，要根据实验需要进行配置。

根据电解合成要求，实验室所用的直流电源大小可按溶剂来选用。若在水溶液体系中进行电解，一般选用 20A/20V 的电源就够了；若电解反应在有机溶剂中进行，由于这种体系导电性差，因而需增大其电压容量，通常选用 20A/100V 的直流电源。工业化规模的电解过程通常在高电压、大电流下进行，一般的电子直流电源无能为力，故常采用硅整流器。直流电源电压、电流容量大小的选用主要取决于电合成产品的生产规模。

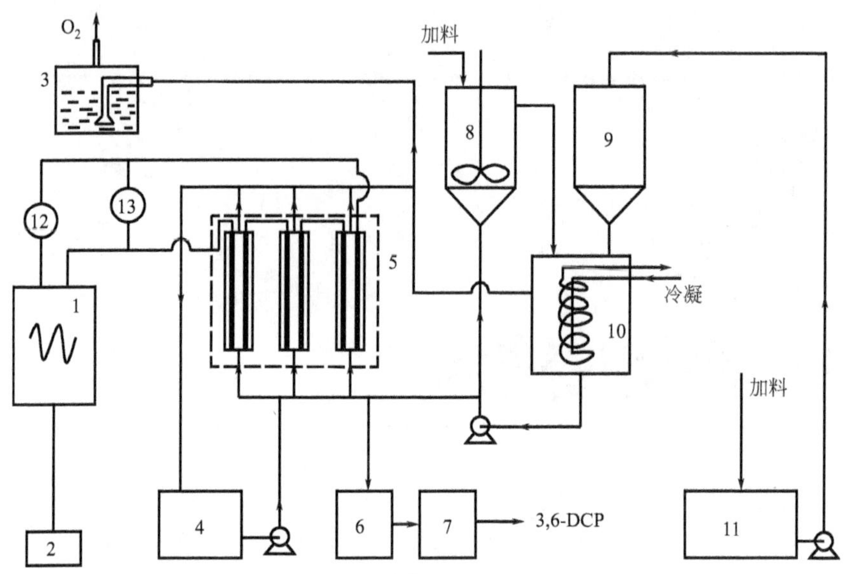

图 3.1　3,6-二氯吡啶甲酸电解合成试验装置示意图

1—直流稳压电源；2—电源控制器；3—洗气装置；4—电解液循环槽；5—电解槽；6—酸化槽；7—过滤槽；8—补加粉料槽；9—补加液料槽；10—控温装置；11—配料槽；12—电流表；13—电压表

由于电合成所用的电流都是直流电，具有正、负极性，因此测量槽电压和电解电流的仪表都需用直流电压表和直流电流表。

3.1.2　电解方式

在电合成中，鉴于控制方法和操作方式不一样，其电解方式也不相同，以下将主要的几种电解方式予以简述。

(1) 恒电位电解

在影响电化学反应的诸因素中，电极电位是起决定性作用的，所以有人把电化学反应定义为反应速率是电极电位函数的化学反应。正是电极电位这个变量，决定着电极/溶液界面上发生何种反应，并以何种速率进行。对电合成过程来说，选择在合适的电位下进行电解，是控制电极反应方向、保证获得所需产品数量和质量的关键。恒电位电解正是根据这一需要而迅速发展起来的一种控制技术。

图 3.2 为恒电位电解系统的示意图。所用电解槽由两室组成，A 室为工作电极室，C 室为辅助电极室。电合成反应在 A 室的工作电极 WE 上进行，其电极电位通过参比电极 RE 测定。因为系统内有三个电极，即工作电极 WE、辅助电极 CE 和参比电极 RE，故称为三电极系统。负责实现工作电极的电位控制，并使其在恒电位下进行电解反应的仪器，叫做恒电位仪或恒电位装置。

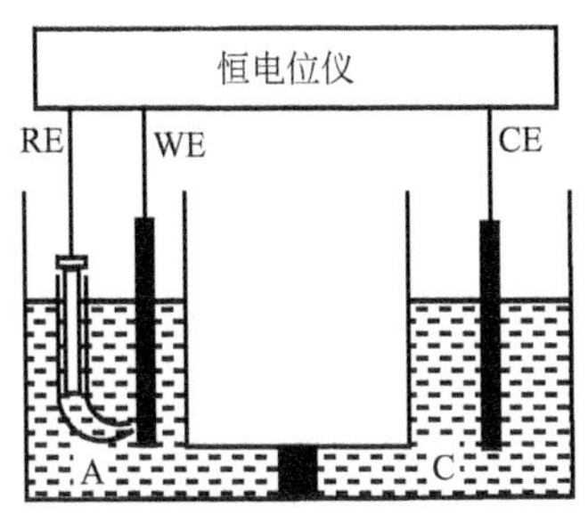

图 3.2　恒电位电解系统示意图

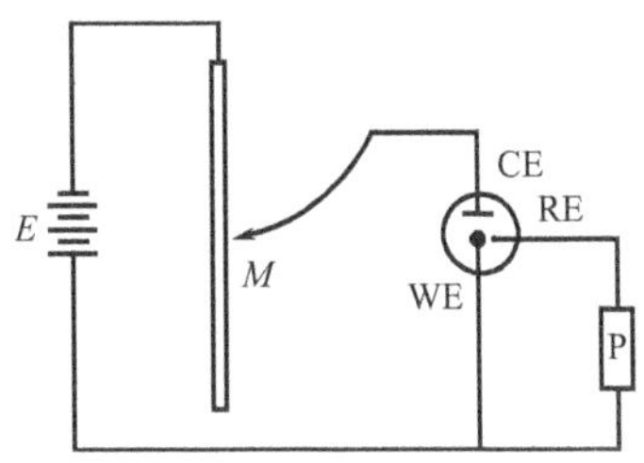

图 3.3　手动式恒电位装置

实现电极电位恒定控制的原理如图 3.3 所示。由图可见，调节滑动接触点 M 就可改变工作电极的电位，电极电位由高阻抗伏特计 P 测定。当发现其值偏离给定值时，可改变接触点，使之恢复原值，从而实现 WE 的恒电位控制。这种方法由于精度较低，调整速度慢，加之操作复杂，目前已不再使用，但其反馈调节原理却是现代恒电位仪的设计基础。现代恒电位仪采用微电子学器件，主要是运算放大器，自动实现监测、反馈、调整等功能。设计思想是把研究电极的电位，反馈到运算放大器的输入端，与指令信号进行比较放大后，通过调节电流输出，而维持研究电极的电位恒定。

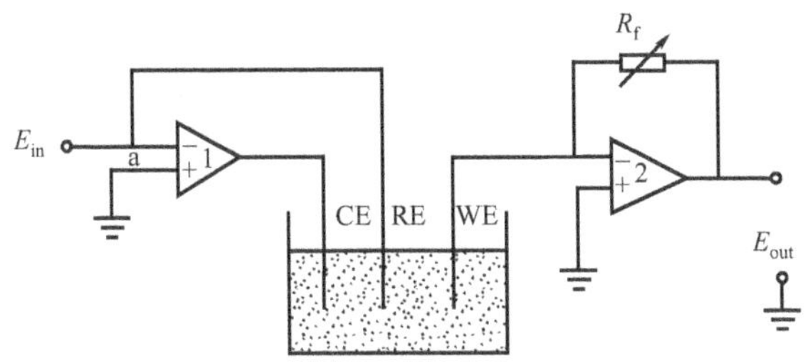

图 3.4　恒电位仪工作原理图

图 3.4 表示一个由两个运算放大器构成的恒电位仪线路。其中 1 用来控制电极电位，由于运算放大器的反相输入端可看作是虚地，故

$$E_{RE}-E_{WE}=-E_{in} \tag{3.1}$$

即参比电极和工作电极的电位差等于指定的输入电位 E_{in}，改变 E_{in} 即可改变工作电极的电位。在这里参比电极的电位被反馈送入反相输入端，从而保证电位被维持在给定的 E_{in} 值。运算放大器 2 是用来测量通过电池的电流，这是一个电流跟随器，它把流过工作电极的电流 i，转化为电位信号输出，并可送到 X-Y 函数记录仪上记录，显然

$$E_{out}=-iR_f \tag{3.2}$$

如果实验中要求恒电位仪输出较大的电流，则电路中还要有功率放大部分。

在恒电位电解过程中，电位 E 恒定，故主反应的电流效率 η 也恒定，随着电解时间增长，电极附近浓度梯度降低，电流逐渐减小，反应物浓度 c 也随着下降，如

图 3.5 所示。目前，由于恒电位仪制作技术比较复杂，价格较贵，故工业上仍然较少采用。

(2) 恒电流电解

通常，电合成试验要求在电流恒定的情况下进行，特别在生产应用中控制电流要比控制电位容易得多，设备也简单，因此，恒电流电解技术是工业上经常使用的技术。

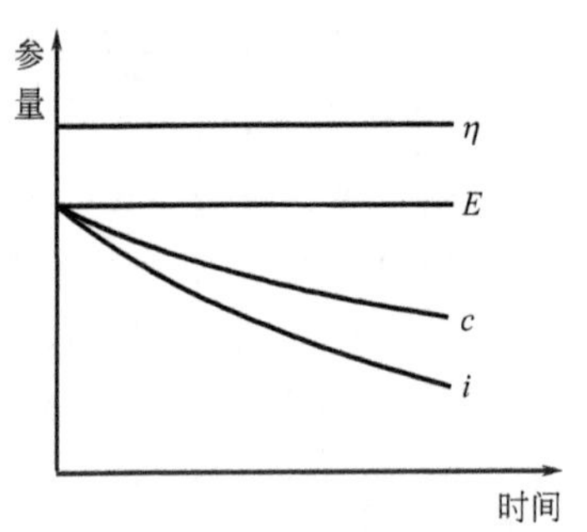

图 3.5 恒电位电解过程中几个参数的变化

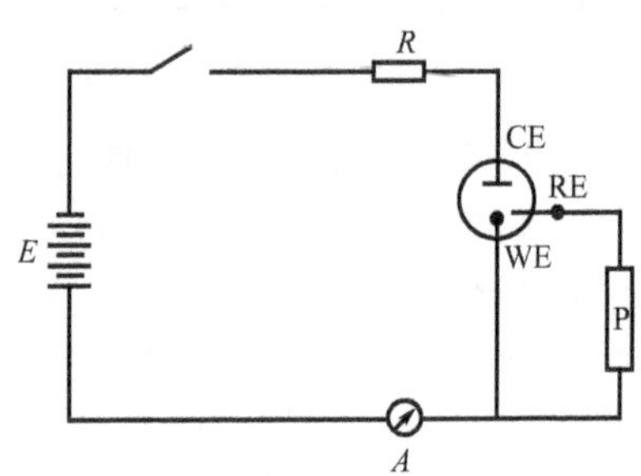

图 3.6 恒电流装置原理示意图

可以用一个简单的恒电流线路，来说明恒电流技术的原理（图 3.6）。图中 E 为高压直流电源，R 为高阻值的可调电阻，A 为电流表。因为在一般情况下，电解池的电阻总是较小的，若其值远远小于可调电阻 R 时，电路上的电流便由 R 数值决定，而与电解池在电解过程中的阻抗变化关系甚微，即通过电解池的电流基本上恒定。图中 P 为高阻抗伏特计，用来测量工作电极电位。在这里，以手动方式控制电流恒定，简易可行，但不够准确。

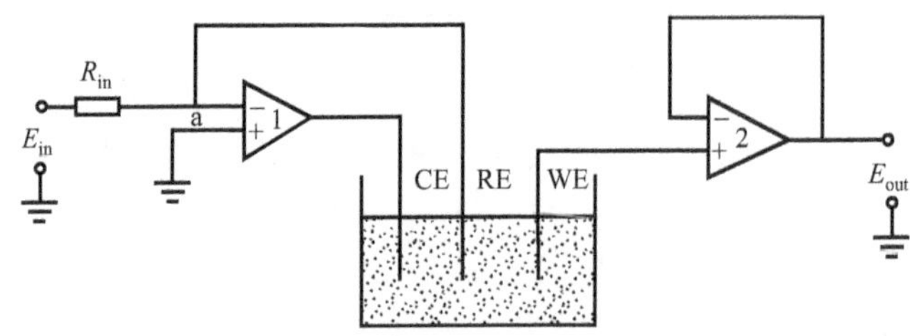

图 3.7 恒电流电解电路原理图

要准确而又自动地实现恒电流控制，需要采用运算放大器线路，如图 3.7 所示。这里给出的是用运算放大器 1 构成的恒电流电路，其中电解池的辅助电极和工作电极，接入反馈电路中代替反馈电阻。由于 a 点是虚地，故通过电池的电流 i 将由输入的电压和电阻决定，即

$$i=-\frac{E_{in}}{R_{in}} \tag{3.3}$$

为此，只要改变 E_{in}，就可调节通过电池的电流，其值和电解池内发生的变化无

关，从而实现恒电流的自动控制。图中另一运算放大器 2，是用来测量工作电极电位，它由电压跟随器电路构成。若不需监测电极电位，则这一部分可省去，即采用二电极电解系统。在恒电流电解（图 3.8）过程中，电流恒定，反应物浓度下降，电位不断上升，主反应的电流效率也下降，而副反应的电流消耗会上升，造成反应选择性降低。为了克服这一缺点，在实用中可通过促使电解液流动的方法来保持反应物浓度不变，从而使电位也保持不变，主反应的电流效率便可维持恒定，这就是所谓恒电流-恒电位电解的情形（图 3.9）。

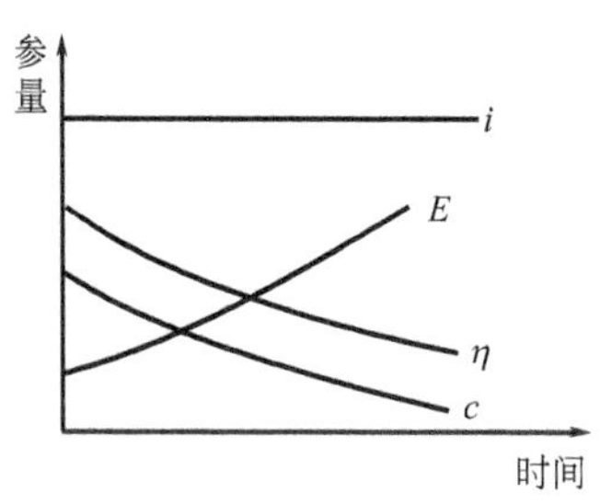

图 3.8　恒电流电解的参数变化

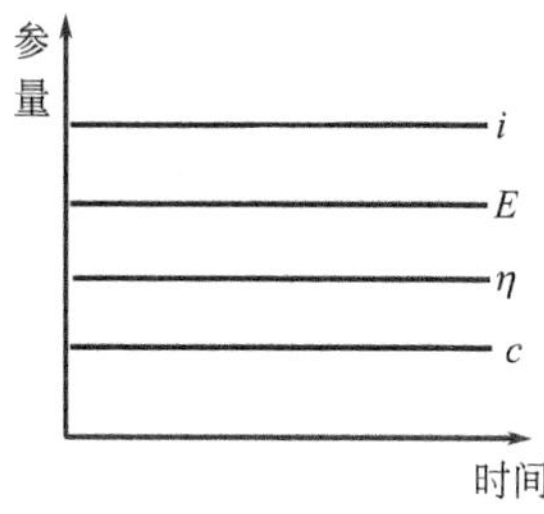

图 3.9　恒电流-恒电位电解的参数变化

(3) 两者的关系[2]

图 3.10 可以很好地描述恒电位电解和恒电流电解在电解反应中的区别和联系。图中曲线Ⅰ是某一个电解体系的稳态极化曲线。该电解体系中含有一种具有两个还原基团的有机物或者含有两种可还原的反应底物。以含有两种可还原的反应底物（X 和 Y，X 比 Y 容易还原）为例进行如下描述：当阴极电势位于 $0 \sim E_A$ 之间时，双电层内没有电子迁移发生即没有法拉第电流通过电解池；当阴极电势开始负于 E_A 后，电子迁移变得有可能发生，X 优先发生还原。当电势位于 E_A 和 E_B 之间时，电流随着电位的负移逐渐上升；当电势负于 E_B 后，电流达到稳定，此时 X 在电极表面的浓度为零，因为其一接触到电极表面马上被还原成了其他物质。这时的电流即是所谓的极限电流 I_d，在其他条件不变的情况下该极限电流正比于电活性底物的浓度。

如果电极电位继续负移，Y 的还原反应将会发生即电流又上升形成一条 S 形曲线。再进一步负移电极电位，则将发生溶剂的分解反应。

如图 3.10 所示，如果控制电解电流为 I_0，在反应初期因为其对应的电极电位 E_0(Ⅰ) 正于 E_C，所以此时选择性地发生 X 的还原反应。随着电解的进行，X 浓度越来越低，稳态极化曲线Ⅰ演化成了曲线Ⅱ。此时，I_0 对应的电极电位负移到了 E_0(Ⅱ)，该电位负于 E_C，因此 Y 的还原反应也开始发生了。由此可见，恒电流电解方式在电解中后期反应选择性可能会比较差。

如果电解以恒电位方式进行，情况将会不同。如图 3.10 所示，电极电位可以控制在 E_B，在该电位下只会发生 X 的还原反应不会发生 Y 的还原反应，因此反应是选择性进行的。随着电解的进行，E_B 对应电流会逐步减小，但反应的选择不会发生变化。

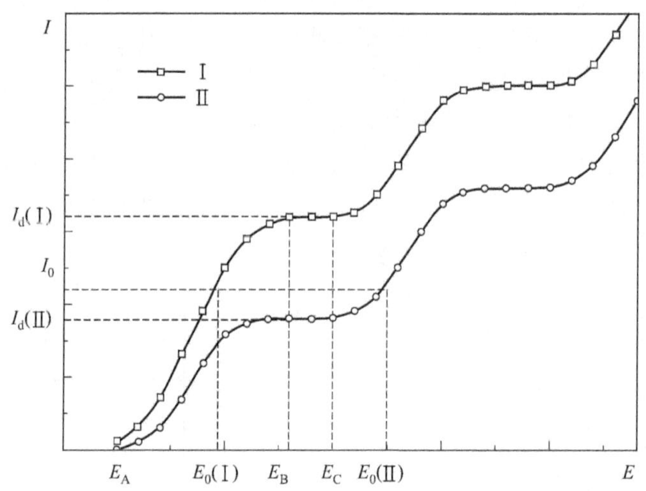

图 3.10　含有一种有两个可还原基团的有机物或者两种可还原物质的溶液的示意性稳态极化曲线

曲线Ⅰ为电解前曲线，曲线Ⅱ为电解后曲线；

I_0 为应用电流，E_0（Ⅰ）和 E_0（Ⅱ）是 I_0 两条曲线上分别对应的电位；

I_d 为极限电流，E_A，E_B，E_C 为应用的电位

3.2 电化学反应器[3]

实现电化学反应的设备或装置称为电化学反应器，简称电解槽。它是电合成过程中的心脏。由于电合成过程的条件各不相同，因而对电解槽的要求和结构也不一样，所以以下仅对某些具有共性的槽型予以介绍。

3.2.1 电解槽的基本特征和要求

(1) 基本特征

在电合成中，虽然各电解体系所采用的电解槽结构和大小各不相同，功能及特点也各异，但都具有一些共同的基本特征：

① 所有电化学反应器都由两个电极和电解质构成。

② 所有的电化学反应器都可归入两种类别，即由外部输入电能，在电极和电解液界面上发生电化学反应的电解反应器，以及在电极和电解质界面上自发发生电化学反应产生电能的化学电源。

③ 电化学反应器中发生的主要过程是电化学反应，包括电荷、质量、热量、动量的四种传递过程，服从电化学热力学、电极过程动力学及传递过程的基本规律。

④ 电化学反应器是一种特殊的化学反应器。一方面它具有化学反应器的某些

特点，在一定条件下可借鉴化学工程的理论及研究方法；另一方面，它又具有自身的特点及需要特殊处理的问题，如在界面的电子转移及在体相的电荷传递，电极表面的电位及电流分布，以及电化学反应中的新相生成等，而且它们与化学及化工过程交叉、错综复杂，难以直接用现有的化工理论及方法解释其现象，揭示其规律。

(2) 基本要求

一般情况下，电解槽应尽可能满足如下要求：

① 在能实现所需电合成过程的前提下，尽可能价廉和简单，因此如果可能的话，隔膜、搅拌装置等最好省去；

② 如果电解以外的过程（如气体分离、萃取等）可以在电解槽内进行，尽量直接包括进去，以简化流程、减少设备投资；

③ 电极上的电位分布尽量均匀，可采用辅助电极或特殊形状的对电极来达到这一目的；

④ 阴、阳极之间的隔膜电阻尽可能少；

⑤ 所用材料适合在电解过程的电解液中长时间使用（如耐腐蚀等）；

⑥ 采用挡板、湍流促进器、流动床、搅拌等措施，保证电解槽内传输过程通畅。

3.2.2 电解槽的分类

电解槽作为一种特殊的化学反应器，虽然可以仿照化学反应器的分类原则进行分类，但从电化学工程实际出发，通常以反应器的结构和工作方式进行分类。另外，电解槽的大小也有区别，例如实验室用的电解槽和工业生产用的电解槽其结构、形状、材质等方面存在较大差异。实验室常用的一些电解槽如图 3.11 所示，一般用玻璃吹制或用塑料制成，其结构、形状视具体反应体系而定。工业上用的电解槽要比实验室所用的复杂得多，具体结构、形状在下文中进行详细介绍。

3.2.2.1 按照电解槽结构分类

目前在电合成工业上应用的电解槽结构可分为三类。

(1) 箱式电解槽

这类电解槽在电合成中应用较广，形式各异，大小不等。一般槽体为长方形，具有不同的三维尺寸（长、宽、高），电极常为平板状，大多数垂直平行交错放置在槽内，电解液盛装在槽内。

箱式电解槽既可以采用间歇工作方式，也可以采用半间歇方式工作。在电合成中应用较多的是半间歇工作电解槽。

由于电解合成中要防止两极产物混合引起的副反应发生，因此有时需在两个电极之间使用隔膜。箱式电解槽中很少引入外加的强制对流，而往往利用溶液中的自然对流，例如电解析气时，气泡上升运动产生的自然对流可有效地强化传质。

箱式电解槽多采用单极式电联结，但采用一定措施后也可实现复极式联结。由于箱式电解槽的结构简单、设计和制造较容易、维修方便，因而得到了广泛应用，

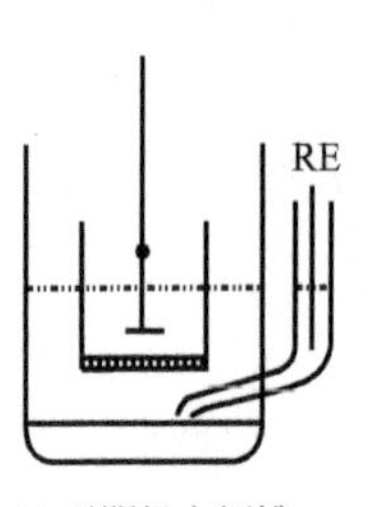

(a) 汞阴极电解槽

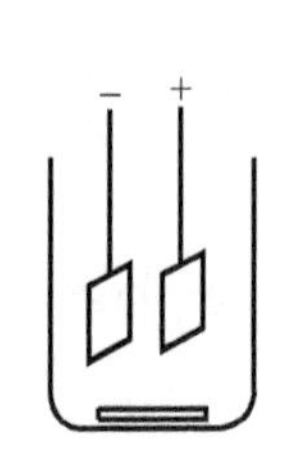

(b) 一室型电解槽

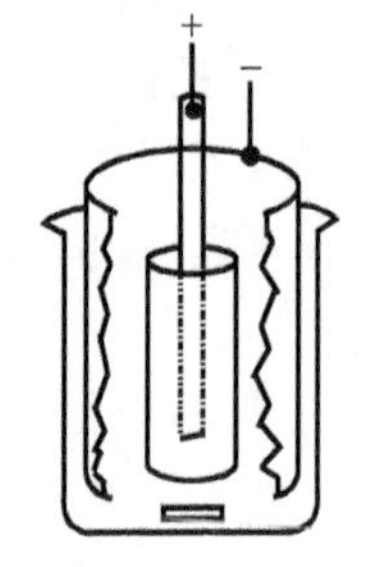

(c) 分隔式圆筒阴极电解槽

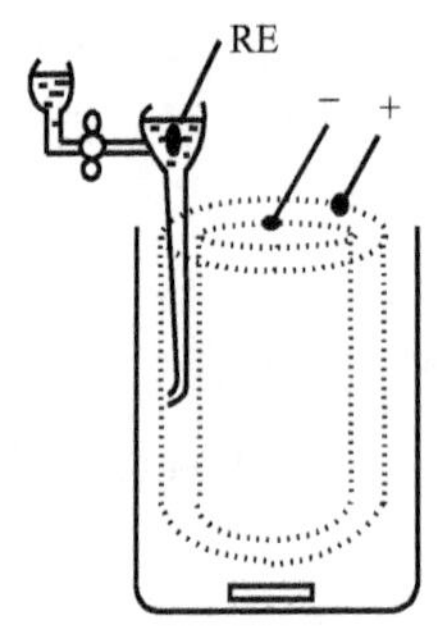

(d) 圆筒电极电解槽

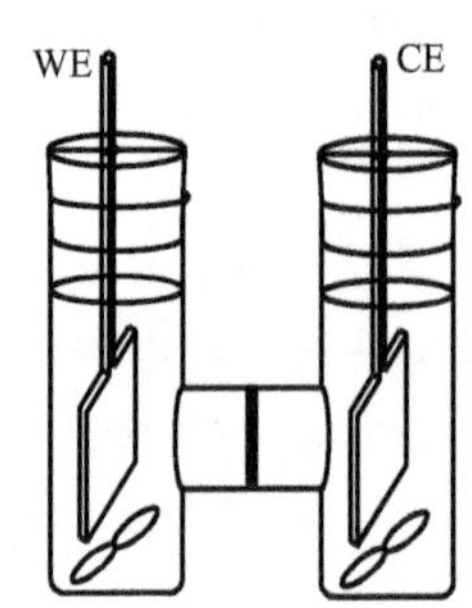

(e) 分隔式H型电解槽

图 3.11 实验室用电解槽示意图

但其缺点是时空产率较低，难以满足大规模连续生产以及对传质过程要求很严的生产体系要求。

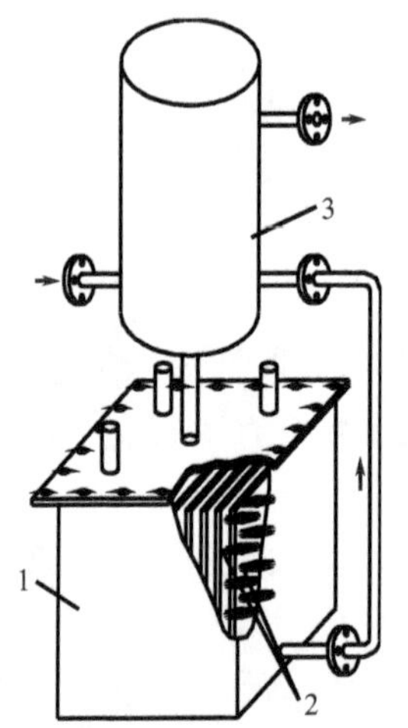

图 3.12 癸二酸二甲酯电解合成用的箱式电解槽

1—槽体；2—电极组；3—冷却器

图 3.12 为癸二酸二甲酯电解合成的箱式电解槽。此外，在食糖工业中箱式电解槽也得到了很好的应用[4]。目前，丁二酸[5]和 3,6-二氯吡啶甲酸[1,6]的电解合成电解槽大都采用的也是箱式电解槽。

(2) 压滤机式或板框式电解槽

这类电解槽由很多单元反应器组合而成，每一单元反应器都包括电极、板框、隔膜，电极大多垂直安放，电解液从中流过，无须另外制作反应槽体，图 3.13 为其示意图。一台压滤机式电化学反应器的单元反应器数量可达 100 个以上。

压滤机式电化学反应器受到广泛应用的原因有：

① 单元反应器的结构可以简化及标准化，便于大批量生产，也便于在维修中更换。

② 电极材料及膜材料的选用较为广泛，可以满足不同的需要。

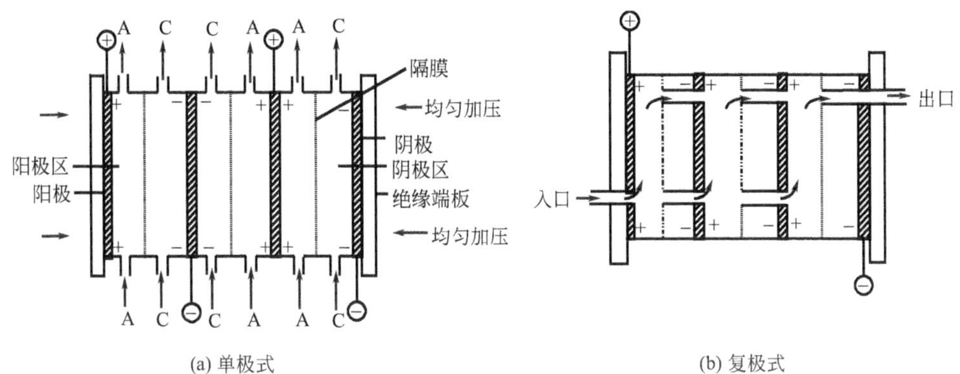

(a) 单极式

(b) 复极式

图 3.13 板框压滤机式电化学反应器

A—阳极液；C—阴极液

③ 电极表面的电位及电流分布较为均匀。

④ 可采用多种湍流促进器（Turbulence Promoter）来强化传质及控制电解液流速。

⑤ 通过改变单元反应器的电极面积及单元反应器的数量可以方便地改变生产能力，形成系列产品，适应不同用户的需要。

⑥ 可按复极式联结（其优点可减小极间电压降，节约材料，并使电流分布较均匀），也可按单极式联结。

压滤机式电化学反应器还可组成多种结构的单元反应器，如包括热交换器或电渗析器的单元反应器，以及多孔电极及三维电极的单元反应器，如图 3.14 所示。

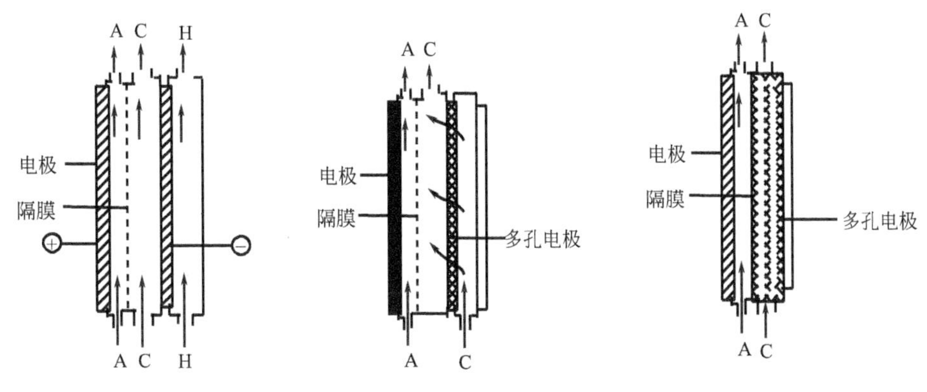

(a) 带有第三室(作为热交换器)的反应器

(b) 三维电极反应器

(c) 流化床电极反应器

图 3.14 各种压滤机型电化学反应器

压滤机式电化学反应器的单极面积增大时，除可提高生产能力外，还可提高隔膜的利用率，降低维修费用及电解槽占地面积。

压滤机式电化学反应器的板框可用不同材料制造，如非金属的橡胶和塑料以及金属材料。前者价格较低，但使用时间较短，维修时间较长；后者使用时间长，但价格较高。

在电合成工业中，板框式电解槽已成功地应用于氯碱工业、电解合成己二腈、乙醛酸等产品。

(3) 特殊结构的电解槽

为增大反应器的比电极面积、强化传质、提高反应器的空间-时间产率，目前已有多种结构特殊的电化学反应器可选择。

① 毛细间隙和薄膜反应器（Capillary Gap and Thin Film Cells） 当电化学反应器采用电导率很低的电解质，如电合成己二腈，采用减小电极间隙形成薄膜状电解液的毛细间隙反应器及薄膜反应器，对于降低电解液的欧姆压降具有显著作用。

图 3.15 为一种复极式涓流塔式反应器。圆柱形塔中水平排列着多层双极性石墨电极，电解液由塔顶进入，在重力作用下以涓流方式缓缓通过电极间隙。为了保持电解液涓流流动，并防止电流短路，必须限制流速，流速过高会引起溢流，过低则可能使电极表面不能完全湿润。

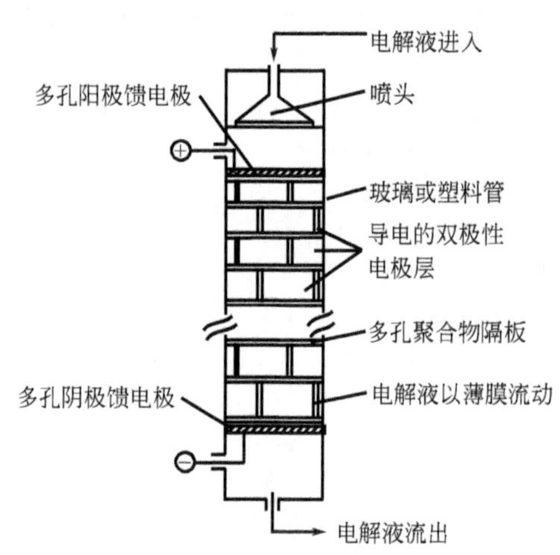

图 3.15 复极式涓流塔电化学反应器

图 3.16 为首先用于有机电合成的一种毛细间隙电化学反应器，它可以在使用电导率低的电解质时降低欧姆压降和能耗。反应器亦为圆柱体，内装一组双极性圆盘状石墨电极，每一片电极厚度约 1cm，面积为 $100cm^2$，电极间隙很小，有的仅为 125μm，电解液由液泵自上部送入流过间隙。德国巴斯夫（BASF）公司电解合成己二腈、癸二酸二甲酯时都采用这种电化学反应器。

② 旋转电极反应器 工业电解中使用的旋转电极分为两种，一种是圆柱形旋转电极，另一种是由旋转电极构成的“泵吸电解槽”（pump cell）。前一种圆柱形旋转电极与理论研究中使用的旋转圆盘电极具有不同的使用目的及特点，其工作表面，即圆柱面上的各点与转轴距离相等，因而具有相同的角速度和线速度，电极表面具有相同的传质条件及均匀的电流分布，如图 3.17 所示，由于电极旋转时使电解液与电极产生相对运动，从而强化传质，提高电流密度。这种电极表面附近的传

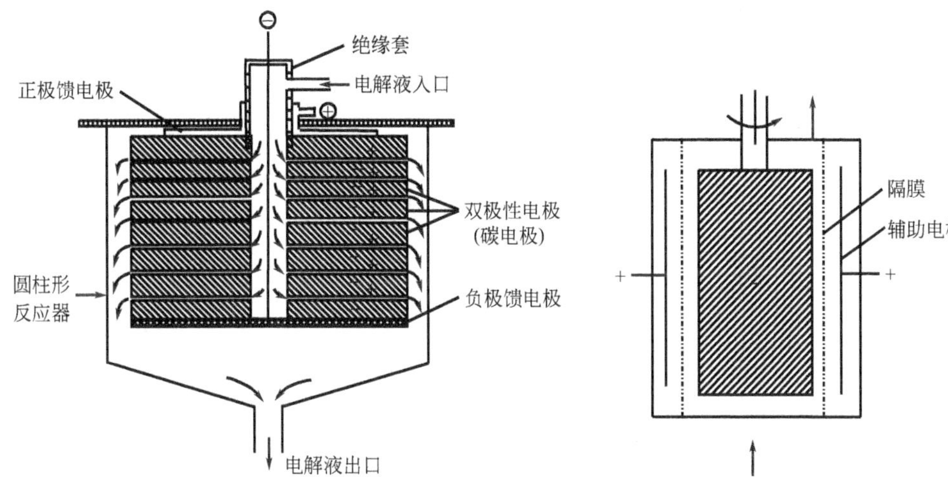

图 3.16　毛细间隙电化学反应器　　　　图 3.17　旋转圆柱电极反应器

质情况，可用下式表示：

$$Sh = 0.079 Sc^{0.156} Re^{0.7} \tag{3.4}$$

式中，$Sh=\dfrac{k_{\mathrm{m}}r}{D}$；$Sc=\dfrac{\nu}{D}$；$Re=\dfrac{r^2\omega}{\nu}$；$k_{\mathrm{m}}$为传质系数；$r$ 为圆柱半径；ω 为转速；D 为扩散系数；ν 为动力黏度系数。

当旋转速度和圆柱半径增大时传质系数将提高。

这种旋转圆柱电极已成功用于联苯胺和葡萄糖酸钙的电合成，如图 3.18 和图 3.19 所示。

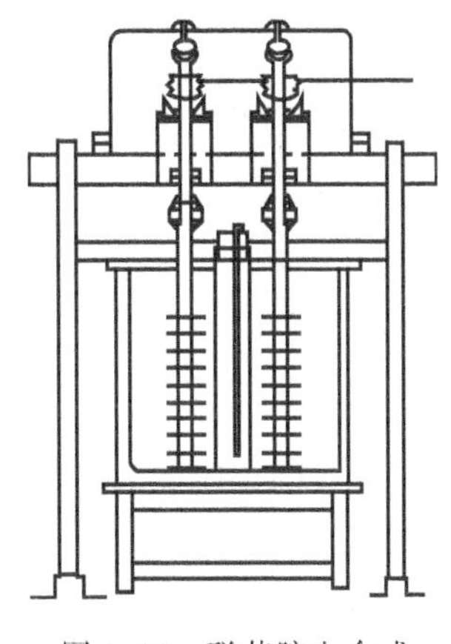

图 3.18　联苯胺电合成
旋转电极电解槽

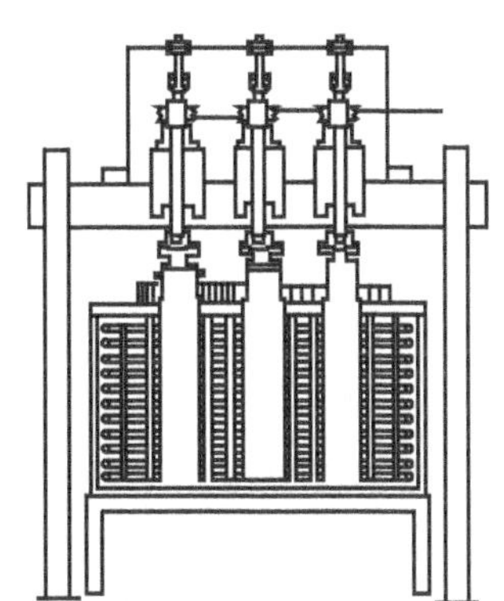

图 3.19　葡萄糖酸钙电合成
转动电极电解槽

另一种旋转电极电解槽——阴极转动分隔式电解槽，如图 3.20 所示。该槽由电解槽槽体、电解槽槽盖和导电汞杯等组成。电解槽槽体内部设置阳极和半圆筒状搅拌式阴极，它们之间由袋状阳离子交换膜分隔，各自构成阳极室和阴极室。由于

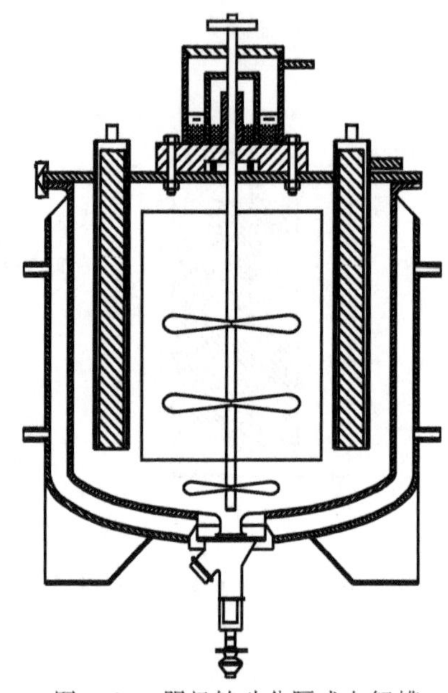
图 3.20　阴极转动分隔式电解槽

采用半圆筒状搅拌式阴极、袋状阳离子交换膜和导电汞杯等特殊结构，故该电解槽传质效率高，电流密度分布均匀，时空效率高，适合于大电流导电，具有较大的实用价值和工业化生产前景。目前该槽已用于对氨基苯酚电解合成[7,8]。

③ 铅笔形电解槽　20 世纪 80 年代，法国一家电化学公司发明了一种如图 3.21 所示的铅笔形电解槽[9]，该类电解槽主要应用于使用牺牲阳极的有机电合成。利用这种电解槽能生产各种止痛剂，如非诺洛芬、布洛芬等[10]。这种电解槽以镁、铝、锌等金属作为牺牲阳极，随着反应的进行下端的阳极面逐渐溶解，阳极则在重力的作用下逐步下移。阳极和阴极之间用塑料网隔开，极间距离可以通过塑料网的厚度来控制。溶解有二氧化碳和反应底物的电解液从电解液底部通入，电解液在阴极和阳极之间可非常均匀地流动，整个电解槽不存在任何死角。

④ 三维电极电解槽　在电合成中，将使用三维电极的填充床（固定床）电解槽和流化床电解槽统称为三维电极电解槽。三维电极电解槽的突出特点是具有很高的比电极面积（A_S）。

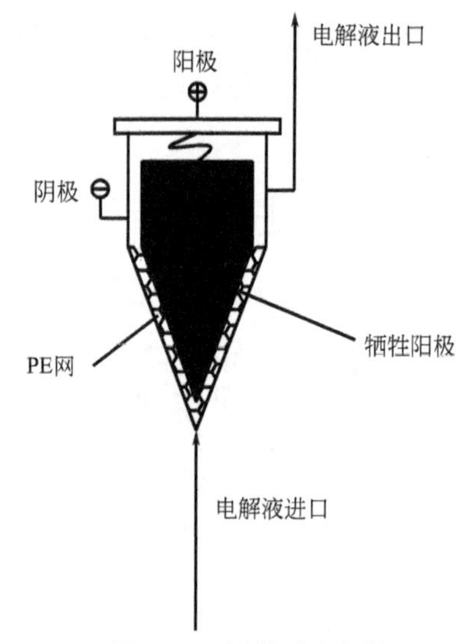

图 3.21　铅笔形电解槽

早期的三维电极多采用微小的颗粒状或球状材料，包括炭粒、石墨粒、各种金属球，如美国 Nalco 公司电解合成四乙基铅时采用充填铅球的塔式固定床电化学反应器，如图 3.22 所示。

现在的三维电极材料并不限于颗粒状材料，选材范围大为扩大，其中有：

a. 纤维状材料，包括金属纤维、碳纤维及其他纤维；

b. 泡沫状材料，包括金属泡沫或碳质泡沫；

c. 由规则排列的微电极（包括各种网状电极、多孔电极）构成的三维电极；

d. 在不同工艺（如烧结、压制、腐蚀）制备的多孔基体上，以各种方法（如浸渍、涂覆、电镀）附载电催化剂、活性物质和导电材料的三维电极。

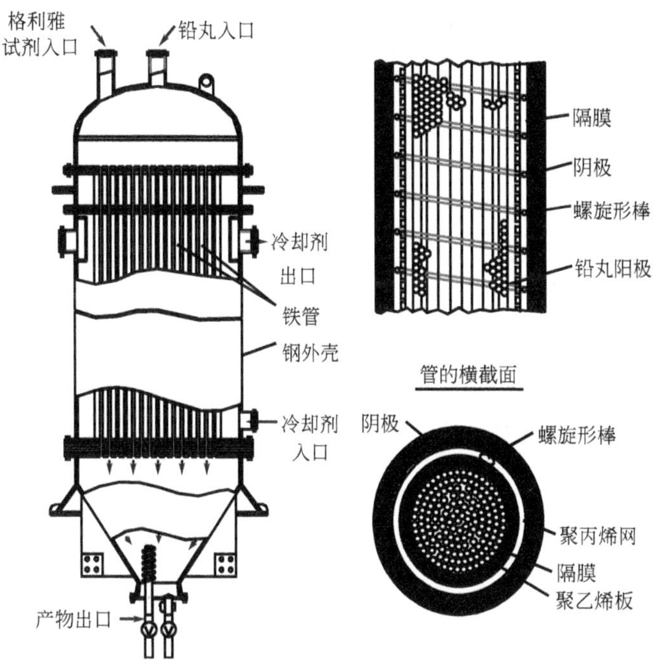

图 3.22 用于四乙基铅电合成的固定床电化学反应器

图 3.23 所示的柱流式填充床电化学反应器具有反应面积大、适合连续化生产的优点。Sonoyama 等[11,12]和 He 等[13]分别开发出了填充金属修饰的碳材料（活性炭、碳纤维等）和泡沫铜的柱流式填充床电化学反应器。实验结果表明，这两种反应器在处理饮用水中的卤代有机物时，其能耗可得到较好的控制。

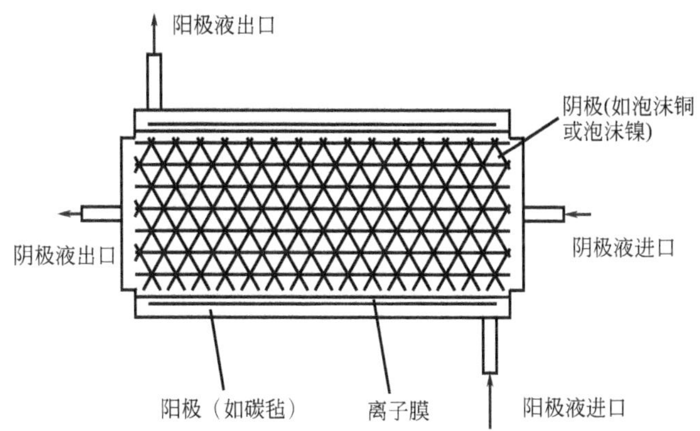

图 3.23 泡沫铜为阴极的柱流式填充床电化学反应器示意图[13]

三维电极反应器设计中的关键问题是：

a. 电解液的流动和传质强化；

b. 保证导电良好及电流分布均匀，使电极活性表面能得到充分的利用，增大

A_S 值。

三维电极反应器中电解液的流动既可为涓流，亦可由液泵输送，具有较大的流速，其流动方向大多数与电流方向垂直，但亦有相互平行的。三维电极反应器的结构除圆柱形、塔形之外，亦可为矩形或其他结构。电连接则既可为单极式，也可为复极式，至于辅助电极，可采用三维电极或二维电极。

当通过颗粒床向上流动的电解液流速足够大时，床层发生流态化，这时电极和电解液近似单相的流体，处于此种状态的反应器称为流化床反应器，与固定床电极比较，它具有以下特点：

a. 由于电极（颗粒状材料）呈悬浮分散状态，因而具有更大的比电极面积；

b. 传质速度进一步提高；

c. 颗粒相互电接触及物理接触有助于提供活性更高的电极表面；

d. 在合适的条件下，电位和电流密度的分布更为均匀；

e. 在用于金属的电解提取时，产物可连续不断地由反应器取出。

然而，流化床反应器的实际应用却比较复杂，必须解决以下问题：如何使反应器的结构设计合理和电场均匀；如何防止颗粒的团聚（agglomeration），金属在馈电极（feeder electrode）上的沉积，隔膜的损坏（由于金属颗粒磨损或短路造成的）。此外反应器内的电位及电流分布也相当复杂，它不仅与时间有关（难以建立稳态），而且受反应器中流化床的形状及尺寸、馈电极及辅助电极的数量、分布位置、床层厚度、电解液组成、流量及流速、气体的析出等影响。

此外，还有一种具有叠层结构的电极（国外称为 Swiss-roll cell），如图 3.24 所示，阳极和阴极分别为两张很薄的金属箔，为防止短路，各用两层塑料网或织物隔开，这种网布上吸满电解质，构成电化学反应体系，将它们通过一个轴卷绕成一个整体后，即可作为电化学反应器工作。

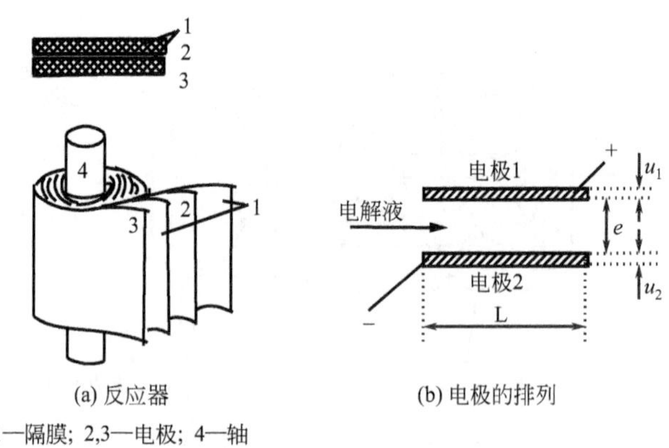

图 3.24　Swiss-roll 电化学反应器

这种反应器可视为由一个很长的平行电极，被一层薄薄的电解液隔开的电化学反应器，如图 3.24(b) 所示。由于电极很薄，其电极电阻与电解液的电阻相比已不能忽略，因此可将它视为三维电极。这种电极的特点是具有很高的比电极面积和较低的欧姆压降。为使电流分布均匀，这种反应器电极的联结方法最好一极由接近轴的一端引出，另一极则从圆柱外面引出。

最近，T. Bechtold 等开发出了一种用于分散靛蓝间接电还原的多阴极隔膜电解槽，如图 3.25[14]。该电解槽的阴极可以是折叠的不锈钢网，也可以是泡沫铜或泡沫镍。这种三维电极电解槽在保证提供很大电极面积的同时，能极大减少离子膜的用量。但这种结构的电解槽中阴极板间易产生双极效应，使电流效率显著降低，另外还需采用复杂的外电路给每个阴极单独提供电流或电位，这也给这类电解槽的实际应用带来一定的困难。

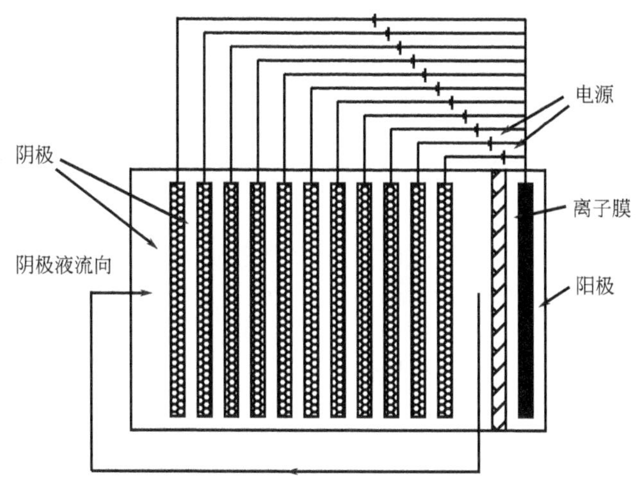

图 3.25　多阴极电化学反应器

⑤ 零极距电化学反应器（Zero-gap Cell）和 SPE 电化学反应器　这两类电化学反应器原理相似，即电极距离甚小，贴近隔膜，但实际却不同。零极距电化学反应器，如图 3.26 所示，其电极（一般为网状电极或孔板电极）直接压在隔膜上，因此使电解液的欧姆压降大大减小，适用于有气体析出的场合，气泡不会在电极与隔膜之间存留，能迅速逸散到电极背面，在水电解及氯碱工业中都得到了应用。

SPE 电化学反应器即固体聚合物电解质（Solid Polymer Electrolyte）电化学反应器。最初在通用电器公司为 NASA 宇航计划研制的燃料电池中得到应用，后来逐渐推广到其它工业电解过程，如水电解、氯碱工业、有机电合成等。

SPE 电解槽在有机电合成和水电解中的反应原理如图 3.27 所示。图中 SPE 采用阳离子交换膜，膜两侧为金属催化剂涂层，其中一侧为阳极，另一侧为阴极，且阳极室盛水，阴极室装有机物反应原料，当在两极间施加电压时则阳极发生氧化反应析出氧气，并提供氢离子（H^+），氢离子通过 SPE 膜移往阴极；阴极侧发生还原反应，生成氢气或有机产物。

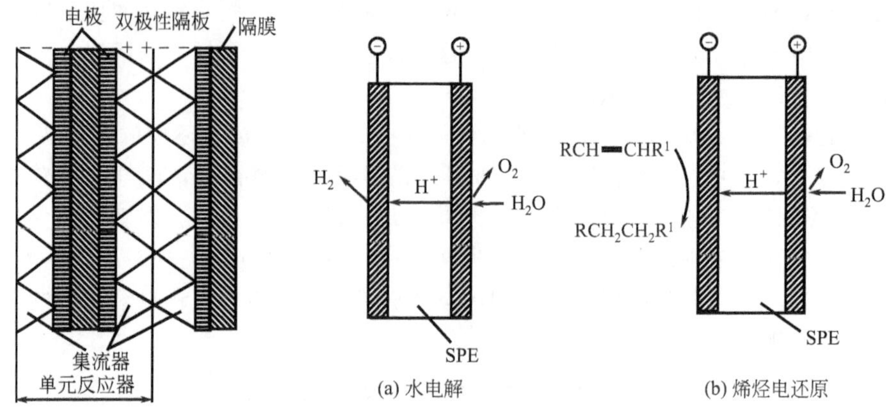

图 3.26 零极距电化学反应器

图 3.27 SPE 电解槽基本原理

在有机电解过程中，SPE 电解槽与常规电解槽相比，具有以下优点：

a. 不需要支持电解质；

b. 溶剂选择范围广；

c. 反应物质的浓度变化大；

d. 从反应混合物中分离产物容易；

e. 可大幅度降低电压，节约能耗；

f. 电解槽结构简单紧凑，可小型化；

g. 可改善有机反应的选择性和电流效率。

鉴于这些优点，SPE 电解槽可望在有机电解合成中得到应用。目前利用 SPE 槽进行有机电合成的反应有：马来酸电解还原、对苯醌电解还原、硝基苯电解还原和肉桂醇电氧化等[15~17]。

⑥ 微流反应器[18] 最近，微流反应器应用于电化学合成引起了学术和企业界的广泛关注。电化学微流反应器中阴极和阳极之间的距离一般在 50～100μm，因此即使采用有机溶剂也可避免添加或者极少量添加支持电解质。此外，由于该类反应器有非常大的电极面积/容积比和极小反应空间的特点，因此电合成过程中传质、传热速度都非常迅速。但由于制作要求和价格都较高，目前该类反应器还处于实验室阶段。图 3.28 为电极板和微流腔室分离的电化学微流反应器结构示意图。Lowe 等利用该反应器以对甲基苯甲醚为原料电解合成对甲氧基苯甲醛缩二甲醇，反应效率可达 98%，远高于普通反应器的 85%。

3.2.2.2 按电解槽工作方式分类

根据有机电解合成的工作方式，电解槽可分为三种。

(1) 间歇式电解槽 (Batch Reactor)

简单的间歇式电化学反应器工作时，定时送入一定量的反应物（电解液），经过一定反应时间后，放出反应产物。显然，随着电化学反应的进行，反应物不断消耗，其浓度不断降低，而产物则不断生成，浓度不断提高，如图 3.29 所示。

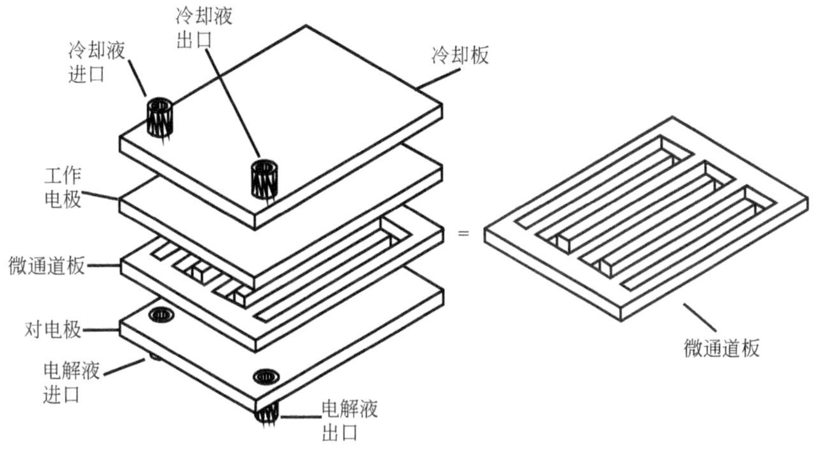

图 3.28　电化学微流反应器结构示意图

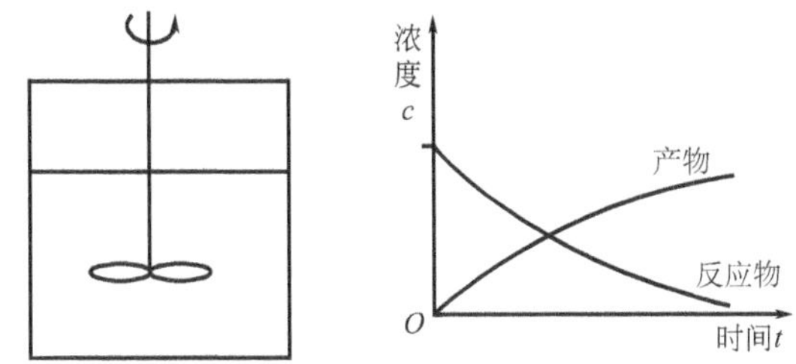

图 3.29　间歇式反应器及其浓度随时间的变化

间歇式反应器运行中耗费的劳动量较大，一般适用于小规模生产或间断提供产物的场合。

(2) 柱塞流电化学反应器 (Plug Flow Reactor or Piston-flow Reactor，PFR)

这类反应器又称为管式反应器或活塞流反应器，它可连续工作，反应物不断进入反应器，产物则不断流出。理想情况下，这种反应器中的电解液由入至出，稳定地流向前方，不发生返混。而电解液的组成则随其在反应器中空间位置不同而不断变化，如图 3.30 所示，但对于每一反应粒子具有相同的停留时间。

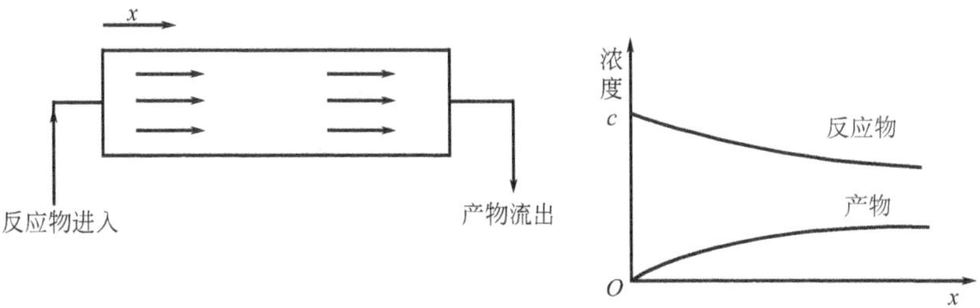

图 3.30　柱塞流反应器及其浓度的变化

x—距反应器入口的距离

(3) 连续搅拌箱式反应器（Continuously Stirred Tank Reactor，CSTR）**或返混反应器**（Back-mix Reactor）

这种反应器的特点是在连续加入反应物并以同一速率放出产物的同时，还在反应器中不断地搅拌，因此反应器内的组成是恒定的。图 3.31 表示了这一反应器的特点。

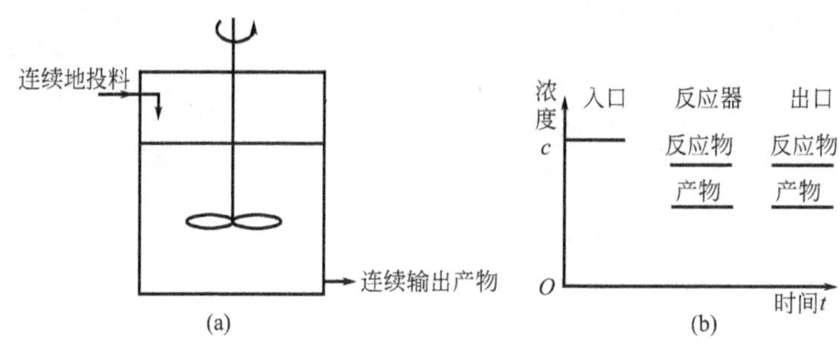

图 3.31　CSTR 反应器及其浓度的变化

这种电解槽在实际应用时为得到目的产物，也可将它多槽串联，构成串级式电解槽，如图 3.32 所示。

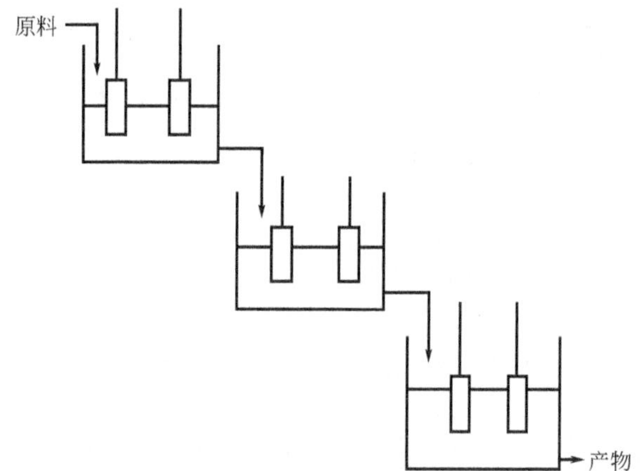

图 3.32　串级式电解槽示意图

3.2.3　电解槽的联结与组合

尽管在现代电化学工业中，电化学反应器的容量在不断增大，结构及性能在不断改进，生产电流密度也有所提高，但是单台电化学反应器的生产能力毕竟有限，因此一般电化学工业的工厂（车间）中必须装备多台电化学反应器。因此，电化学反应器的组合与联结成为电化学工程中的普遍问题，正确地联结不仅关系到工厂的设计和投资，也影响生产操作及运行的技术经济指标。

电化学反应器的联结包括电联结和液（路）联结。

(1) 电化学反应器内电极的联结

按反应器内电极联结的方式可分为单极式槽和复极式槽（Monopolar and Bipolar），有时也称为单极性槽和双极性槽，其原理如图 3.33 所示。

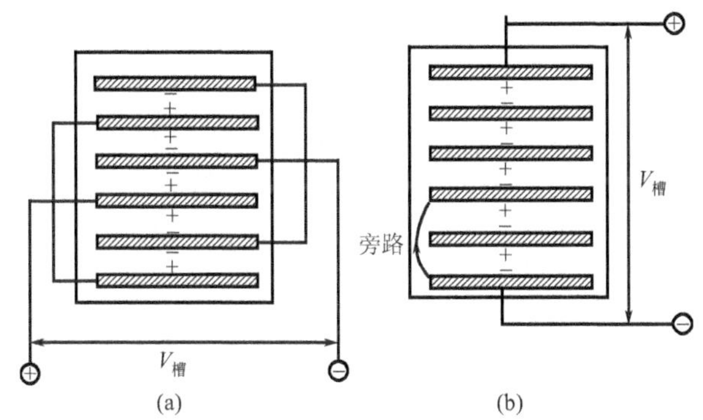

图 3.33　单极式（a）和复极式（b）电化学反应器中的电极联结
图中显示了旁路（Bypass）的情况

可以看出，在单极式电化学反应器中，每一个电极均与电源的一端联结，而电极的两个表面均为同一极性，或作为阳极，或作为阴极；复极式电化学反应器则不同，仅有两端的电极与电源两端联结，每一电极的两面均具有不同的极性，即一面是阳极，另一面是阴极。这两种电化学反应器具有不同的特点，如表 3.1 所述。

表 3.1　单极式和复极式电化学反应器比较

项目	单极式	复极式
电流	nI_1,需要大的汇流线	I_1,电流分布均匀
电压	V,第一类导体电压降较大	nV,第一类导体电压降小
安全性	低电压,较安全	高电压,较复杂较危险
整流器要求	低电压,大电流,价格贵	较高电压,小电流,较便宜
设计及制作	较简单	较复杂,易漏电
物料投入产出	简单	较复杂
维修	容易	比较困难

注：n 为一个回路的电极对数；I_1 为通过单电极的电流；V 为单元反应器电压。

采用复极式电化学反应器时应该注意以下两个问题。

① 防止“旁路”（Bypass）和“漏电”（Leakage）的发生，如图 3.33 所示。这是由于相邻两个单元反应器之间存在液路联结产生的，这时电流在相邻单元反应器中的两个电极之间流过（而不是在同一反应器内的两个电极间流过），不仅使电流效率降低，而且可能导致中间电极发生腐蚀。

② 不是任何电极都能作为复极式电极使用。复极式电极的两个表面分别作为阳极和阴极，对于两种电极过程应该分别具有电催化活性，若使用同一电极材料，往往难以实现，因此复极式电极的两个工作表面常需要选择不同的材料或工艺处理

（如涂覆、镀覆、焊接不同的电催化层）。

(2) 电化学反应器的液路联结

电化学反应器在液路中可以通过两种方式联结，即并联或串联，如图 3.34 所示。

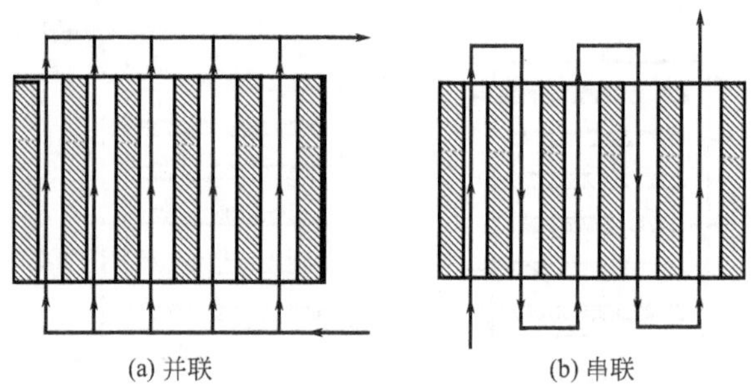

图 3.34 电化学反应器的液路联结

在实际应用中，电化学反应器的液路联结方式可能介于两种典型联结之间，因此可能出现种种非理想情况，如混合不均匀、流体旁路等。反应器的液路联结在实际应用中要复杂得多，既可部分或完全再循环，亦可部分串联或并联，这取决于电解液循环流动的目的。还应该指出，两种供液方式对电解液系统的要求，包括设备设计，如液泵、液槽的设置和调控方式，也是不同的。例如，若要在单元反应器中保持相同的流量和流速，显然并联供液需要的总液量要大得多，而流量均匀分配到每一反应器成为关键问题；对于串联供液，由于流程长、阻力大，则需要液泵提供更高的液压。此外，串联供液将使电解液产生温升，这也是需要考虑的。

(3) 电化学反应器之间的组合

电化学反应器之间的电联结，主要考虑直流电源的要求。现代电化学工业采用的硅整流器，其输出的直流电压在 200～700V 时，其整流效率可达 95%，颇为经济。因此多台电化学反应器联结，在一般情况下，串联后总电压应在此范围内，例如总电压在 450V，一般在中间接地，使两端电压分别为＋225V 和－225V 较为安全。至于直流电流的大小，可通过适当选择整流器的容量或通过并联来满足生产需要。

由于单极槽的特点是低压大电流，多台单极槽的电联结宜在电源之间串联工作；由于复极式电槽的工作特点是高压低电流，多台复极式电槽的电联结宜在电源的正负极间并联工作，如图 3.35 所示。

3.2.4 电化学反应器的设计

对于品种繁多的电化学反应器，由于功能、结构、大小的千差万别，不仅设计难度和工作量相差较大，而且也难以采用同一模式进行设计，所以在阐述过程中，过宽则易失之空泛，过窄则可能局限片面。目前，已经出版的几种电化学反应器专著，亦未能达到令人满意的程度，即说明这一困难的存在。尽管如此，由经验表明，电化学反应器的成功设计基本上取决于以下一些因素：①设计要求是否明确及

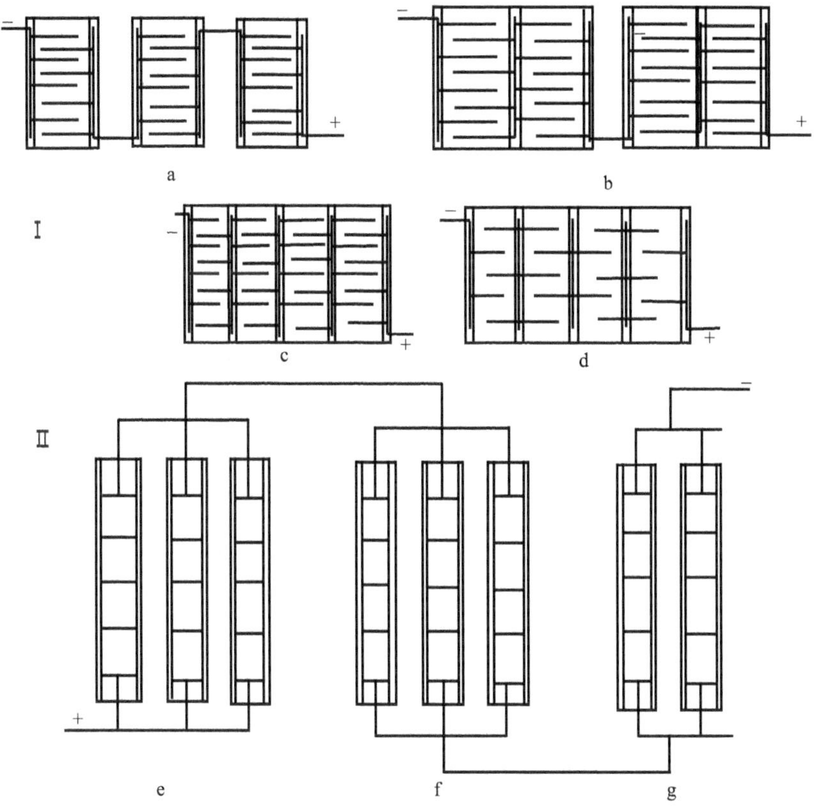

图 3.35 电解槽之间的组合

Ⅰ—单极式电极的并联-串联连接；

a—单独电解槽的串联；b—两组电解槽的串联；c—电解槽与总电流分配线串联；

d—电极直接接触式并联；

Ⅱ—(e～g) 复极式电解槽群的串联系统

合理；②设计资料是否可靠和完整；③设计方法是否正确和有效。而这一切都与设计者的理论基础、实践经验密切相关。

(1) 电化学反应器的设计要求及设计内容

设计电化学反应器首先应明确以下设计要求：

① 反应器的生产能力（包括额定产量及产率）。对于各种工业电解过程，产量和产率的含义颇为明确，分别为产物的数量（kg、t）和单位时间的产量（kg/h、t/d、t/y）。

② 反应器的技术经济指标，这些指标通常是对电化学反应器而言的，主要包括：

a. 电流效率（即电流、电量利用率）；

b. 物质的转化率及物耗；

c. 电化学反应器的工作电压，即电解槽的槽压；

d. 直流电耗及能量效率；

e. 时空产率或比特性，对工业电解而言，主要是电化学反应器的时空产率；

f. 成本，对于电解产品而言是指计入固定投资和运行费用后的单位质量的产品成本。

电化学反应器的设计内容主要包括：

① 结构设计，包括电极结构及反应器结构设计；

② 材料的选择，包括阳极材料、阴极材料、隔膜材料和反应器的结构材料；

③ 加工工艺及装配工艺的选择及制定；

④ 确定反应器的工作方式，如间歇式或连续式；

⑤ 确定反应器的组合和联接；

⑥ 确定反应器的工作条件（如温度、浓度、电流密度等）、对环境的要求及环保措施；

⑦ 对反应器进行物料衡算、热量衡算、能量衡算及工作电压分析。

(2) 设计的基础资料

① 电化学基础资料

a. 电解体系的构成及其性质，包括电极和电解质的基本理化性质、机械物理性质等，以及来源和价格等。

b. 电化学反应有关的热力学数据，包括有关组分的主要热力学数据（如标准生成自由焓、标准生成焓、标准熵、比热容等），电极反应式及电解总反应式，主要产物的电流效率，电化当量或理论耗电量，标准电极电位（$\varphi^{\ominus}$）和平衡电极电位（φ_{eq}），理论分解电压或电动势（E）等。

c. 基本动力学数据，包括电极反应的速率控制步骤及动力学特征，动力学参数（如速度常数、交换电流密度、Tafel 公式中的 a、b 值），极限扩散电流密度，工作电流密度区间及经济（最佳）电流密度，极化及过电位，工作电压及其组成。

② 有关设计规范、标准，包括有关部门和企业已制定或公布的各种标准及设计要求。

③ 国内外同类产品（电化学反应器）的资料，这类资料包括样本说明书，研制、使用报告。

(3) 电化学反应器设计的原则

① 在达到设计要求的前提下，应尽可能简化反应器结构，选用价格较低廉的材料，降低制造成本。

② 反应器应可靠安全，操作和维修方便。

③ 易加工和装配。

④ 符合有关设计标准及规定，有较好的通用性、适应性，便于改变产量及产率。

⑤ 满足电化学工程的特殊要求，包括电位及电流的均匀分布，传质、传热要求，时空产率及比特性的要求。

⑥ 运行费用尽量低。

⑦ 有利于产物的分离及处理，符合安全和环保要求。

(4) 电化学反应器设计中的若干问题

① 反应器设计中的选择 Plectcher 将电化学反应器设计中面临的多方面问题及其选择进行了总结，见表 3.2[19]。表中有两种选择，即 A 和 B，选择后者，设计复杂、要求较高，但可能得到更佳的技术经济效果。

表 3.2 电化学反应器设计中的不同选择

项目	A 选择	B 选择
反应器的工作方式	间歇式	连续式
电极的数量	单个	多个
电极运动状态	静止	运动
电极结构	二维	三维
电极联结	单极性	双极性
电极间距	较大	较小
电解液流动	在反应器外	在反应器内
电极区间分隔	无隔膜	有隔膜
反应器的密封	开口	密封

② 电极大小（即电极工作面积）的选择 电极的大小取决于单元反应器额定的产量及产率，一般可按以下程序估算：

a. 由额定产量和产率，根据法拉第定律及电流效率，计算所需的总电量及总电流（$I_{总}$）。

b. 由总电流及合理的工作电流密度计算所需要的电极总面积（$S_{总}$），即

$$S_{总}=\frac{I_{总}}{i} \tag{3.5}$$

c. 根据电极板数目（n）决定单片电极的面积（S_i），即 $S_{总}=nS_i$。

由于电流效率的数据不一定准确，加之工作电流密度可在一定区间调节，因此电极的大小实际上可在一定范围内变化。

③ 电极结构的选择 可将电极结构分为两大类，即二维电极与三维电极。仅以其外表面作为电极工作的电极称为二维电极，平板电极和圆柱状电极是最简单和应用最广泛的二维电极。然而一些其他形状的二维电极在工业中也得到了应用，如拉网电极、孔板电极、百叶窗式电极及其他形状的开槽、开孔电极，采用这些电极的目的有多种，但大多是为了使电极反应产生的气泡尽快逸散到电极背面的空间，减小电极之间（或电极与隔膜之间）电解液的充气率，从而降低溶液欧姆压降及电化学反应器的工作电压，并使气泡在电极表面附着及滞留的效应降低。但是电极开孔或拉网后，一般会使有效工作面积减小，真实电流密度提高，有可能使电化学极化增大。此外，开孔及拉网还将影响电流密度的分布及电解液的流动情况。

三维电极大多由非整体材料（粉末状、微粒状、纤维状、泡沫状）制成，

因此其工作表面不限于电极的外表面（二维）。电解液及电流（即电极反应）可深入电极内部（第三维），故称三维电极。表 3.3 列出了多种电极结构的选择。

表 3.3　电极结构的选择

项目	二维电极	三维电极
静止	平行板状电极（用于箱式反应器和板框压滤机式反应器）	多孔电极（叠层网状电极、叠层孔状电极、叠层纺织物电极）
	同心圆柱电极	填充床（固定床）电极、颗粒状涓流塔
	叠层圆盘状电极（用于毛细间隙反应器和孔板涓流塔）	叠层多孔电极
运动	运动板状或线电极（往复运动或振动）	流化床电极
	旋转圆盘电极	移动床电极
	旋转圆柱电极	

三维电极的突出优点是具有很高的比电极面积（A_s），因而有利于降低电化学极化，提高工作电流。三维电极的技术关键在于如何强化传质，使电极活性表面得到充分利用，同时确保导电良好，使电流分布更加均匀。

3.3 电极材料[3]

在所有电化学合成的相关变量中，电极材料作为一种特殊的功能性材料，不仅涉及反应过程中的能耗，而且直接影响反应的收率及产品质量，甚至决定整个反应体系的成败。因此，在电合成过程中，研制和选用合适的电极材料是至关重要的。故本节主要介绍在电合成过程中与电极材料相关的若干问题。

3.3.1 电化学合成中所用的电极材料

迄今为止，人们已对成千上万种电合成反应进行了研究，并对相关的电极材料进行了摸索，其研究结果归纳在表 3.4 中[20]。表 3.5 是用于其他电化学工业的一些电极材料。

表 3.4　用于电合成的电极材料

电极材料	氧化反应	还原反应
Pt	饱和碳氢化合物	芳烃类化合物
	芳烃	烯烃
	烯烃	炔
	醇、酚	硝基化合物
	烯醇	醛、酮
	酯	$\rangle$C═N— 化合物
羰化物	金属有机化合物	

续表

电极材料	氧化反应	还原反应
Pt	酸酐	—
	醛、酮	—
	醚	—
	羧酸	—
	甲酮/二硫化物	—
	胺	—
	氨基化合物,内酰胺	—
	偶氮和氢化偶氮化物	—
	肼	—
	N-杂环	—
	芳胺聚合	—
	烷烃和卤代烷烃	—
	格利雅试剂	—
	硫醇	—
	焦硫酸盐	—
	烷烃和硫代烷烃	—
	亚砜	—
	硫脲	—
	硝基烷	—
	卤代芳烃	—
	电解氟化物	—
	醋酸铵	—
炭/石墨	饱和双环碳氢化合物	硝基化合物、卤代烷
	芳香烃、烷基芳香烃	烯烃电聚合
	醇、酚	—
	烯烃	—
	醛	—
	羧酸盐	—
	酯	—
	硝基烷盐	—
	胺	—
	肼	—
	N-杂环	—
	烷烃和硫代烷烃	—
	电解氟化物	—
PbO_2	饱和碳氢化合物	—
	芳烃,烷基芳烃	—
	烯	—
	炔	—
	卤代烷	—
	醇,酚	—
	内酯	—
	酯	—
	醛,酮	—
	氨基化合物,内酯胺	—

续表

电极材料	氧化反应	还原反应
PbO_2	N-杂环	—
	亚砜	—
Hg	烯烃	芳烃
	频那醇	烯烃
	N-杂环	炔
	肼	醛,酮
	酰肼	硝基化合物
	羟胺	卤代烷烃
	格利雅试剂	$>C=N-$ 化合物、金属有机化合物
Ag	硝基烷盐	芳烃
	醛	炔
	醇	醛,酮
	胺	—
	肼	—
	肟	—
Ni	醇	烯
	醛,酮	炔
	硝基烷	醛,酮
	电解氟化物	腈
	—	硝基化合物
Sn	—	芳烃
	—	醛,酮
	—	硝基化合物
	—	卤代烷烃(R_4Sn)
Cu	炔	烯
	醇,酚	炔
	CO	醛,酮
	N-杂环	硝基化合物
	—	$>C=S$ (氢解作用)
Pb	醇,酚	芳烃
	格利雅试剂	醛,酮
		卤代烷烃
		硝基化合物
		$>C=N-$ 化合物
		腈
		N-杂环
		$>C=S$ (氢解作用)
		$-S-S-$断裂
Fe	烯	醛,酮
	醇	硝基化合物
	酮	—

续表

电极材料	氧化反应	还原反应
Fe	硝基烷	—
	苯胺	—
	喹啉盐	—
Au	烯	硝基化合物
	炔	酰胺
	羧酸	—
	肼	—
Zn	酚聚合	硝基化合物
	—	卤代烷
	—	酰胺
Mn	醇	—
Cr	醇	—
Al	卤代烷烃(生成金属有机物)	芳香族化合物、烯烃
	金属有机化合物	硝基化合物、*N*-杂环化合物
Mg	—	烯烃
Ru	—	芳香族化合物
Pd	烯烃	腈
Cd	—	*N*-杂环
	—	烯
	—	芳烃
Pb/Hg	—	葡萄糖,酰胺、硝基化合物
Ni/Hg	—	腈
Zn/Hg	—	醛、酮
Cu/Hg	—	水杨酸,金属有机化合物
Pb/Sb	电解	醛、酮
Pb/Sn	—	醛、酮
Pb/Ag	—	水杨酸
Cu/Ag	—	炔
蒙乃尔合金	电解氟化物、醇	硝基化合物
硅铁合金	芳烃硝化	—
耐酸硅铁	芳烃硝化	—
Ni/Pb	—	腈
Cd/Bi	—	醛、酮
黄磷青铜	—	硝基化合物
WC	醛	—
Pd/Ni	—	腈
Pt/Ir	酚、羧酸盐	—

表 3.5 用于电解工业的电极材料

电极材料	阳极/阴极		电解工艺
Pb	+	−	H_2SO_4 体系的电解
	+	+	有机化合物
Fe	+	+	水电解
	+	+	碱性溶液中的有机化合物
	−	+	氯碱电解
	−	+	ClO_3^-、ClO_4^- 及其过酸盐
	−	+	熔融盐电解(Na,Li,Be,Ca)
石墨	+	−	氯碱电解
	+	+	次氯酸盐的生产
	+	+	熔融盐电解(Na,Li,Be,Ca)
	+	−	有机化合物电解
	+	−	Al 电解
Fe_3O_4	+	−	氯碱、氯酸盐
Ni	+	−	水电解
	+	+	有机化合物电解
	+	+	熔融盐电解(Na)
Pt	+	+	含氯化物的有机化合物溶液电解
	+	−	ClO_3^-,ClO_4^-,过酸盐,次氯酸盐
Hg	−	+	氯碱电解
	−	+	汞齐化电解
	−	+	有机化合物电解
形稳性阳极 DSA(Ti、Ru 和其他贵金属混合)	+	−	氯碱电解,次氯酸盐,ClO_3^- 的生产,电冶炼和阳极保护
Ta 或 Ti/Pt	+	−	过硫酸盐的生产,阴极保护,氯酸盐生产和电渗析
Ti/Pt-Ir	+	−	ClO_3^- 和氯酸盐生产
Ti/PbO_2	+	−	ClO_3^- 生产,酸性介质中的有机化合物

研究表明，在众多的阴极材料中应用最广泛的有 Hg、Pb、Al、Ag、Zn、Ni、Fe、Cu、Sn、Cd、C 和 Pt，而 Au、Mg、Ru 和 Pd 相对而言应用不多，其他经汞齐化后的 Pt、Ni、Cu 以及在特定条件下形成的有机 Hg、有机 Sn 及有机 Pb 等金属有机化合物都是很好的阴极材料。由于汞的污染问题，近几年以 Hg 为阴极材料的工业过程已日趋减少。

通常，可用作阳极的材料相对较少，目前用得较多的有 Pt、C 和 PbO_2[21] 以及某些有机氧化物，此外，Hg、Ag、Au、Cu、Fe 和 Ni 也经常用作阳极材料，它们主要用作易氧化有机化合物的阳极材料。Hg 本身较易氧化，一般不采用，但目前已发现它可用于氧超电势很低的有机化合物的氧化（即那些比 Hg 更易氧化的有机物)。Fe 和 Ni 是碱性溶液中常用到的电极材料，因为它们在碱性溶液中较稳定，不易腐蚀。镍和蒙乃尔合金是电解氟化物最理想的电极材料。用作阳极的合金电极有 Pb-Sb、蒙乃尔合金、硅铁合金、耐酸硅铁、WC[22,23] 和 Pt/Ir 等。

此外，镁、铝、锌等金属常被当作牺牲阳极用于有机电合成中[24]。DMF 是这类有机电化学合成反应的最常用溶剂，其他双极性或者质子惰性溶剂也能作为这类反应的溶剂。在这类溶剂中使用牺牲阳极最大的优点是可以避免使用隔膜，这是使用这类溶剂的一个重要特征。另外一个优点是可以极大减少支持电解质的使用浓度，因为溶解的金属离子能帮助运输电流。此外，在反应中溶解的金属阳离子可能还有一些特殊的用途，比如在羧基化反应中和羧基阴离子或其他阴离子形成盐从而避免副反应的发生、替代其他媒介阳离子如钐、促进二聚反应的发生。选择哪种牺牲阳极材料一般取决于反应原料和产物的氧化还原电位，如果还原电位高于－1.3V（v. s. SCE）一般可选择锌；如果还原电位高于－2.8V（v. s. SCE）则需要用镁和铝。

锌阳极通常能解决 Reformatsky 反应中锌活化的困难和不可控的热反应问题。当锌或者铟作为牺牲阳极时，法拉第效率可以大于 100%，这说明这两种金属可直接作为金属还原剂和反应物进行反应；在 DMF 中使用镁作为阳极时，电化学腐蚀诱导下镁会和 DMF 发生化学反应，有时甚至会引起严重的还原二聚发应，此时的法拉第效率则很低。

3.3.2 电极材料对有机电合成反应选择性的影响

有机电合成反应的许多例子表明选择不同的电极材料将生成不同的产物，因此，在反应过程中选择合适的电极材料具有很重要的意义。有机电合成反应是一类很复杂的反应，它不但包括电子传递步骤，而且还包括随后的化学或电化学转化步骤。为了说明这点，在下文中列举了一些有关电极材料对反应性能影响的例子。

根据所用电极材料的不同，丙酮经电解还原后可以生成异丙基乙醇、丙醇、丙烷或二异丙基汞，如图 3.36 所示。异丙基乙醇和丙醇的生成机理目前比较清楚，但丙烷的生成机理至今未明，而二异丙基汞是由于电解产生的自由基离子被汞阴极的金属原子吸附而生成的。

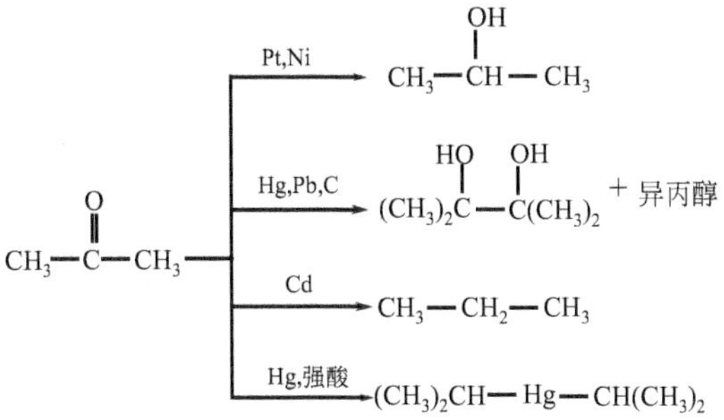

图 3.36 电极材料对丙酮电还原选择性的影响

只有少数几种阳极材料可以在有机氟化物电解合成中应用，如图 3.37 所示。在 HF 溶液中可用 Ni，在 HF/KF 熔融体中可用多孔炭以及在含有 F^- 有机溶剂中可用 Pt。Ni 阳极在电解过程中会产生一种含有高价氟化镍的氟化物，该高价化合物是不溶的，能连续生成并覆盖于电极表面，可与有机物发生进一步反应。多孔炭阳极在电解过程中也会产生一种非常特殊的氟化物，但其反应历程可能也包括电解产生氟原子或氟化粒子等过程。为了防止炭表面发生腐蚀，往往利用 C/F 表面层来导电，多孔结构为反应物和氟化产物提供进出“通道”。而有机化合物在 Pt 电极上电解则直接被氧化成阳离子，然后通过 F^- 的亲核性进行反应，其它材料如 Cu、Ag 和 Fe 等在此过程中将会造成严重的钝化或腐蚀，从而导致氟化物的电合成反应效率为零。

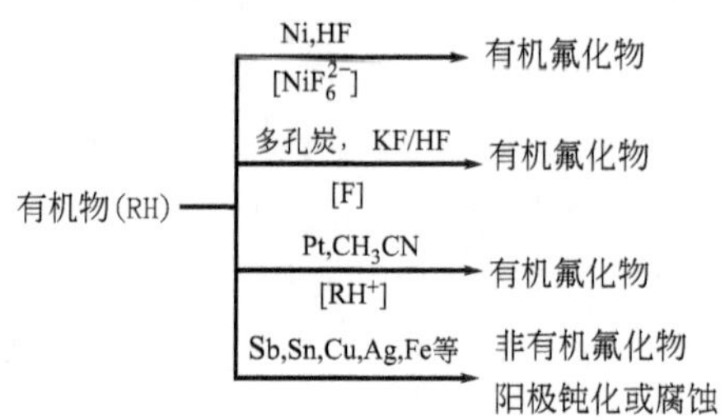

图 3.37 电极材料对电氟化作用的影响

在有机电合成中，丙烯腈的氢化二聚为电极材料的选择提供了参考。丙烯腈在电还原过程中，若采用 Pt 或 Ni 作阴极，则通过吸附 H 原子被还原成丙腈；若采用强酸及 Pb 作阴极，产物为烯丙胺；若采用 Sn 作阴极，则生成 Sn 金属有机化合物，若用 Hg、Pb 或 C 为阴极，则生成己二腈和丙腈，如图 3.38 所示。

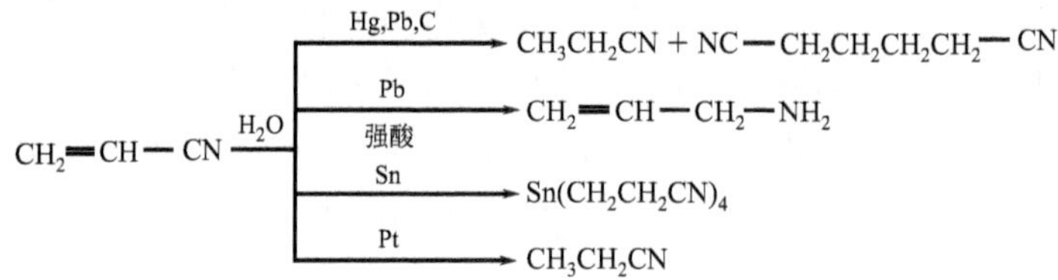

图 3.38 电极材料对丙烯腈氢化二聚作用的影响

在硝基苯电还原过程中，不同产物的生成很大程度上取决于阴极材料的选择、溶剂和支持电解质的性质以及其它如温度、反应物浓度等因素，在电解中除了主产物外，往往还伴有副产物的生成。图 3.39 给出了不同电极材料对硝基苯电还原产物的影响[25]。

从上述例子可以看出，在某一有机电解反应体系中，若采用不同的电极材料，可能得到不同的电解产物，这说明电极材料对电合成反应具有重要影响，因此，在实际应用中应根据电解反应体系的不同而选用合适的电极材料。

3.3.3 电极材料选用的依据

对于一个特定的电合成过程而言，无论是阴极还是阳极，所选用的电极材料最好能满足以下要求：

① 价格低廉；

② 化学稳定性优良；

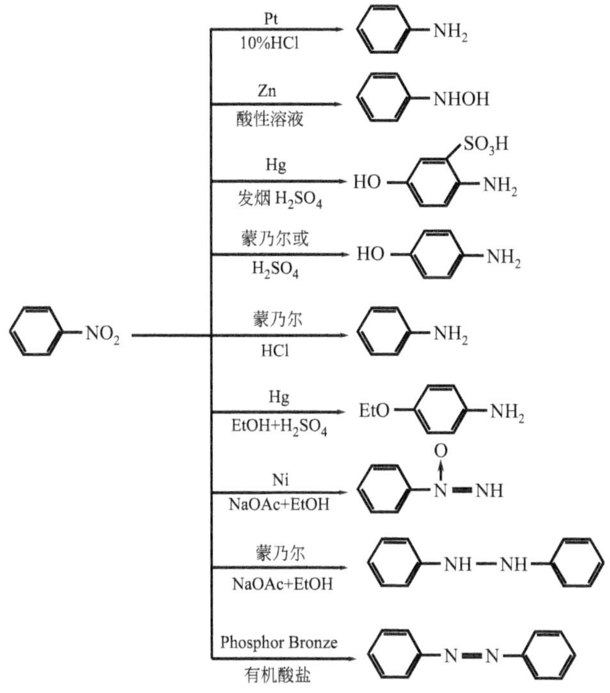

图 3.39　电极材料对硝基苯电还原反应的影响

③ 具有良好的电催化活性和选择性；

④ 导电性良好；

⑤ 易加工成型，机械强度好。

在实际电化学反应体系中，要完全满足上述要求是极其困难的。因为电极的催化活性随反应而异，而且一般具有催化活性的材料其价格都较昂贵，因此，在选择电极材料时必须综合考虑各种因素。本节主要对与电极材料选择有关的一些问题进行讨论。

(1) 材料价格

电极材料的费用是整个电解过程费用中的一个重要组成部分，其价格高低直接影响到整个电解过程的投资成本。因此，对一个特定的电解体系来说，除考虑电极材料的性能以外，还必须考虑其价格的因素。

通常，电极的价格很大程度上取决于电极的结构、所用材料以及某些涂层的加工技术。若要获得物美价廉的电极，必须在这些方面予以重视。

(2) 稳定性

电极材料的稳定性是评价电极好坏的标准之一。以往，考察金属材料的稳定性一般根据其熔点、电负性等性质，但是在电化学反应过程中，金属材料常浸在导电介质中，金属和溶液界面存在电位差，故上述规则不适合于电极稳定性的考察。

一般来说，判断一种电极材料的稳定性优劣，可以从热力学因素、基体/涂层结构因素以及电极活性等方面加以考虑。热力学因素主要根据电极材料在反应前后的电极电位或开路电位的变化情况予以判别，或通过电位-pH 图进行预测。基体/涂层的结构因素则要从两方面予以考虑：一方面要看电极表面涂层的制备技术是否完善或稳定；另一方面要看电极反应达到一定时间以后，电极表面的失重或剥落情况是否严重，以及电极活性是否有下降。电极活性的变化主要看在相同电极电位下电流密度是否有变化，若反应前后电流密度在相同电位下保持不变，则说明电极活性稳定，若电流密度下降，则说明电极活性降低或不稳定。

(3) 导电性

电流通过任何导体都有一定的阻力，这一特性在电工学中称为电阻，以 R 表示。在一定温度下导体的电阻 R 可用下式表示：

$$R=\rho\ \frac{l}{A} \tag{3.6}$$

式中，l 表示导体长度；A 为导体截面积；ρ 表示电阻率。

同样，电极材料的导电能力称作电导（L）或电导率（κ），其大小可由下式表示：

$$L=\frac{1}{R}$$

$$\kappa=\frac{1}{\rho}$$

$$L=\kappa\ \frac{A}{l} \tag{3.7}$$

由式可见，ρ 越大，导电性越差，金属/溶液界面的欧姆降越大，电位损失越严重；反之则小。这说明电极材料的导电性直接与电极反应的性能和能耗有关，是一个很重要的参数，也是评判电极材料优劣的标准之一。

通过比较电极材料电导率（κ）的大小，可以获知此种材料导电性的好坏。通常，金属材料具有较低的电导率，一般在 10^{-6}～10^{-2} S/cm（室温）之间，且随温度上升呈线性增加；绝缘体的电导率较高，约为 10^{3}～10^{17} S/cm 之间，且随温度升高呈指数下降。另外，某些氧化物也具有金属材料的导电性能，如 RuO_2、ReO_3、TiO、CrO 等，而有些氧化物则具有绝缘体的性能，如 CrO_3、Fe_2O_3、MnO、CoO、NiO 等。因此，要根据实际所用的电极材料来判定其电导率的大小。

(4) 电极活性

一种电极材料的活性好坏直接关系到产物的收率高低及其能耗大小，是选择电极材料最关键的依据之一。通常评价电极活性好坏的主要依据是表观活化能（A）和交换电流密度（i°）。表观活化能大、交换电流密度小的电极材料，则说明电极活性差，反之，则可认为电极活性好。表 3.6 中列出了几种用于硝基苯电解合成对氨基苯酚阴极材料的表观活化能和交换电流密度（90℃）[26]。由表可见，Cu - Ni 合金的 i° 大、A 小，说明电极活性好；而纯铜的 i° 小、A 大，说明电极活性差。

表 3.6 几种阴极材料的 i° 和 A

阴极材料	Cu-Ni 合金	汞齐化铜	纯铜
i°/(A/m)	371	366	40.0
A/(kJ/mol)	15.5	16.5	23.0

表观活化能 A 主要通过测定不同温度下电极体系的稳态极化曲线，然后根据下式求得。

$$\left(\frac{\partial \ln i}{\partial T}\right)_{\eta}=\frac{A}{RT^{2}} \tag{3.8}$$

在电合成体系中，衡量一种电极材料活性的好坏，主要看其所得产物收率的高低。因此，在筛选电极材料时，一般先通过测定 i° 和 A 的数据选出 i° 大、A 小的材料，然后经实际电合成试验考察，最后判断电极活性的高低。

3.4 隔膜材料

在有机电化学合成过程中，大多数电化学反应器都需要使用隔膜来分隔阴极和阳极区间，以避免两极所生成的产物混合，防止副反应和次级反应发生而影响产物的纯度、收率和电流效率，避免发生危及安全的事故（如某些气体混合引起的爆炸）。因此，在许多电化学反应器中，隔膜材料是不可缺少的重要组成部分。

3.4.1 隔膜种类及要求

常见的隔膜材料主要有两大类，即非选择性隔膜和选择性隔膜。

非选择性隔膜属机械性多孔材料，纯粹靠机械作用传输，而不能完全阻止因浓度梯度存在而产生的渗透作用。这类隔膜主要包括：石棉（包括石棉纸、石棉布、石棉纤维吸附膜）、多孔陶瓷（例如素烧陶瓷、刚玉、石英、氧化铝等）、多孔橡胶、多孔玻璃等。这类隔膜价廉易得，可根据电合成体系的实际需要选用。例如在对氨基苯酚电合成体系中，由于温度高、酸性强，且有硝基苯反应物存在，离子膜较难适应，可用多孔陶瓷膜[27]。

选择性隔膜又叫离子交换膜，分为阳离子交换膜和阴离子交换膜。一般来说，阳离子交换膜允许阳离子通过，阴离子交换膜则允许阴离子通过。这两种膜的主要基体材料包括：聚乙烯、苯乙烯-二乙烯基苯共聚物、聚苯醚、聚三氟苯乙烯、聚丙烯酸酯、聚四氟乙烯等。这类膜的结构和性能将在下节中进行详细介绍。

为了达到电化学反应器内的隔离目的，隔膜材料最好能满足以下要求：

① 可隔离阴、阳极生成的产物，但能允许离子通过，并具有良好的导电性能和透过率。

② 有较强的化学稳定性和足够的机械强度，能够经受隔膜两侧电解液的化学

腐蚀和机械磨损。

③ 尺寸保持稳定，使用寿命长。

④ 容易安装、维护和更换。

3.4.2 多孔性隔膜[28]

(1) 石棉隔膜

石棉是纤维状镁、铁、钙的硅酸盐矿物的总称。它分为蛇纹岩系和角闪石系两类，前者包括温石棉，后者包括青石棉、铁石棉等。世界石棉产量的90%是温石棉，通常以 $3MgO \cdot 2SiO_2 \cdot 2H_2O$ 或 $Mg_3(Si_2O_5)(OH)_4$ 表示其化学组成，但也常含有 Al_2O_3、Fe_2O_3、CaO 等杂质，对其性质有一定的影响。

温石棉由一束针状空心的原纤维组成，外径约 300Å（30nm），内径约 50Å（5nm），如图 3.40 所示。

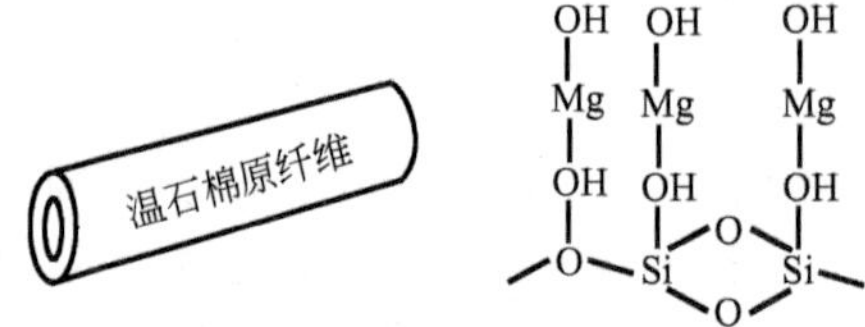

图 3.40 温石棉的纤维结构

加工后的石棉纤维具有很大的比表面，如表 3.7 所示。

表 3.7 石棉及其它几种纤维的直径及比表面积

纤维种类	纤维直径/mm	比表面积(氮气吸附法测定)/(cm^2/g)
尼龙	0.0076	3100
棉花	0.0102	7200
羊毛	0.0202～0.0280	9600
石棉(温石棉)	0.0000179～0.0003	130000～500000

温石棉在碱性溶液中稳定耐蚀，但微溶于酸。表 3.8 给出温石棉等在几种酸和碱中的溶解度，其物理化学性质如表 3.9 所示。

表 3.8 石棉的稳定性（在25%酸碱溶液中的失重，质量分数/%）

时间	品类	HCl	CH_3COOH	H_3PO_4	H_2SO_4	NaOH
煮沸 2h	温石棉	55.69	23.42	55.18	55.75	0.99
	铁石棉	12.84	2.63	11.67	11.35	6.94
	青石棉	4.38	0.91	4.37	3.69	1.35
26℃ 528h	温石棉	56.00	24.04	56.45	56.00	1.03
	铁石棉	12.00	3.08	11.83	11.71	6.82
	青石棉	3.14	1.02	3.91	3.48	1.20

表 3.9 温石棉的物理化学性质

项　目	性　质	项　目	性　质
主要成分	镁的含水硅酸盐	电绝缘性	较好
化学式	$3MgO \cdot 2SiO_2 \cdot 2H_2O$	吸附性	吸附能力较强
外观	淡灰色	耐热性	良好
比热容/[J/(kg·℃)]	1.1129	耐碱性	非常好
熔点/℃	1550	耐酸性	较差
机械强度/(kgf/mm²)	374		

(2) 改性石棉隔膜

一般的石棉隔膜往往存在溶胀和脱落的缺点，影响其使用寿命（仅约半年）和电解槽的正常运行。为此，提出了改性石棉隔膜，即在石棉纤维中加入少量耐蚀耐磨的热塑性聚合物，如聚四氟乙烯、聚全氟乙烯-丙烯、聚多氟偏二氯乙烯等含氟聚合物的纤维或粉末，同时在石棉浆液中加入一些非离子型表面活性剂，掺和均匀吸附在阴极网上（氯碱工业），再经干燥和热处理熔化，冷却后聚合物可将石棉纤维黏结成坚韧、形状固定并有弹性的隔膜，称为改性隔膜。它的厚度比普通石棉隔膜减小20%～25%，隔膜压降减少100～150mV，而且尺寸稳定，因此可缩短极距，降低槽压和能耗，同时由于机械强度提高，不易脱落及损坏，使用寿命大大延长，可达1～2年。另外，改性隔膜还具有孔率和渗透率稳定的优点。

(3) 微孔隔膜

以合成材料制成的多孔性隔膜，广泛应用于各种工业电解、化学电源等电化学反应中。由于使用条件（包括电解质和电化学反应产物的性质、温度、压力、电解液流速、气泡的冲击）以及使用要求不同，因此开发出了多种合成微孔隔膜。

① 聚四氟乙烯塑料隔膜　如Hooker公司研制的以改性聚四氟乙烯为基体的合成微孔隔膜，其孔隙率可控制，表面均匀平滑。英国ICI公司和日本汤浅公司也以聚四氟材料制得类似的微孔隔膜材料。

② 聚氯乙烯软质塑料隔膜　适用于酸性介质，它具有孔径小、孔隙率高、电导率较高、耐热性好等优点。

③ 聚烯烃树脂微孔隔膜　主要指采用聚乙烯和聚丙烯树脂为原料制成的隔膜。

(4) 多孔陶瓷隔膜[3]

多孔陶瓷是由无数均匀开口或闭口气孔组成的陶瓷体，具有耐高温、结构稳定、耐腐蚀等优点。一般多孔陶瓷由骨料、黏土和成孔剂组成，骨料起着基体骨架和主体作用，并保证制品的机械强度，通常选用钒土、氧化铝等。黏土用作成型时的黏结剂，如醴东乡泥、贵州泥等。成孔剂的作用是使成孔均匀，达到所需孔径要求，通常所用的成孔剂为木炭。

多孔陶瓷隔膜的气孔率、微孔孔径、耐酸碱度、抗折强度、抗压强度等性能可通过调整原料的配比，按需要制作。例如，对氨基苯酚电合成所用多孔陶瓷隔膜的基本性能如表 3.10 所示[3]。

表 3.10　多孔陶瓷隔膜的基本性能

气孔率/%	微孔孔径/μm	耐酸度/%	耐碱度/%	抗折强度/MPa	抗压强度/MPa
39	5	82	87	35	48

3.4.3 离子交换膜[3]

离子交换膜是一种具有高选择性的高分子功能膜或隔离膜，也称离子选择性透过膜，它仅让某种离子可以通过，而阻止其它离子穿透，性能十分优良，故在电合成反应器中应用非常广泛，为此予以简述。

3.4.3.1 离子交换膜的结构

离子交换膜的化学结构一般可表示为：

离子交换膜
- 高分子母体(基膜)
- 活性离子交换基团
  - 固定离子
  - 可解离离子(相对离子或反离子)

例如，磺酸型阳离子交换膜的化学结构为（见图 3.41）：

$$\underbrace{R^{*}—SO_3^-—H^+(Na^+)}_{活性基团}$$

固定基团　解离离子

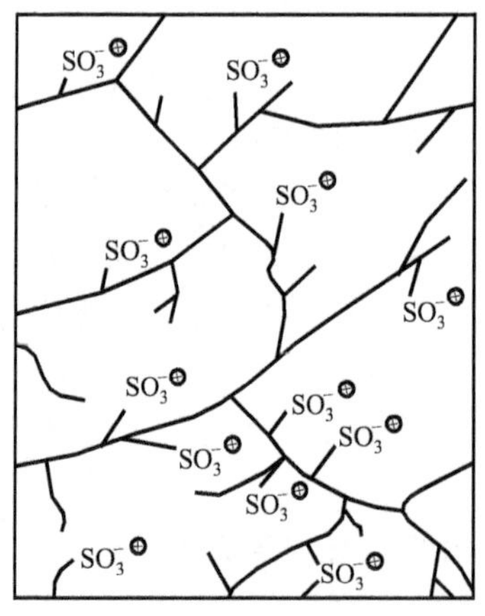

图 3.41　磺酸型阳离子交换膜的膜体结构示意图

R—SO_3^-—固定基团；⊕—解离离子

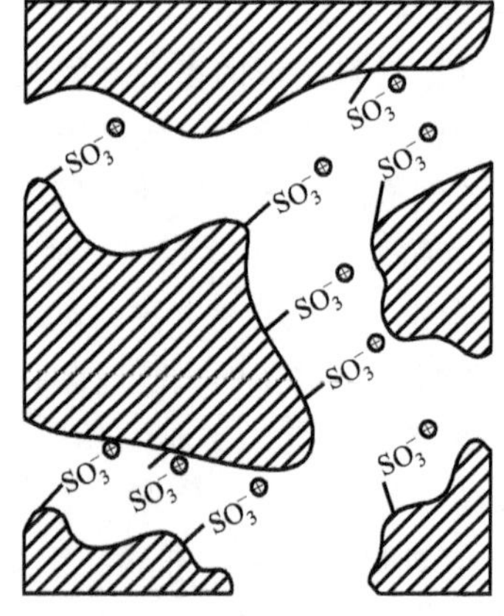

图 3.42　磺酸型阳离子交换膜的曲折通道示意图

R—SO_3^-—固定基团；⊕—解离离子

又如，季铵型阴离子交换膜的化学结构为：

$$\underbrace{R^{*}—N^+(CH_3)_3—OH^-(Cl^-)}_{活性基团}$$

固定基团　解离离子

R^* 表示高分子母体（基膜）。

膜中的解离离子，可与膜外同电荷的离子进行交换，又能参与电流传导和离子选择透过作用。由于磺酸基团和季铵基基团具有亲水性能，可使膜在水中溶胀，结构变松，从而形成微细、弯曲和贯通膜两面的通道，由图 3.42 所示。

3.4.3.2 离子交换膜的分类

(1) 按膜体结构分类

① 非均相离子交换膜　由离子交换树脂粉末与起黏合作用的高分子材料加工而成，具有不连续的结构，电化学性能差。但力学性能与化学性能尚可，较易生产。

② 均相离子交换膜　离子交换树脂与成膜高分子母体成为一相，因此离子交换基团分布均匀且连续，并有良好的电化学性能。

(2) 按交换基团分类

① 阳离子交换膜　带有酸性离子交换基团的离子交换膜，按其离解度大小，又可分为：

a. 强酸性膜，如磺酸膜（$R—SO_3H$），离解度高，常在咸水分离中使用。

b. 弱酸性膜，如羧酸膜（R—COOH），离解度低，易受 pH 影响，适用于碱性介质。

② 阴离子交换膜　带有碱性离子交换基团的离子交换膜，按其离解度大小，又可分为：

a. 强碱性膜，如季铵型膜，离解度高，适用范围广。

b. 弱碱性膜，如仲胺型膜，离解度低，易受 pH 影响，适用于酸性介质。

(3) 按用途分类

离子交换膜按用途可分为：

① 电解膜；

② 电渗析膜；

③ 扩散渗透膜。

3.4.3.3 离子交换膜的性能

离子交换膜的性能包括化学性能、机械-物理性能和电化学性能。

(1) 化学性能

① 离子交换基团的 pK 值　它表示离子交换基团的离解度。若以 SH 表示离子交换基团，则其离解平衡常数 K 为：

$$SH \rightleftharpoons S^- + H^+ \tag{3.9}$$

$$K = \frac{[S^-][H^+]}{[SH]} \tag{3.10}$$

$$-\ln K = \ln\frac{[SH]}{[S^-]} - \ln[H^+] \tag{3.11}$$

令 p$K = -\ln K$，则

$$pK = pH + \ln \frac{[SH]}{[S^-]} \tag{3.12}$$

式中，$[S^-]$、$[H^+]$、$[SH]$ 分别为三种质点的浓度，上式为 pK 定义式。

显然，pK 值较小时，表示交换基团较易离解，膜的导电性能较高。

离子膜的 pK 值是决定其工作条件及电导率的重要因素之一，主要取决于膜的组成和结构。

② 离子交换膜的交换容量和当量质量　离子膜的交换容量是指 1g 干膜所含交换基团的毫克当量数（毫克当量/克干膜，符号 A）。

由于离子交换膜内含有水，有时将膜内单位质量水中所具有的交换容量称为固定离子浓度（c_R）。若以 W 表示含水率（克水/克干膜），则

$$c_R = \frac{A}{W} \tag{3.13}$$

离子膜的当量质量（E_W）是交换容量的倒数，其物理意义是具有 1 毫克当量交换基团的干膜质量，即

$$E_W = \frac{1}{A}(\text{克干膜/毫克当量}) \tag{3.14}$$

离子膜的交换容量取决于离子交换膜的组成、结构、基膜的交联度、制造工艺，因为它们都影响活性基团的引入数量。当交换容量增大时，膜中交换基团密度增大，因此膜的导电性提高；但在交换容量增大时，由于交换基团的亲水性，膜的含水率提高，使膜中通道膨胀，OH^- 较易通过，即反渗增强，会使膜的选择透过性降低，此外还可能导致膜的机械强度变差。所以交换容量对膜的性能有多重影响，在使用离子时应全面考虑。

③ 膜的化学稳定性　离子交换膜在给定条件下的化学稳定性是保证正常使用的首要条件。例如在氯碱工业中，由于氯的强烈腐蚀性，碳氢链聚合物制成的离子膜不耐蚀就无法使用，而以碳氟聚合物为骨架的全氟离子交换膜稳定耐蚀，则得到了成功的应用。

(2) 机械-物理性能

① 膜的含水率和溶胀度　每克干膜的含水量（克水/克干膜）称为膜的含水率，可以用百分数（%）表示。膜的含水率取决于膜的结构，与膜中高聚物的交联度、交换容量有关。如全氟离子交换膜，当膜的结晶度降低时，交换容量增大，含水率也提高。此外膜的含水率还与使用条件有关，膜外溶液浓度愈高，膜的含水率愈低。至于含水率的影响，前已提及含水率增大使导电性提高，膜的选择性及机械强度有所降低。

离子膜的溶胀度是指离子膜在给定溶液中浸泡后，膜的面积或体积变化的百分率。膜本身的结构及使用条件同样影响膜的溶胀度。当膜的结晶度或交联度提高后，网状结构密度加大，溶胀度将降低。当交换容量增大时，往往引起溶胀度变化，可能使膜起皱弯曲，改变二维尺寸，甚至破裂或增大液流阻力。为此，一方面

应稳定使用条件，另一方面可在均相膜中加入增强材料，如聚四氟乙烯网布，减少溶胀引起的变形。膜在组装前充分浸泡可使其达到溶胀平衡，对应用是有益的。

② 膜的机械强度　离子膜应具有一定的机械强度，才能在安装、使用时经受各种应力及液流、气泡的冲击。表征膜机械强度的指标有多种，如爆破强度（kgf/cm^2）和拉伸强度（kgf/cm^2）等。前者表征膜所能经受的垂直方向的最高压力，后者表示膜所能经受的平行于膜方向的最大拉力。膜的机械强度同样与膜的结构及化学性能有关，一般交换容量增大时，机械强度下降。提高交联度或结晶度可改善机械强度，但却使膜失去柔性，变得更脆。采取增强网布的方法，可使膜的机械强度提高。

(3) 电化学性能

离子交换膜的电化学性能主要包括膜的导电性能（即膜电阻）和膜的选择透过性能。

① 膜的导电性能　膜的导电性能直接关系到电化学反应器的内阻、工作电压和能耗。显然，提高膜的导电性、降低其电阻有利于降低电解槽的槽压和能耗。膜的导电性能可用电阻率（Ω·cm）、面电阻（$\Omega\cdot cm^2$）或电导率（S/cm）表示。影响离子膜导电性能的因素有多种。

a. 膜的成分与结构。它们将影响交换基团的离解度和导电离子的数量，前已述及交换容量和含水率增加时，导电离子增多，同时膜内离子迁移通道——离子簇尺寸变大，这都有利于电导的提高，使膜的电阻减小。表 3.11 为一种用于电渗析的 SF-1 阳离子交换膜的电导率与交换容量、含水率的关系。

表 3.11　SF-1 阳离子交换膜的电导率与交换容量、含水率的关系

编号	1	2	3	4	5	6	7
交换容量/(mg/g)	1.07	1.18	1.29	1.41	1.54	1.68	1.80
含水率/%	11.5	13.1	18.4	25.0	28.8	40.4	50.8
电导率/(kS/cm)	1.95	1.99	2.06	4.45	5.59	13.65	24.9

导电性能也与相对离子的种类有关，因为它们的荷电量及迁移速度不同时，导电能力也会发生改变。

b. 膜的工作条件。工作条件包括膜外溶液的组成、浓度和温度。一般温度升高时，膜的电导率增大；工作介质的变化，往往影响膜的含水率，也影响膜的导电性能。

② 膜的选择透过性能　离子膜对于某种离子的选择透过性能可用下式给定的选择透过性（P）来表示：

$$P=\frac{t_i^{\mathrm{m}}-t_i}{1-t_i} \tag{3.15}$$

式中　t_i^{m}——i 离子在膜中的迁移数；

t_i——i 离子在膜外溶液中的迁移数。

显然，当 $t_i^{\mathrm{m}}=t_i$ 时，$P=0$，即离子膜没有选择性。当 $t_i^{\mathrm{m}}=1$ 时，$P=1$，则离子膜具有理想的选择透过性。

通常情况下，$0<P<1$。但是，有时也简单地用 t_i^m 表示膜的选择透过性。

膜的选择透过性对于膜分离过程的效果，显然具有决定意义，它不但决定分离过程的效果（产品的纯度、质量），也决定过程的效率、能耗等技术经济指标。

膜的选择透过性能首先取决于膜本身的结构和性能，同时也与工作条件有关。前者包括固定离子浓度（c_R）和膜中离子通道的宽窄。固定离子浓度（c_R）较大，微孔孔径较小的离子交换膜，选择透过性较高，这可以通过适当改变交换容量和交联度实现。亲水性较弱的全氟羧酸膜，选择性较高，也与此有关。膜的交换容量对膜的选择透过性能有双重影响，提高交换容量一方面可增大 c_R，有利于提高选择性，但同时又使膜的含水率增大，会降低选择性。正因为如此，交换容量与选择透过性能的关系曲线有时会出现极大值。

膜的交联度提高时，通常有利于改善膜的选择性能。这可能与膜中通道孔径减小及通道曲折度增加有关。但是交联度提高会使膜电阻加大，膜变脆，同时膜过于紧密，离子透过率降低。

3.4.3.4 几种离子交换膜的牌号和特点

目前，专供电化学合成使用的离子交换膜还很少见，大多数电合成体系所用的膜都是根据体系的性质从现有的膜中选用的，为此，有必要介绍一下目前国内外生产和销售的几种离子膜的牌号和特点，以便选用。

表 3.12 为国外氯碱工业用离子交换膜的牌号及特点。

表 3.12 国外全氟离子交换膜的牌号及特点

生产公司与产品牌号	产品系列	特点及应用
杜邦(美) Nafion	100 系列	化学性能稳定,用于水电解
	200 系列	全氟磺酰胺膜
	300 系列	由两层容量不同的全氟磺酸膜压合而成的复合膜,用于生产稀碱时,电流效率高
	400 系列	全氟磺酸膜,适用于生产 KOH
	900 系列 901 Nx-961 Nx90209	全氟羧酸/磺酸复合膜,有增强网布,电流效率高,电导高,电压降低,经久耐用
	10348	全氟羧酸、磺酸复合膜,无增强网布,厚 200μm,阴极侧涂多孔无机物涂层,与 901,90209 同,均用于 30%～35% NaOH
旭化成(日)	按碱液浓度分类	全氟羧酸、磺酸复合膜,有增强网布,表面粗化改性
旭硝子(日)	700 系列 F775 F783 F795	由两层交换容量不同的全氟羧酸膜层压合而成的复合膜,改进膜的增强材料,强度提高,电压降、拉伸力降低
	800 系列 F811,F855	制法同上 适用于零极距压滤机型电解槽
	F865,F856,F854	适用于隔膜槽改造

表 3.13 中列出了国外几种离子交换膜的性能。

表 3.13 国外几种离子交换膜的基本性能

性能	离子交换基团			
	全氟磺酸膜 Hf—SO_3H	全氟磺酰胺膜 Rf—SO_2NHR	全氟羧酸膜 Rf—COOH	复合膜 Rf—COOH/Rf—SO_3H
pK(交换基团的酸度)	<1	8～9	<2～3	2～3/<1
亲水性	大	很小	小	小/大
含水率/%	高	很低	低	低/高
电阻	小	很大	大	小
化学稳定性	优良	差	良好	良好

表 3.14 为国内研制和生产的几种离子膜的基本情况。

表 3.14 国内几种离子交换膜的牌号和性能

品名	牌号	色泽	交换容量/(meg/g)	面电阻/Ω·cm^2	爆破强度[①]/(kgf/cm^2)	含水率/%	选择透过度/%	厚度/mm	化学稳定性	生产厂家
聚乙烯异相膜	3361(阳) 3362(阴)	浅黄 浅蓝	≥2.8 ≥1.8	8～12 8～15	≥40	≥40 ≥35	≥90	0.4～0.5	一般	上海化工厂，北京化工二厂等
聚氯乙烯半均相膜	KM(阳) AM(阴)	半透明	1.3～1.8	≥15	>1	35～45 25～35	≥90	0.2～0.45	一般	晨光化工研究院三分厂
聚砜型均相膜	S203(阴)	浅黄半透明	1.1～1.5	<8	≥6	20～30	>90	0.2～0.3	耐酸	宁波市环保设备厂，宜兴化学试剂厂等
聚偏氟乙烯均相膜	F101(阳)	浅色半透明	1.6～1.8	<10	>7	25～35	≥95	0.2	耐酸抗氧化	江阴化工一厂
聚苯醚均相膜	F102(阳)	棕色半透明	1.5～1.8	<10	7～20	28～35	98	0.2～0.5	耐碱耐温	湖州化工厂(目前停产)
聚乙烯含浸阳膜	E105	咖啡色半透明	2.0	5～6	>3.5	35～40	≥95	0.28～0.3	耐碱	湖州化工厂

① 1kgf/cm^2=98.0665kPa。

在选用离子膜时，往往要求能符合多项性能指标，但不少指标是互相制约的。

例如膜的导电性达到了要求，而选择透过性不一定理想，所以完全理想的膜目前还没有的，必须根据所选的体系抓住主要问题来选用合适的膜。为便于选用，以下对膜应该具有的性能作一些说明，以供参考。

① 膜应平整均一、无针孔，并具有一定的机械强度和柔韧性。

② 膜应具有必要的选择透过性，即有较高的交换容量。膜的选择透过性与高聚物的交联度、厚度有关，一般交联度高和厚度大的膜，选择透过性较好。

③ 膜应具有较高的导电性能，这项指标相当重要。显然，导电性能好的膜耗电量也少。欲提高膜的电导，则要提高交换容量和孔隙度，但这会使膜的选择透过性和强度下降。

④ 应具有较好的形态稳定性，即膜的溶胀度不应太大，否则会造成浓差扩散和压差渗漏等不良后果。交联度低和较薄的膜，形态稳定性都差，为此常在膜中嵌入增强网布。

⑤ 应具有耐高温、抗氧化、抗酸（或碱）腐蚀及耐有机溶剂等性能，这视具体使用条件而定。

3.5 介质[3]

介质指的是电解反应所采用的溶剂和支持电解质。一般来说，选择合适的介质需要考虑以下几个因素。

① 反应物的溶解度　良好的溶解度才能保证高效的电解反应，即可通过较大电流进行电解。

② 较宽的可用电位范围　为保证反应物进行电解反应，而不会引起溶剂和其中的导电盐被电解破坏，要求所选用的介质-导电盐-电极系统有尽可能宽的可用电位范围（或称电位窗口），在这个范围内系统本身不会发生电解反应。只要反应物的氧化还原电位处于这一范围内，便可选用该体系进行电解。表 3.15 为某些溶剂和支持电解质的可用电位范围。

表 3.15　某些溶剂和支持电解质可用的电位范围

溶剂	工作电极	参比电极	支持电解质	阳极窗口/V	工作电极	参比电极	支持电解质	阴极窗口/V
H_2O	Pt	SCE	$HClO_4$	1.5	Hg	SCE	TBAP	−2.0
甲醇	Pt	SCE	$LiClO_4$	1.3	Pt	SCE	$LiClO_4$	−1.0
甲醇	Pt	SCE	KOH	1.3	Pt	SCE	KOH	−1.0
乙酸	Pt	SCE	NaOAc	2.0	Pt	SCE	NaOAc	−1.0
H_2SO_4(96%～99%)					Hg	Hg	无	−0.7
CH_3CN	Pt	Ag/Ag^+	$LiClO_4$	2.4	Pt	Ag/Ag^+	$LiClO_4$	−3.5
DMF	Pt	Hg	$LiClO_4$	1.5	Hg	Hg	TEAP	−3.5

续表

溶剂	工作电极	参比电极	支持电解质	阳极窗口/V	工作电极	参比电极	支持电解质	阴极窗口/V
NMP	Pt	Hg	$LiClO_4$	1.4	Hg	Hg	TEAP	−3.3
HMPA	Pt	Ag/Ag^+	$LiClO_4$	0.8	Hg	Ag/Ag^+	$LiClO_4$	−3.6
NH_3					Hg	Hg	TEAI	−2.3
$(H_2NCH_2)_2$	C	SCE	TEAP	0.1	Hg	SCE	TEAP	−2.65
吡啶	石墨	Ag/Ag^+	$LiClO_4$	1.4	Hg	Hg	$LiClO_4$	−1.7
DMSO	Pt	SCE	$NaClO_4$	0.7	Hg	SCE	TEAP	−2.8
环丁砜	Pt	SCE	$NaClO_4$	2.3	Pt	SCE	$NaClO_4$	−4.0
PC	Pt	SCE	TEAP	1.7	Hg	SCE	TEAP	−2.5
四氢呋喃	Pt	Ag/Ag^+	$LiClO_4$	1.8	Hg	Ag/Ag^+	$LiClO_4$	−3.6

③ 符合所需反应的要求　特别是介质不会与所得产品发生反应。

④ 好的导电性　电阻高的溶剂不仅会带来电能损失，而且还会造成温度升高，导致副反应发生。为此，需要加入足够量的支持电解质，以降低介质的电阻。表3.15中给出各有关溶剂所适用的支持电解质。

3.5.1 溶剂[29]

(1) 质子溶剂

① 酸性溶剂

a. 硫酸　浓硫酸或者稀硫酸是一种非常优越的电解合成溶剂，其不仅能溶解很多有机物而且具有出色的导电性。硫酸能质子化很多很弱的碱，比如芳香醚或者芳香碳氢化合物；其还能通过羟基化合物的脱水或双键的质子化促进生成碳阳离子。同样，硫酸也有一些缺点：比如其不能通过蒸馏进行回收。实际使用中，不得不采用水稀释后进行萃取的方式回收产品。硫酸另外一个缺点是有可能氧化或者磺化反应底物。

我们课题组以稀硫酸为溶剂电解合成丁二酸的技术已经实现了工业化生产[5]；以铬或铈为媒介的间接电氧化体系通常采用的溶剂也是硫酸。

b. 氟磺酸　氟磺酸是一种非常强的酸，以其为溶剂可以稳定某些阳离子物种，其还常被用作烷烃电解氧化的溶剂。含有硫酸的氟磺酸溶液能阳极溶解铂，无水氟磺酸为溶剂时铂则可以作为阳极。

c. 氢氟酸　氢氟酸主要被用作有机物电化学氟化的溶剂，同时它也是一种优良的可用于电化学研究的溶剂。它有很高的介电常数，黏性比水还小且非常难被氧化。它能溶解很多金属氟化物和有机物，最大的缺点是毒性太大且沸点很低(19.5℃)。因为其腐蚀玻璃，所以在实验中不能使用玻璃容器。这些特点使以其作为溶剂的电解槽必须精心设计。铜、镍、镁、铝等金属在氢氟酸溶液中表面能生成氟化物钝化层，因此可以作为存放氢氟酸的容器，聚丙烯、聚四氟乙烯、氟橡胶等塑料也不会被氢氟酸腐蚀。聚氯三氟乙烯则可以作为存放氢氟酸容器的透视窗口材料。

由于析氢反应的限制，氢氟酸的阴极电位窗口很窄，其阳极电位窗口大约为2.6V（SCE）。氟化钾和氟化钠是氢氟酸溶液最常用的两种支持电解质，它们的加入会降低溶液的质子化能力。氟化钠在氢氟酸中的溶解度约为30g/g，其他的一些氟化物如氟化锂、氟化钾、氟化铯、氟化铵、氟化银和氟化铊等在氢氟酸中的溶解性也都非常优良。当加入三氟化硼或三氟化锑时，氟化氢的酸性则会增强。氟化氢中胺的存在能使氟离子成为更好的亲核试剂并且减小溶液的酸性，如 $Et_3N/3HF$ 和吡啶/HF 是商用的电氟化溶剂。

d. 三氟乙酸　三氟乙酸的介电常数是8.4，沸点为72.5℃，其常被用作氧化反应的溶剂。三氟乙酸尽管导电性不佳，但不用外加的支持电解质也勉强能进行电解合成。其最主要的优点是能提高阳离子自由基的稳定性。

e. 乙酸　很多有机物和无机物都能很好地溶解在乙酸中。因为其介电常数很小，所以必须加入高浓度的支持电解质来保证溶液足够的导电性。可用于乙酸溶液的支持电解质包括：醋酸钠、醋酸铵、氯化锂、氯化氢、硫酸、高氯酸、高氯酸钠、四丁基高氯酸铵和四丁基四氟硼酸铵等。不同的支持电解质将影响电解合成产品的收率分布。

② 中性溶剂

a. 水　通常，如果可能的话，人们总是选用水为溶剂，因为水是最容易得到的、最安全的溶剂。但对于许多有机电合成来说，由于所用有机物在水中不溶或难溶，因而非用有机溶剂不可。另外，质子惰性溶剂中的电解反应机理一般比水中更简单，因此电化学研究通常采用质子惰性溶剂。

b. 甲醇　甲醇的电化学性能和水非常相似，其适合作为 Kolbe 型反应和甲氧基化反应的溶剂。其还常被用作水的助溶剂来提高电解液对有机物的溶解度。甲醇的介电常数也非常大（约为33），其液态温度范围非常适中，在实际使用中可非常方便地进行蒸馏回收。如下物质可作为甲醇溶液的支持电解质：醋酸钠、醋酸铵、氯化锂、氯化氢、硫酸、高氯酸、高氯酸钠、四丁基高氯酸铵和四丁基四氟硼酸铵等。

③ 碱性溶剂

a. 液氨　以氨为溶剂最大的问题是其不寻常的液态温度范围（−77.7～−33.4℃），这个问题可以通过如下几种方法进行克服：ⅰ. 在上述温度范围内进行电解反应；ⅱ. 增加电解槽的压力增高其液态温度范围；ⅲ. 加入高浓度的支持电解质盐使其常温下蒸气分压极大地下降。

低廉的价格和回收与提纯容易是液氨作为溶剂的最大优点，在工业化电解生产中相比其他氨类溶剂，液氨通常被优先考虑。以液氨为溶剂进行隔膜电解时阴极室和阳极室应通过管子进行连通以保证两边压力平衡。液氨有较高的介电常数（−36℃时为23.7）和对无机盐较好的溶解性能，但其对非极性有机物的溶解性较差。液氨是两性溶剂，铵根离子是最强的酸，酰胺离子是最强的碱。因为液氨比较容易氧化成氮气和质子所以液氨通常作为还原反应的溶剂。

b. 甲基胺　甲基胺的液态温度范围比液氨高，但它们的电化学性质非常相似。甲基胺的介电常数比较低（−10℃时为11.4），但通过加入氯化锂可以达到大规模电解所需的电导率。甲基胺适合作为还原反应的溶剂，尤其适合作为生成溶剂化电子体系的溶剂。

c. 乙基胺　乙基胺是一种伯胺，其具有比较合适的液态温度范围（11～117℃）。乙基胺的介电常数和甲基胺非常接近（12），但具有比甲基胺更高的溶解有机物的能力。氯化锂、硝酸钠和四烷基铵盐是乙基胺作为溶剂时常用的支持电解质，其中氯化锂为支持电解质时，溶剂化电子能稳定存在于乙基胺溶液中。

(2) 质子惰性溶剂

在某些反应中，当水溶液缺少某些好的性能或者具有某些不好的性质时通常可考虑使用质子惰性溶剂。没有质子的电解体系中研究电极反应机理通常较为容易，这是因为该体系中反应中间体如自由基阴离子比较稳定，因此反应途径变得更为简单。

① 乙腈　乙腈是最为常见的可用于电解合成的极性质子惰性溶剂，其具有较宽的阴极和阳极电化学窗口。乙腈可以溶解很多有机物和不少有机盐与无机盐，并且其能和水混溶。因为乙腈具有较大的介电常数（37），所以其盐溶液具有非常优良的导电性。具有一定的毒性是乙腈的一个主要缺点，其在空气中浓度最好能小于20×10^{-6}。乙腈的液态温度范围非常适宜（−45～82℃），较低的沸点非常有利于其回收。可作为乙腈的支持电解质有：高氯酸钠、高氯酸锂、四丁基铵盐和四烷基铵盐。另外，硝酸银和高氯酸银也能很好地溶解在乙腈中，在氯离子共存下氯化银在乙腈中也有一定的溶解性。在没有外加质子供体的乙腈中进行电解，其可以被还原成阴离子$(CH_2CN)^-$，该阴离子可以作为一种亲核试剂进攻某个亲电中心。

② 二甲基甲酰胺　二甲基甲酰胺（DMF）是一种具有和乙腈相似介电常数的极性溶剂。其不仅能溶解大部分有机物，而且对高氯酸有机盐、高氯酸无机盐、有机氟硼酸盐也具有较好的溶解性。

DMF的液态温度范围为−61～153℃，尽管其沸点偏高但在实际使用中还是可以用蒸馏的方法进行回收。DMF也具有一定的毒性，空气中浓度最好能限制在10×10^{-6}以内。和乙腈相比，DMF的电化学还原窗口同样较宽，但氧化窗口稍窄。四丁基高氯酸铵和四丁基四氟硼酸铵是DMF最常用的支持电解质，此外氯化锂和高氯酸钠也可作为其的支持电解质。

③ 吡啶　吡啶不仅是一种较强的碱而且是一种亲核试剂，尽管其介电常数较小（约为12），但其能溶解很多盐且溶有盐的溶液有较好的导电性。和很多碱不同，吡啶由于其是一种缺π电子的杂环有机物，具有很好的抗氧化能力。吡啶的液

相温度范围为−41～115℃，其能和水混溶并能溶解很多有机物。硝酸锂、氯化锂、高氯酸锂、碘化钠和四丁基高氯酸盐等都能很好地溶解于吡啶中。

④ 二甲基亚砜　二甲基亚砜（DMSO）能溶解很多无机盐和有机物，其具有很强的抗还原能力和不错的抗氧化能力。DMSO的介电常数非常高（47），非常适合作为电解反应的溶剂。DMSO的沸点较高（189℃），因此在实际使用中回收比较困难。尽管DMSO的毒性较低，但其在皮肤中的渗透非常快。如果用手接触DMSO数分钟，其气味在数月内都不会消失。另外，其还可能夹带着其他有机溶剂渗透进入人的皮肤。

可用于DMSO的支持电解质没有像乙腈和DMF那样受限制，几乎所有的可溶解其中的盐都可作为DMSO的支持电解质。

(3) 超临界二氧化碳[30]

超临界二氧化碳由于具有无毒、价格便宜、良好的有机物溶解性等优点已经广泛应用于化学合成和分离工程中。但由于很多支持电解质都不溶于超临界二氧化碳，因此其在电合成中的应用受到了很大的限制。Tokuda等通过添加乙腈作为电解质助溶剂对1-氯萘进行了脱氯羧基化合成反应，发现合成目标物的收率远高于乙腈溶剂中相同反应的收率。

3.5.2 支持电解质[31]

非金属的液体中，电流主要通过离子进行导通。溶解性、解离常数、流动性、电化学窗口和质子活性等性质是选择支持电解质的主要依据。高的溶解性、完全解离、高的离子流动性、宽的电化学窗口都是支持电解质有利的性质。

(1) 阴离子

阴离子一般会影响阳极反应的产物收率分布。除非希望氧化阴离子（如间接电氧化中），阳极反应一般选用不容易被氧化的阴离子，比如高氯酸根、四氟硼酸根、六氟磷酸根、硝酸根等。水溶液中阴离子的选择条件没有无水溶液苛刻，因为水比很多阴离子更加容易氧化。对于阴极反应，阴离子的选择主要考虑其溶解性及其对反应底物溶解性的影响。

① 高氯酸根　高氯酸根很难被氧化，但在采用乙腈或硝基甲烷等溶剂时，高氯酸根能被氧化成高氯酸根自由基，它能进一步分解成氧气和二氧化氯自由基。需要强调的是，高氯酸根有一定的爆炸性，比如高氯酸银在研磨过程中容易燃烧；有机高氯酸盐在烘干过程中容易爆炸；含高氯酸钠的有机溶剂在加热的过程中也非常容易燃烧。

高氯酸钠能溶解在很多有机溶剂中，尽管其易吸水但在110℃下能被烘干。在烘干高氯酸钠的过程中，容易结块，只有粉碎后才能快速烘干。此外，高氯酸锂和四烷基高氯酸铵也是常用的高氯酸盐支持电解质。

② 四氟硼酸根　四氟硼酸根的氧化电位略负于高氯酸根，但其盐有不容易爆炸的优点，因此在需要回收溶剂的电解实验中它可以替代高氯酸盐。四丁基四氟硼

酸铵溶解于很多有机溶剂但不溶于水，因此可以通过混合四氟硼酸钠和四丁基铵盐来制备四丁基四氟硼酸铵。四丁基四氟硼酸铵是一种非常优良的有机溶剂中电解合成的支持电解质，电解结束后可以通过加入水来析出四丁基四氟硼酸铵从而达到回收的目的。

③ 硝酸根　硝酸根的抗氧化能力略逊于高氯酸根和四氟硼酸根，比如在硝基甲烷中它能被氧化成 NO_2^+ 和氧气，NO_2^+ 则能进一步和溶液中微量的水反应生成硝酸或者和硝酸根反应生成 N_2O_5。四丁基硝酸铵是最常用的硝酸盐，它能通过在水溶液中混合硝酸钠和四丁基硫酸氢铵，然后用二氯甲烷萃取获得。

④ 芳香磺酸盐　芳香磺酸盐的使用最早源于其对于有机物在水溶液中助溶性。四烷基芳香磺酸铵的助溶性强于对应的芳香磺酸碱金属盐。芳香磺酸盐主要用作还原反应的支持电解质，但其作为氧化反应的支持电解质也具有一定的前景。为了得到良好的助溶性，通常使用很高浓度的芳香磺酸盐，比如丙烯腈的加氢二聚反应中采用的芳香磺酸盐浓度就非常高。

⑤ 羧酸根　在 Kolbe 反应中，羧酸盐不仅作为反应底物而且还当作支持电解质。其他阴离子的存在往往会降低 Kolbe 反应的收率，然而如果这些阴离子是不容易被氧化的（如高氯酸根等），则将促进相应的 Hofer-Kolbe 反应。

四烷基草酸铵和四烷基甲酸铵及其衍生物可以作为质子惰性溶剂中还原反应的支持电解质，其优点是该类反应可以在无隔膜电解槽中进行，因为阳极反应是相应羧酸根氧化成二氧化碳的反应，该反应不会干扰对应的阴极反应。

(2) 阳离子

① 锂离子　很多锂盐，如高氯酸锂、各种卤化锂等都能很好地溶解在无水溶液中。锂离子的还原电势依赖于电极材料和反应溶剂。在汞电极上锂能被还原成锂汞合金，在铂电极上锂则能被还原成金属锂。锂金属的活性略低于钠，但其还是能和有机溶剂中微量的水反应生成氢氧化锂绝缘体。

② 钠离子　钠离子主要用于水溶液中，在有机溶液中则只有高氯酸钠有一定的溶解性。

③ 四烷基铵根　最常见的四烷基铵盐包括四丁基高氯酸铵（TBAP）、四丁基四氟硼酸铵（TBAT）、四丁基卤酸铵（TBACl，TBAB，TBAI）、四丙基铵盐、四乙基铵盐、四甲基铵盐。在非极性溶剂中，则需要采用四己基铵盐或者四辛基铵盐作为支持电解质。四烷基铵根离子溶解于很多非水溶剂中，氯仿和二氯甲烷能在水溶液中萃取出四烷基铵盐。

在水溶液中，四烷基铵根离子会吸附于电极表面生成一层低质子化活性的吸附层。丙烯腈电解合成己二腈的反应中就利用了四烷基铵根离子的这种性质。电极电位、电极材料、电解液组成和阳离子大小都会影响这种吸附行为。

另外，非常有趣的是从电极到反应底物的电子转移速率常数会随着四烷基铵根离子尺寸的变大而变小。比如，乙腈溶液中四乙基高氯酸铵为支持电解质时电子从汞电极上转移到反应底物上的速率总是大于四庚基高氯酸铵为支持电解质时的电子转移速率。

(3) 固体电解质[32]

电解质的回收和重复利用是电解合成的关键问题，如果电解质为固体便可以用最简单的过滤回收电解质，因此利用固体电解质的电合成方法是绿色合成的发展方向。

最常见的固体电解质是聚合物电解质，即离子膜，在聚合物电解质的基础上发展出了一种特殊的电解方式——SPE（Solid Polymer Electrolyte）电解技术。这种电解合成方法甚至连电解质的过滤都避免了。

此外，最近 Tajima 等人开发了一种固载碱支持电解质。质子溶剂如甲醇加入这种电解质后会游离出氢质子，因此其电导率大幅度增加，在不添加其他支持电解质的条件下即可满足电解合成的导电需求。这种支持电解质因为是固体，所以不会在阴极或阳极上发生反应，因此可以长时间使用。

(4) 离子液体[33]

离子液体具有容易回收利用、极低的蒸气压、不易燃烧、比较稳定等优点，因此其在电化学合成中的应用引起了广泛的重视。相关内容将在第 7 章中详细介绍。

参 考 文 献

[1] 马淳安，徐颖华，褚有群，毛信表，赵峰鸣，朱英红. 化工学报，2010，61 (3)：699.

[2] Lund H，Hammerich O. Organic Electrochemistry. Fourth Edition. Marcel Dekker，Inc.，2001：224-226.

[3] 马淳安著. 有机电化学合成导论. 北京：科学出版社，2002.

[4] Lund H. Hammerich O. Organic Electrochemistry. Fourth Edition. Marcel Dekker，Inc.，2001：1268.

[5] 马淳安，徐颖华，赵峰鸣，褚有群，毛信表. ZL 2009198005. 4，2009.

[6] 马淳安，徐颖华，毛信表，赵峰鸣，丁来富，戴锋，陆志坚. ZL 200820082691. 4，2009.

[7] 马淳安. ZL93119242. 0，1993.

[8] 马淳安. ZL9324517. 8，1993.

[9] Chaussard J，Troupel M，Robin Y，Jacob G，Juhasz J P. J. Appl. Electrochem.，1989，19：345.

[10] Fontana A. Chim Nouv，1993，11：1232.

[11] Sonoyama N，Ezaki K，Sakata T. Advances in Environmental Research，2001，6：1-8.

[12] Sonoyama N，Seike S，Sueoka T. J Appl Electrochem，2003，33：1049-1055.

[13] He J，Ela W P，Roberton E A. Ind Eng Chem Res，2004，43：7965-7974.

[14] Bechtold T，Burtscher E，Bobleter O，Blatt W，Schneider L. Chem Eng Technol，1998，21，11：877-880

[15] 小久见善八，西尾晃治，吉尺四郎. Denki Kagaku，1981，44 (4)：212.

[16] 陈震. 物理化学学报，1993，9 (2)：181.

[17] Ogumi Z，Ohashi S，Takehara Z，Electrochimica Acta，1985，30：121.

[18] Yoshida J，Suga S. Synthesis Assisted by Electricity，378-379.

[19] Pletcher D. Industrial Electrochemistry，ChapmanandHall，1982.

[20] Weinberg N L，Tilak B V. Technique of Electro-Organic Synthesis，Part Ⅱ. John Wiley and Sons，1982，Ch. 4.

[21] 马淳安，王仁康，童少平. 精细化工，1996，13 (增刊)：12.

[22] 杨祖望，马淳安. ZL860688A，1986.

[23] 马淳安，杨祖望，周运鸿，查全性. 物理化学学报，1990，6 (5)，622.

[24] Lund H，Hammerich O. Organic Electrochemistry. Fourth Edition. Marcel Dekker，Inc.，2001：245.

[25] 马淳安，苏为科，王焕华. 浙江工学院学报，1992，20 (1)：1.
[26] 马淳安，郑勤安. 浙江工业大学学报，1996，24 (2)：138.
[27] 马淳安，汪永键. 第四届全国有机电化学和工业学术会议论文集，南京，1994.
[28] 方度，蒋兰荪，吴正德主编. 氯碱工艺学，北京：化学工业出版社，1990.
[29] Lund H，Hammerich O. Organic Electrochemistry. Fourth Edition. Marcel Dekker，Inc.，2001：257-268.
[30] Yoshida J，Suga S. Synthesis Assisted by Electricity，370.
[31] Lund H. Hammerich O. Organic Electrochemistry. Fourth Edition. Marcel Dekker，Inc.，2001：272-275.
[32] Yoshida J，Suga S. Synthesis Assisted by Electricity，Wiley-VCH Verlag GmbH & Co. kGaA，2012：376-378.
[33] Yoshida J，Suga S. Synthesis Assisted by Electricity，Wiley-VCH Verlag GmbH & Co. kGaA，2012：370-372.

第4章

无机电化学合成

采用电化学方法制取无机单质和化合物的无机电合成是工业电化学中最重要的领域之一。以电子作为氧化剂或还原剂的电化学合成在反应体系中除原料和生成物外通常不含其他反应试剂，产物容易分离和收集，对环境友好，是绿色化学重要的组成部分[1,2]。无机电化学合成的优越性主要表现在：①便于实现自动化，电化学系统内的可变量，如电极电位和电流等信号易测定和自动控制；②合成工艺操作条件温和、能量效率高；③环境相容性高，电化学反应以最洁净的电子作为氧化剂或还原剂，若设计合理，可达到零排放要求，节能减排作用明显；④运行费用低，所需设备简单、操作简便[3]。

无机电化学合成的电极反应在电极与溶液之间的界面上进行，电极过程可能由下列步骤串联而成[4]：①反应物由溶液本体向电极表面传递；②反应物在电极表面及附近液层中进行转化，如表面吸附或化学反应；③在电极与溶液之间的界面上得失电子；④反应产物在电极表面及附近液层中进行转换，如表面脱附或化学反应；⑤反应产物自电极表面向溶液本体传递。无机电化学合成工艺流程包括前处理工序、电解工序和后处理工序，其中电解工序是最重要的步骤。前、后处理通常为净化、除湿、精制、分离等操作。

电化学合成制备的无机单质和化合物主要有：①氯碱工业的产品，如 $NaOH$、Cl_2、H_2；②强氧化剂，如 $KMnO_4$、$NaClO$、$NaClO_3$、$NaClO_4$、$K_2Cr_2O_7$、$Na_2S_2O_8$、ClO_2、F_2、H_2O_2、O_3；③高活性金属氧化物，如 MnO_2、Cu_2O；④水电解的产品，如 H_2、O_2；⑤湿法冶金的产品，如 Cu、Ni、Zn、Au、Ag、Al；⑥金属盐类，如 Pb 阳极在 $NaClO_3+Na_2CrO_4$ 溶液中电解，可制得 $PbCrO_4$。氯碱工业的产品是属于支撑现代化学工业的基本化学品。电解水制取的氢气可作为能源，也可用于有机物氢化、制造半导体、制取高纯金属等。电解水还可制取重水，因重水具有使高速中子减速的良好性能，故在原子反应堆中用作中子减速剂。金属的电解提取与精炼是金属电沉积在工业中应用的重要内容，它与火法冶金比较，具有产品纯度高，并且能处理低品位矿石和复杂多金属矿的优点。利用电化学合成方法制取的许多其他无机化合物，总的来说，规模不大但在实际的工业过程中已经或正在建立其工业化生产[5~7]。

4.1 氯碱工业

自 1893 年美国纽约建立第一家电解食盐水制取氯气的工厂以来，氯碱工业已有 100 多年的历史。它是以 50%氢氧化钠作为烧碱的商品规格，和液氯同为氯碱工业的主产品，其他产品包括 30%氢氧化钠、固体氢氧化钠（片碱）、液氯、盐酸、次氯酸钠、聚氯乙烯树脂（PVC）等，这些产品广泛应用于化学工业、轻工业、纺织品、冶金、石油化工以及公用事业等[5,8]。氯碱工业的生产方法有三种：水银法、隔膜法和离子膜法[9,10]。随着科学技术不断革新，经济和能源危机的社会压力不断增长，环境保护和高安全性标准日益提高，电解技术得到了快速而显著的进步。目前，世界上比较先进的电解技术是离子交换膜法，这一技术在性能方面的优越性以及可免除石棉和水银产生的公害，具有绿色合成化学的特征。

4.1.1 生产原理及工艺

三种氯碱生产方法的阳极过程都相同，即在饱和食盐水溶液电解时，阳极反应为 Cl^- 的氧化，即出氯气。电极反应如下：

$$2Cl^- \longrightarrow Cl_2 + 2e^- \qquad \varphi_{25℃} = 1.3583V \tag{4.1}$$

而阴极过程可分为两种，一种是采用固体阴极（通常是铁阴极或活性阴极），阴极过程为析氢反应，如隔膜法和离子膜法。电极反应为：

$$2H_2O + 2e^- \longrightarrow 2OH^- + H_2 \qquad \varphi_{25℃} = -0.828V \tag{4.2}$$

另一种是采用汞阴极，阴极过程为 Na^+ 放电生成钠-汞齐，如水银法。电极反应如下：

$$Na^+ + e^- + Hg \longrightarrow NaHg \qquad \varphi_{25℃} = -1.868V \tag{4.3}$$

然后，钠-汞齐在解汞槽内分解获得烧碱。分解反应为：

$$2NaHg + 2H_2O \longrightarrow 2Hg + 2Na^+ + 2OH^- + H_2 \tag{4.4}$$

为了高效率地制取氯气和烧碱，关键是要分隔两极产物，阻止阴极附近生成的 OH^- 进入阳极区。正是根据分隔产物的不同方法，形成了三种不同的生产工艺：水银法、隔膜法和离子膜法。

水银法由电解和解汞两步反应组合而成，生产设备采用电解槽和解汞槽。电解槽结构如图 4.1 所示。电解槽没有隔膜，阳极为石墨或金属阳极，阳极反应见式(4.1)，阳极产物为 Cl_2。阴极为水银，阴极反应见式(4.3)，阴极产物为钠-汞齐。因此，在电解槽内不产生 H_2，也不产生 NaOH，不存在 H_2 与 Cl_2 混合爆炸问题，也不会有大量氯气与碱相互作用。解汞槽的作用是把电解槽中生成的钠-汞齐加水分解为碱和氢气，分解反应见式(4.4)，反应中 Na 又氧化成 Na^+，而 H_2O 则发生

还原反应生成 H_2。由于上述反应在不含 NaCl 的解汞槽中进行，因而可以得到高纯度的烧碱，含盐量小于 50μg/g。

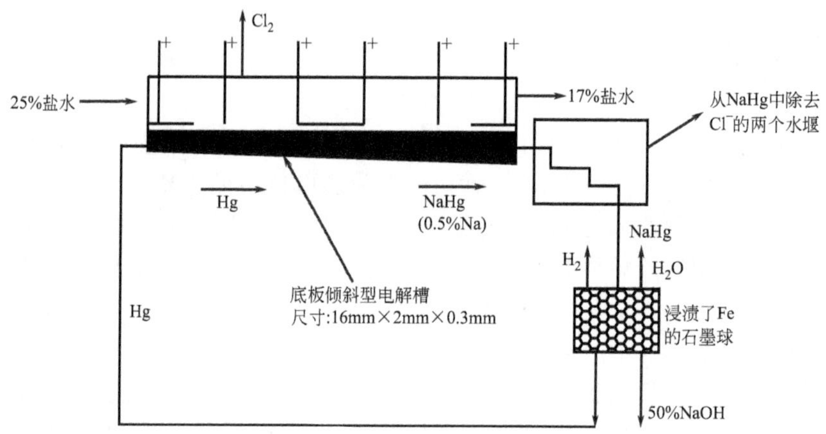

图 4.1 水银法电解槽结构及水银循环路线示意图

水银法的主要优点是生产强度高，电流密度可达 10～15kA/m²，无须蒸发即可得到浓度高达 50%的烧碱，而且纯度高，可直接作为商品出售。然而，水银法除电耗高外，致命的缺点是生产中如果发生水银的流失将造成严重的环境污染，成为公害。如日本发生的"水俣病"就迫使日本政府在 1973 年限期取消了水银法。但在欧洲，由于汞资源丰富及技术进步，在采取了多种有力措施，并严格限制水银流失后，水银法仍然是主要方法之一。但是近年来，欧洲的氯碱生产商正在积极推动氯碱清洁生产技术的发展。据欧洲氯碱工业协会介绍，2009 年氯碱生产采用离子膜技术所占的比例已上升为 52%，同时基于水银电解工厂的烧碱产量的比例已降至 31%，并自愿性承诺——到 2020 年所有水银电解工艺的生产将关停或改造[11,12]。

隔膜法是在阴、阳极间设一隔膜，把阳极产物与阴极产物分开。隔膜法的原理如图 4.2 所示。它采用多孔性的滤过式隔膜（通常是石棉）分隔阳极区和阴极区，防止两极产物的混合。饱和食盐水由阳极区加入，阳极为石墨或金属阳极，阳极反应见式(4.1)，阳极产物为氯气。阴极为铁网或多孔活性电极，阴极反应见式(4.2)，阴极产物为氢氧化钠和氢气，生成的氢氧化钠及未分解的盐水由阴极区不断流出。通过调节饱和食盐水的流量，使阳极区液面高于阴极区液面，阳极液以一定的流速透过隔膜流入阴极室，其流向恰与阴极区 OH^- 向阳极区的电迁移及扩散方向相反，从而大大减小进入阳极区的 OH^- 数量，

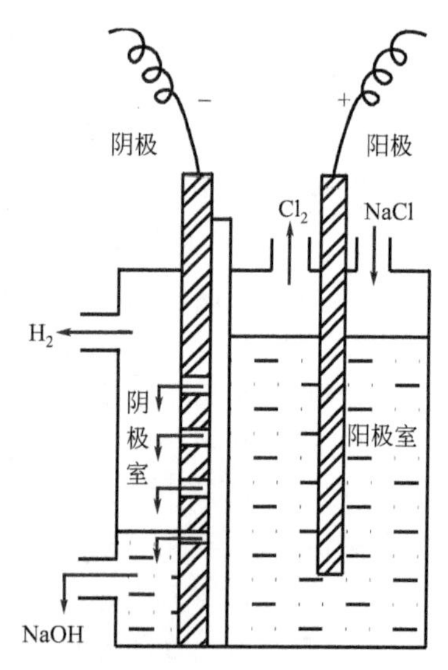

图 4.2 隔膜电解法原理示意图

抑制副反应的发生，阳极效率可提高到 90%以上；而阴极区由于 OH^- 流失减少，碱液浓度可提高到 100～140g/L。

隔膜法制烧碱的生产工艺流程如图 4.3 所示，包括盐水工序、电解工序、蒸发工序和固碱工序。盐水工序采用热法化盐，制备饱和精盐水。盐水中含有 Ca^{2+}、Mg^{2+}、SO_4^{2-} 等杂质，通常加入精制剂，如 NaOH、Na_2CO_3、$BaCl_2$，借助澄清桶和无阀滤池过滤除去。电解工序就是借助电流在阳极生成氯气，阳极室出来的氯气是 90℃左右的湿氯，要进行冷却及干燥；在阴极生成氢氧化钠和氢气，阴极室出来的氢气经氢气断电器后进入总管，经过氢气-盐水换热器冷却，再经水封进入氢气冷却塔，用水直接喷淋冷却，除去水汽和碱雾等，再由氢气泵压缩；阴极室出来的氢氧化钠含量约 10%，由电解槽鹅颈管流出，经碱液断电器流入排管，汇总入电解液集中槽，然后用电解液泵打至蒸发电解液贮槽。蒸发工序分为三效顺流蒸发和三效逆流蒸发，将电解后 10%左右的氢氧化钠浓缩至 30%和 46%碱。固碱工序是将 46%碱用泵打入高位槽，再进入熬制锅熬成固碱，经降温调色后打入出料溜子，流入固碱包装桶内包装。

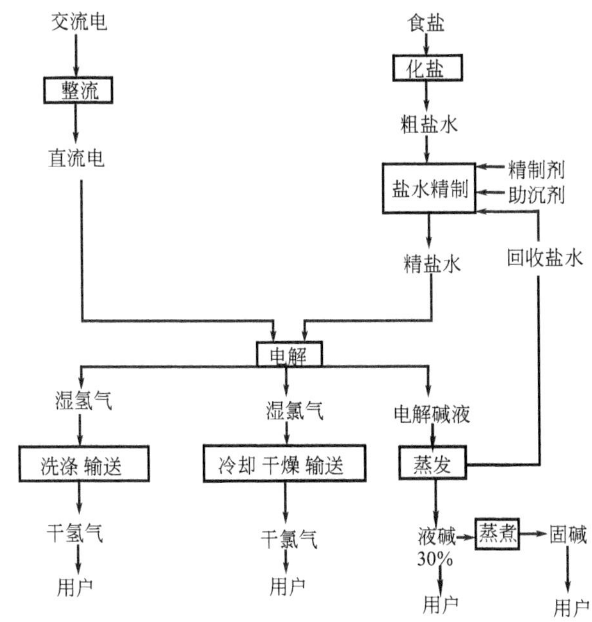

图 4.3　隔膜法电解生产工艺流程图

隔膜法是 20 世纪氯碱工业中最重要的生产工艺。在中国，1989 年 90%的氯碱工业采用此法生产氯气和烧碱。虽然至 2008 年，隔膜法制烧碱的比例已降至 37%，但是仍然有产能近 1000 万吨/年的装置在生产烧碱。隔膜法最主要的缺点是石棉绒污染、产品质量差、能耗高、操作管理复杂、劳动强度较大、技术落后等。2009 年，中国氯碱工业协会关于我国氯碱工业产业结构调整指导意见指出，要坚持节约发展、清洁发展、安全发展，实现可持续发展；建议加快落后产能的淘汰，鼓励节能效益明显的离子膜法烧碱技术的推广[15]。

4.1.2 离子膜法制碱生产技术[8,9,13~20]

离子膜电解制碱技术是 20 世纪 70 年代中期出现的具有划时代意义的电解制碱技术，与隔膜电解法和水银电解法相比，已被世界公认为技术最先进和经济上最合理的烧碱生产方法，是当今电解制碱技术的主要发展方向。

1975 年，日本旭化成公司建成了世界上第一家离子膜烧碱工厂，规模达 4 万吨/年，采用杜邦公司的 Nafion 315 膜；1976 年，旭化成公司又开发了羧酸/磺酸复合膜全面替代 Nafion 膜，并向全世界输出离子膜法电解技术。1985 年，世界上已有 90 家氯碱厂应用离子膜的工艺技术；1987 年，全世界离子膜法制碱生产能力达 460 万吨/年，占总产能的 11%。同年，日本烧碱生产方法中，隔膜法占 29%，离子膜法达到 71%。2001 年，世界烧碱总生产能力 5540 万吨，离子膜烧碱生产能力达 2209 万吨，占总产能的 40%，而日本离子膜烧碱占该国烧碱总产量的 95%。在我国，截至 2008 年，离子膜法制烧碱的生产能力达到 1557 万吨，占我国总产能的 63%。

离子膜法电解制碱技术的主要优点是：①NaOH 浓度高、质量好；②能耗低；③氯气纯度高，氯中含氧、含氢低；④氢气纯度高；⑤无污染；⑥生产成本低，投资省。但是，在我国离子膜法制碱的投资比水银法或隔膜法高，其主要原因在于核心技术缺乏自主研发能力，主要设备及膜均从国外引进，因此整体成本很高。未来，随着离子膜法制碱的核心技术和装置逐渐实现国产化，其投资成本最终会低于水银法和隔膜法。目前，三种电解制碱方法的总能耗和综合性能比较如表 4.1、表 4.2 所示。

表 4.1 三种电解制碱方法总能耗

指标	隔膜法	水银法	离子膜法	
	改性膜、扩张阳极、四效蒸发	金属阳极	复极式	单极式
电流密度/(kA/m²)	2.15	12.0	4.0	3.4
槽电压/V	3.4	4.5	3.3	3.2
碱液浓度/%	11	50	30~32	32~35
平均电流效率/%	94~95	97	94~95	94~95
电解电力(AC)/(kW·h/t)	2530	3280	2250~2350	2250~2350
电解电力(DC)/(kW·h/t)	2450	3200	2200~2300	2200~2300
动力电(AC)/(kW·h/t)	200	80	100	90
蒸汽(AC)/(kW·h/t)	470	30	150	120
总能耗(AC)/(kW·h/t)	3200	3390	2500~2600	2460~2560

表 4.2 三种电解制碱方法综合性能比较

方法	投资	能耗	运转费用	NaOH 质量分数/%	碱中含盐/(mg/L)	Cl_2 纯度(体积分数)/%	氯中含氧(体积分数)/%	氯中含氢(体积分数)/%	氢气纯度(体积分数)/%
隔膜法	100	100	100	10~12	15000	95~96	1.5~2.0	0.4~0.5	98.5
水银法	85~100	95~85	105	50	45	98.5~99	0.3	0.3	99.99
离子膜法	85~75	80~75	85	32~35	45	98.5~99	0.8~1.5	0.1	99.99

(1) **离子膜法电解原理**

离子膜法的电解原理和电极材料等与隔膜法基本相似，最主要的区别在于以离子交换膜取代石棉隔膜，其原理见图 4.4。

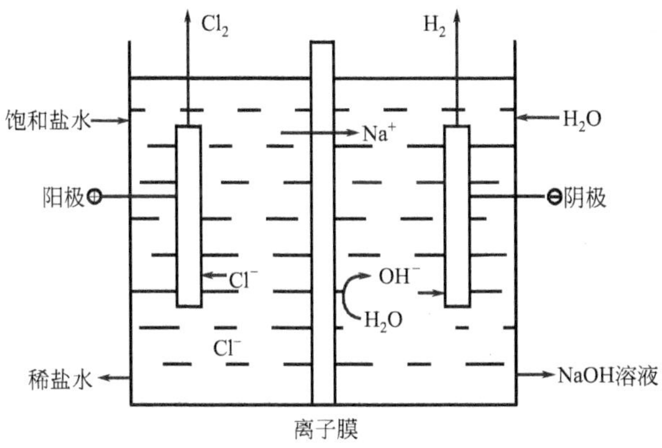

图 4.4　离子膜电解法的原理示意图

隔膜法中的石棉隔膜只是一种机械隔离膜，可防止液体的自由对流和电解产物混合，但不能阻止离子的相互扩散和迁移。在离子膜法中使用的阳离子交换膜由离子交换树脂制成，它是由带负电荷的固定离子如 SO_3^-、COO^-，同一个带正电荷的离子 Na^+ 形成静电键，它只允许 Na^+ 由阳极区进入阴极区，却不允许 Cl^-、OH^- 及水分子通过。

离子膜法的主要优点是能耗低、污染少、产品质量高，可消除石棉、汞等造成的公害及环境污染。所得烧碱纯度高（含盐仅 30μg/g），浓度可达 32%～35%，故蒸发浓缩的后处理费用低；电流密度大，槽电压低，“总能耗”（包括电解用电、动力用电和蒸汽消耗）比隔膜法和水银法低 25% 以上，每生产 1t 烧碱可省电约 1000kW·h。可根据生产需要将电解池组装成单极式或复极式，单槽烧碱生产能力可达 100t/a，而且槽体积比隔膜法和水银法的电解槽小得多，产量可按市场需要调节。其缺点是对盐水质量的要求非常高，盐水中的钙、镁离子含量需降低到 10^{-6} 数量级，因此前处理工序要增加盐水二次精制。同时，离子膜本身的费用较高，容易损坏，需要精心维护和操作。

(2) **离子膜法电解工艺流程**

各种离子膜电解工艺流程虽然有一些差别，但总的过程大致相同。例如旭硝子单极槽离子膜电解工艺流程（见图 4.5），原盐为原料，从离子膜电解槽 6 流出的淡盐水经过脱氯塔 7 脱去氯气，进入盐水饱和槽 1 制成饱和盐水，而后在反应器 2 中再加入 NaOH、Na_2CO_3、$BaCl_2$ 等精制剂，出反应器盐水进入澄清槽 3，经过盐水过滤器 4，使悬浮物降到 1mg/L 以下，此盐水经过螯合树脂塔 5 除去钙、镁等金属离子成为二次精制盐水，进入阳极室；与此同时，纯水和液碱一同进入阴极室。通电电解后，阳极室产生的氯气和流出的淡盐水经过分离器分离，氯气输送到氯气总管，淡盐水经脱氯塔 7 去盐水饱和槽。阴极室产生的氢气和 30%～35%的液碱，经过分离器，氢气输送到氢气总管，30%～35%的液碱可以作为商品，也可以送到蒸发装置得到 50%的浓碱。

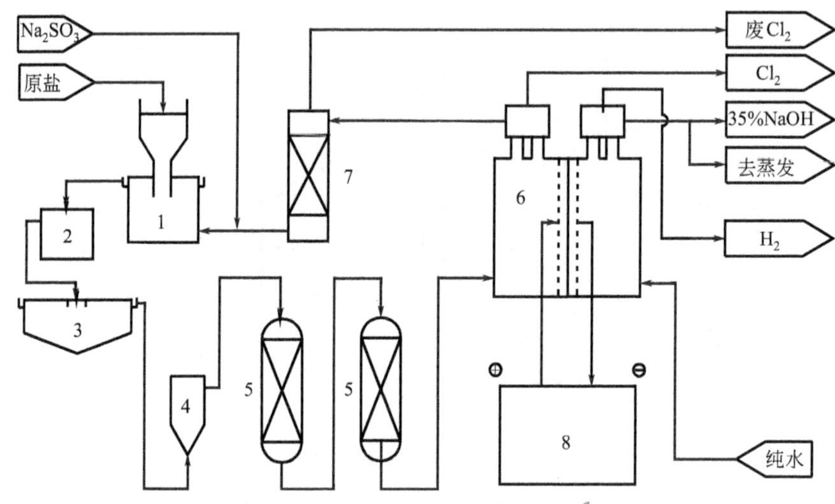

图 4.5　离子膜电解工艺流程图

1—饱和槽；2—盐水精制反应器；3—澄清槽；4—过滤器；
5—树脂塔；6—电解槽；7—脱氯塔；8—整流器

与隔膜法相比，离子膜法有如下不同之处：①增加了二次盐水精制工序；②需向电解槽的阴极区加入纯水；③由电解槽阳极区引出的淡盐水经脱氯、重饱和、二次精制后可循环使用。

离子膜电解槽均采用板框压滤机型结构，每台电解槽由若干单元槽构成，每一单元槽包括阳极、阴极、离子膜和槽框等。按供电方式，离子膜电解槽可分为单极式和复极式电解槽，其电路连接方式见图 4.6。按极间距大小，离子膜电解槽可分为常极距、小极距、零极距和膜/电极一体化型电解槽。

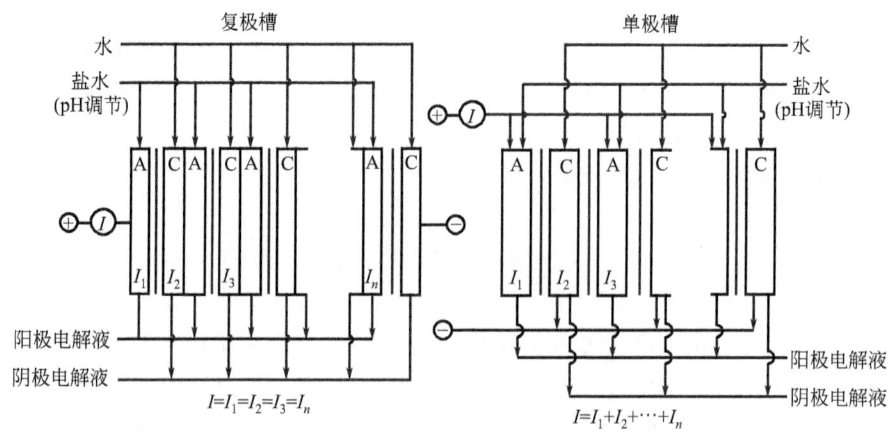

图 4.6　单极式和复极式电解槽直流电接线方式

由图 4.6 可知，在单极式电解槽内部，直流供电电路是并联的，因此通过各单元槽的电流之和即为单极式电解槽的总电流，各单元槽的电压均相等，所以单极式电解槽的特点是低电压大电流操作。而复极式电解槽正好相反，每个单元槽的电路是串联的，电流相等，但是电解槽的总电压则为各单元槽电压之和，所以复极式电解槽的特点是低电流、高电压操作。

(3) 离子交换膜

离子交换膜是氯碱工业离子膜法烧碱生产装置的核心[21]。目前应用于食盐水电解的阳离子交换膜根据其离子交换基团的不同，可分为全氟羧酸膜（Rf-COOH）、全氟磺酸膜（Rf-SO_3H）和全氟羧酸/磺酸复合膜（Rf-COOH/Rf-SO_3H）。全世界只有美国杜邦和日本旭化成等少数公司拥有商业化产品，并对其他国家进行技术封锁，价格昂贵。据统计，世界上三大离子交换膜生产商的市场份额分别为：杜邦膜（美国）39%；旭化成膜（日本）35%；旭硝子膜（日本）26%。

杜邦公司 Nafion 全氟离子膜是由含磺酸或羧酸基的全氟链为侧链，其化学结构式如下：

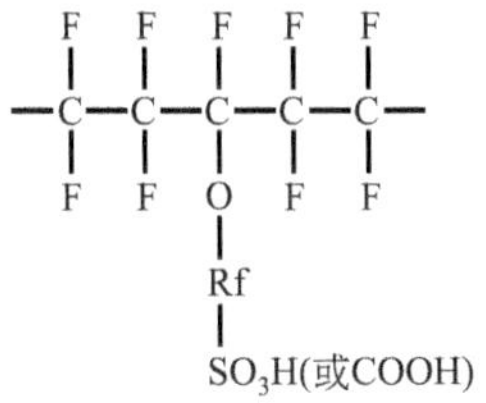

```
     F   F   F   F   F
     |   |   |   |   |
   —C—C—C—C—C—
     |   |   |   |   |
     F   F   O   F   F
             |
             Rf
             |
          SO3H(或COOH)
```

杜邦公司在 1964 年研制成功 Nafion 膜，1966 年成功应用于美国航天氢氧燃料电池的隔膜；1970 年开发聚四氟乙烯的增强织物；1980 年 Nafion900 系列高性能全氟羧酸/磺酸复合膜问世，并大规模用于氯碱工业。杜邦 Nafion 膜已形成系列化商品，主要包括：①100 系列，化学稳定性好，于 1969 年商品化；②400 系列，该膜是单一的全氟磺酸膜，有 Nafion 415、Nafion 425、Nafion 427 等，产碱浓度 <15%；③300 系列，它是一种全氟磺酸膜，由高/低浓度的磺酸层压成的复合膜，使用时面向阴极的高浓度磺酸层阻挡 OH^- 向阳极室反渗透，产稀碱时有较高的电流效率，有 Nafion 315、Nafion 324、Nafion 390 等；④900 系列是磺酸/羧酸的增强复合膜，兼有高电流效率、低电压、碱浓度高和耐久性优点，产品有 Nafion N-901、Nafion N-961、Nafion N-966、Nafion NX-961、Nafion NX-90209 等。

旭化成公司于 1967 年开始进行食盐电解用离子交换膜的研究；1975 年制造了全氟羧酸膜，并开发了全氟羧酸/全氟磺酸两层膜；1987 年成功开发了系列品种 Aciplex-F 全氟羧酸/磺酸复合离子膜，其横断面如图 4.7 所示，羧酸层使膜具有高阳离子选择性和高质量的氢氧化钠；磺酸层使膜具有高导电性和高质量的氯气，聚四氟乙烯网使膜具有很高的机械强度。1989 年该公司开始大规模生产适用于氯碱工业的系列化商品，主要有：F-4000 系列膜适用于生产 30%～40%的氢氧化钠；F-2000 系列膜，适用于生产 21%～24%的氢氧化钠。

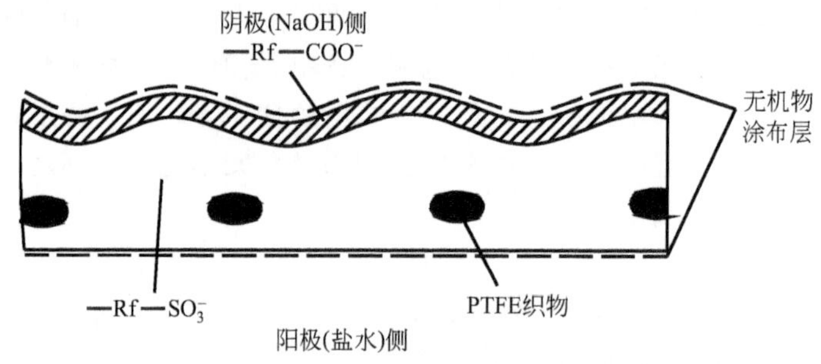

图 4.7 旭化成 Aciplex-F 膜的横断面

旭硝子公司自 1982 年以来相继研制成 Flemion 700 系列和 800 系列的阳离子交换膜。700 系列为高低交换容量全氟羧酸复合膜；800 系列为全氟羧酸/磺酸复合膜。如今，旭硝子公司已成功开发了可直接生产 50%氢氧化钠的新型离子膜，此膜在羧酸聚合物层的外侧增设了浓度调节层，使阴极侧的羧酸聚合物不与高浓度氢氧化钠直接接触，从而解决了用生产 35%氢氧化钠的膜直接生产 50%氢氧化钠时电流效率低和羧酸聚合物官能团分解的问题。1989 年对膜的有效面积为 1.7m^2 的大型实用槽进行了评估，现今该膜已实现工业化生产。上述三种离子膜在国内使用情况如表 4.3 所示。

表 4.3 旭化成、旭硝子和杜邦公司离子膜在国内使用情况

项目	旭化成	旭硝子	杜邦
膜种类	Aciplex	Flemion	Nafion
膜牌号	F-422,F-4101,F-4111,F-4112	F-795,F-795R,F-892,F-893	NX-961,N-961,NX-90209,N-966
膜寿命/月	23～36	24～37	25～39
阴极电流效率/%	93.08	94.98	93.88
平均槽电压/V	3.12	3.15	3.21
平均直流电耗/(kW·h/tNaOH)	2244	2218	2289
二次盐水平均 Ca^{2+}、Mg^{2+} 含量/(μg/L)	9.5	<22	<22
二次盐水平均 SS 含量/(mg/L)	1.93	0.88	<1.1
平均电流密度/(kA/m^2)	3.29	2.76	2.85

4.1.3 中国氯碱工业的发展及高新(节能)生产技术[8,22～28]

1929 年，我国著名爱国实业家吴蕴初先生在上海创办了中国第一家氯碱工厂——天原电化厂，开创了“中国电化学工业之新纪元”，从此揭开了我国氯碱工业发展的序幕。在新中国成立前，我国烧碱产量不足 1.5 万吨，到 2006 年产量达到 1512 万吨，成为全球烧碱生产第一大国，氯碱工业得到了长足发展，格局发生了巨大的变化。天原电化厂最早在 1928 年购入法商设在越南海防远东化学公司的爱伦摩尔式电解槽、蒸发器、氢气燃烧器等全部设备，并通过将国外技术消化吸收和改进，仿制了电解槽等核心技术设备，到 1937 年已建成 10t/d 的烧碱能力。随后国内抗日战争、解放战争爆发，民族工业奄奄一息，早期的氯碱行业在这一特殊时期艰难起步。新中国成立后，以上海天原化工厂为试验基地，研制成功我国第一台接近20世纪50年代世界先进水平的立式吸附隔膜电解槽和生产工艺，提高了产量，同时每吨电耗降低了200kW·h。此时，各地新的氯碱厂纷纷建立，设计规模7500～30000t/a，全国氯碱企业数量增加到40余家，烧碱产量实现平均年增长超过20%。这一阶段，在虎克12型吸附隔膜电解槽的基础上，国内相关技术人员设计出虎克16型及天原32型隔膜电解槽，这些电解槽的成功投产，标志着我国氯碱工业水平又向前跨了一大步。1986年甘肃盐锅峡化工厂首次引入日本技术投产1万吨/年离子膜法烧碱；1995年我国第一套国产化复极式离子膜制碱装置在沧州化工厂投产运行，这是国产化复极式电解槽在我国的首次应用。

几十年来，我国生产烧碱在采用高新技术取代传统生产方法方面主要体现为两个阶段。第一阶段是金属阳极隔膜电解槽取代石墨阳极隔膜电解槽，前者电流密度比后者高50%～100%，即采用相同面积的电极，金属阳极隔膜电解槽比石墨阳极隔膜电解槽的产量高50%～100%，且生产1t烧碱可节电16%～20%。第二阶段是离子膜电解槽取代金属阳极隔膜电解槽，前者单槽生产强度比后者高75%～100%，可减少占地面积，降低设备费用，生产1t烧碱节电300kW·h。我国的氯碱工业是在传统技术基础上发展起来的，其特征是生产规模小、生产厂家多、生产技术相对落后。近十年来，我国氯碱工业已基本实现了生产规模化、资源综合利用化和技术国产化。尤其是采用了很多国内外高新技术（见表4.4），已实现了先进离子膜电解槽核心技术与设备的国产化，并达到国外同类产品的先进水平，推动了我国离子膜法烧碱的迅猛发展，彻底淘汰了能耗高、规模小、工艺落后的石墨阳极隔膜装置，并逐步淘汰金属阳极隔膜装置，提升了我国氯碱生产技术，促进了氯碱产业的节能减排和绿色化。

表4.4 电解法烧碱生产中的节能技术与传统技术比较

节能技术		传统技术	显著效果
整流工序	节能型大功率可控硅晶闸管整流器	二极管硅整流器	功率因数≥0.9，整流效率≥99%，节电效果十分明显
	有载调压-变压-整流装置和计算机控制	有载调压-变压-整流等效分设装置	减少感抗，均流系数≥0.9，减少铜导板和占地面积，节电效果明显
盐水工序	陶瓷膜盐水过滤技术	重力作用沉降和砂滤技术	简化盐水精制流程，设备体积小，占地面积少，滤后ρ(SS)<0.5mg/L
	CN膜盐水过滤技术		
	凯膜盐水过滤技术		
	颇尔/戈尔盐水过滤技术		
电解工序	离子膜法制碱技术	水银法、隔膜法制碱技术	节能、产品质量高，无汞、石棉、铅等污染，比水银法节电1000kW·h/t，比隔膜法节电400～500kW·h/t
	扩张阳极与改性隔膜技术	金属阳极、普通石棉隔膜技术	生产1t烧碱节约直流电147kW·h/t

续表

节能技术		传统技术	显著效果
氢氯工序	离心式氯气透平压缩机	纳氏泵输送氯气	单机能力大，效率高，输送压力高，运转平稳，安全，节电效果明显
	西门子氢气压缩机	水环真空泵输氢	高流量，低功率，占地面积少，节电效果明显
蒸发工序	液碱三效逆流蒸发技术	三效顺流蒸发	更合理地利用加热蒸汽的热量，生产 1t 碱可节省蒸汽 1t
	降膜蒸发器烧碱浓缩制片碱和造粒技术	大锅熬制固碱	具有环保、清洁、能耗低、粉尘少、技术先进等优点

4.2 无机电氧化合成

从理论上来说，在电极表面上失去电子的反应即为氧化反应。一般电活性物质在阳极上失去电子，并转化为相应的产物，可能出现的反应有：①阴离子在电极上失去电子，转化为负电荷较低的产物，如水电解中 OH^- 在阳极析出 O_2、盐水中 Cl^- 在阳极氧化生成 Cl_2、ClO_3^- 直接阳极氧化合成高氯酸盐、MnO_4^{2-} 直接阳极氧化合成高锰酸盐、SO_4^{2-} 或 HSO_4^- 直接阳极氧化合成过二硫酸及其盐；含氟的熔盐电解质中 F^- 阳极氧化为 F_2；②阳离子在电极上失去电子，转化为正电荷较高的产物，如 Mn^{2+} 在溶液中通过阳极氧化反应制备电解 MnO_2；③含氧量改变的反应，如电解水可以产生 O_2，若改变阳极材料和电解条件，那么所产生的物质就成为臭氧（O_3）。由于氯及烧碱的重要性，本书已单列一节（4.1 节）论述，因此本节论述的是氯碱工业之外的无机绿色电氧化合成过程。

4.2.1 臭氧

臭氧（O_3）具有灭菌、消毒、除臭、脱色、保鲜等功能，已广泛应用于饮用水处理、保护环境、医疗卫生、现代家庭生活等领域，是一种“绿色环保消毒剂”[29]。

目前，臭氧对空气净化、污水处理、自来水消毒、粮食存储、种子处理、果蔬保鲜、病房消毒、疾病医疗、酒类灭菌与陈化、游泳池灭菌和消毒、食品硬化等方面的应用正在不断扩大[30]。研究表明，臭氧能有效地消除水中含酚、氰、硫化物等有害物质，铁、锰等无机物以及农药、石油制品、合成洗涤剂、致癌物质等。同时，能降低水中的 BOD 和 COD，不产生二次污染，在化工、印染、炼油、电镀、制革、鱼类加工等工业部门的废水和生活污水处理已得到广泛应用[29]。

目前，生产臭氧的常用方法是高频高压电晕放电法，该方法需使用经过压缩、干燥等预处理的氧气或空气，在生成臭氧的同时还产生对人体和环境有害的氮氧化物（NO_x）。电化学方法产生臭氧是以水为原料，采用特殊的电极材料和电解液，在阳极上电解氧化产生臭氧，反应在常温常压下进行，设备投资小，臭氧浓度高，是一种很有前途的臭氧发生新方法，但是该方法及技术在国内外文献中仍属专利技术[31~35]。

(1) 基本原理

通常，电解水在阳极上可以产生氧气，若在这个电解体系中改变阳极材料、支持电解质以及电解控制条件，那么水在阳极表面上可电解产生臭氧和氧气，在阴极上产生氢气，其阴、阳极中的电化学反应可表示如下。

阳极主反应： $3H_2O \longrightarrow O_3 + 6H^+ + 6e^-$ $\varphi_1^\ominus = +1.51V$ (4.5)

阳极副反应： $2H_2O \longrightarrow O_2 + 4H^+ + 4e^-$ $\varphi_2^\ominus = +1.23V$ (4.6)

阴极反应： $2H^+ + 2e^- \longrightarrow H_2$ $\varphi_3^\ominus = 0.00V$ (4.7)

为较好地抑制阳极上氧气的析出，使臭氧电流效率提高，在电解过程中，必须选择高超电位的阳极材料，阴极材料需根据所采用的电解质进行选用。

(2) 电极材料[36~44]

电化学臭氧发生器中阳极和阴极材料的选择直接决定了臭氧的收率、能耗、成本及发生器的寿命等。因此，人们对这两种材料的选用都极为慎重，尤其是对直接产生臭氧的阳极材料更加关注。

① 阳极材料　在电化学发生臭氧的阳极中，由于水分解在金属/溶液界面上产生极高的酸浓度，因此，在该体系中，阳极材料的选用范围较窄。就大多数金属而言，在高阳极电位下都会导致溶解或钝化。至今为止，可用的阳极材料主要有：Pt、β-PbO_2、Pd、Au、RuO_2、DSA 和玻璃碳，其中性能较好的材料是 Pt、β-PbO_2和玻璃碳。

a. Pt 阳极　由于 Pt 在臭氧析出过程中将在电极表面上形成较厚的氧化膜，该氧化膜具有很好的导电性，氧过电位也很高，在 $10\sim20A/cm^2$ 的高电流密度下，Pt 电极的质量损耗仍较少。因此，Pt 是较理想的阳极材料，但其价格昂贵，大规模推广应用将受到限制。

b. PbO_2 阳极　由于 PbO_2 阳极化学腐蚀速率缓慢，稳定性较好，电流效率比 Pt 阳极高，且价格比 Pt 低，因此是电解发生臭氧最主要的阳极材料。

目前研究的重点是 PbO_2 阳极的腐蚀机理、性能及制备。人们已经发现，β-PbO_2 阳极在低 pH 值、高电流密度和高温的条件下电解发生臭氧时，腐蚀速率加快。另外，在相同电解条件下，PbO_2 阳极在 H_2SO_4 中的腐蚀速率比在 H_3PO_4 介质中慢得多，而 H_3PO_4 介质的浓度提高，腐蚀速率加快。如果在电解液中加入适量的 F^-，可降低电极电位，提高臭氧析出量，但电极腐蚀加快。

PbO_2 阳极的制备是一个关键的问题。虽然这方面的文献较多，但制备方法差异较大，一些关键技术都极其保密。常用的制备方法是电镀法，以硝酸铅、过氯酸钠、硝酸铜、氯化钠和水等组成电镀液，以铁、不锈钢、钛、石墨、塑料等作基体，将二氧化铅镀到所需的基体上。通常，石墨和钛作为基体的 PbO_2 阳极用得较多。硝酸铅在中性电镀液中能较好地形成 β-PbO_2，其电化学反应式为：

$$2Pb(NO_3)_2 + 2H_2O \longrightarrow PbO_2 + Pb + 4HNO_3 \tag{4.8}$$

在制备钛基二氧化铅电极时，为防止基体钛的氧化，需镀制过渡层，常用热解法将 Pt、Ta、Sn、Sb 等组成的复合氧化物镀制在钛基体表面，然后通过化学镀 α-PbO_2作中间层，最后电镀 β-PbO_2，制得由三层结构组成的 PbO_2 阳极，该类电极在使用过程中寿命较长。

用固体聚合物电解质（SPE）制臭氧是一种新型技术。它以离子交换膜作导电介质，在膜一侧表面上沉积 β-PbO_2 或附上 β-PbO_2 粉末作为阳极。这种方法用于臭氧发生具有很好的性能，但制作技术复杂，难度较大。

c. 玻璃碳阳极　玻璃碳材料通常在惰性气体保护下，通过热解某种树脂而制成。这种材料虽然市售很少，但有专门厂家生产。玻璃碳在氧化过程中稳定性较好，并对阴离子穿透具有抗性，尤其是在高浓度的电解液中腐蚀很少，但电解发生臭氧时，温度需在 0℃以下，因此在推广过程中受到制约。

② 阴极材料　阴极材料与阳极材料相比，其选择自由度要大得多。由于阴极通电后具有保护作用，不会在负电位下发生氧化，即使在强腐蚀性的环境中，也不易引起腐蚀问题，容易选材。通常所用的析氢阴极，只要具有较低的析氢过电位及不易被电解液腐蚀，就可以考虑选用。目前，主要的阴极材料有 Pt、C、镀 Pt 金属，Ni 或不锈钢等。

另外，以氧还原为阴极反应的空气阴极法由于节能降耗的优势受到越来越多的重视。这种电极以空气中的氧为原料，不消耗电解液中的水。虽然空气阴极是一项很好的先进技术，优点非常突出，但空气阴极加工技术复杂，成本较高。目前，该技术大多停留在实验室研究阶段，离实用化尚有一定距离。

(3) 电解液的选择

电解发生臭氧的性能优劣直接与电解液的成分有关。一般来说，电解体系所选用的电解液必须除氧以外不参与任何其他反应，同时也不能与产生的臭氧发生化学反应。人们最早用的电解液是 H_2SO_4，后来发现，采用 $NaClO_4$ 溶液能产生更多的臭氧，而采用饱和 H_2SeO_4 或 H_2SeO_3 溶液作电解液时，具有更高的电流效率和臭氧收率。

在选用电解液时，须按以下准则选择：

① 电解液中的阴离子必须能抵抗氧化作用，或抵抗对收率不利的物质；

② 电解液中的阳离子必须能承受阴极还原，不受 pH 值变化的影响；

③ 电解液中各类盐的组合，必须有足够的溶解度；

④ 所用的电解液必须不会与产生的臭氧发生化学反应；

⑤ 所用的电解液必须具有良好的化学稳定性及较低的成本。

(4) 电解槽及电解装置

目前，电化学臭氧发生器按其反应原料分类，主要有两种：a. 以水为原料；b. 以空气为原料。按其组合方式分类，则可分为单极式电解槽、复极式电解槽和 SPE 电解槽[42]。

① 单极式电解槽　所谓单极式电解槽，指的是电解槽内只有阴极和阳极两个电极组成，其优点是结构简单、操作方便，电流分布较均匀。缺点是增大臭氧量时需增大电解电流和电极面积，同时需匹配低电压（4～6V）、大电流的直流电源，成本较高；由于大电流下发生臭氧，电解槽内发热速度较快，必须配置良好的冷却装置。大规模发生臭氧受电解槽结构的限制，难度较大。目前较典型的几种单极式臭氧发生器结构见图 4.8(a) 和图 4.8(b)。

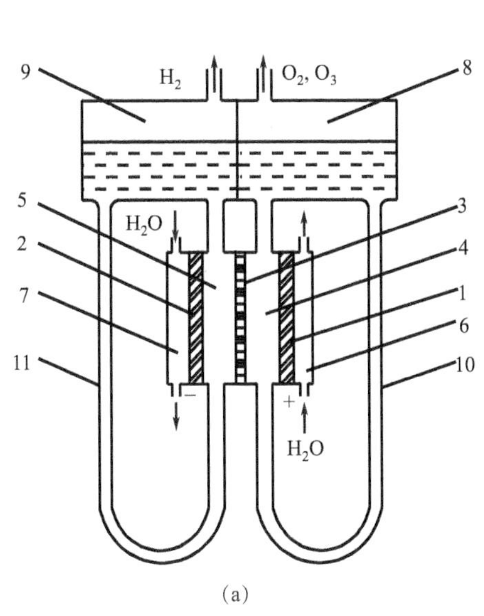

(a)

1—阳极；2—阴极；3—隔膜；4—阳极室；5—阴极室；6—阳极冷却室；7—阴极冷却室；8—阳极气液分离室；9—阴极气液分离室；10—阳极液循环管；11—阴极液循环管

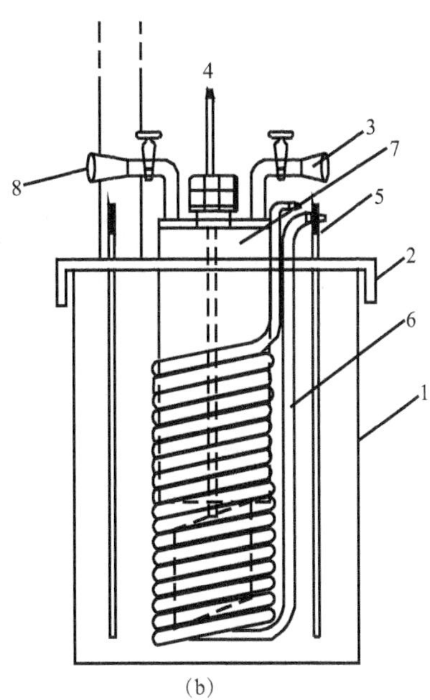

(b)

1—玻璃槽体；2—密封盖；3—阳极气体（O_3、O_2）出口；4—阳极；5—阴极；6—冷却蛇管；7—PVC隔膜；8—阴极气体（H_2）出口

图 4.8　析氢阴极单极式臭氧发生结构示意图

② 复极式电解槽　所谓复极式电解槽，指的是电解槽内由多个单槽按串联形式组合而成，其中每一电极的一面为正极，另一面则为负极，排列组装后的电解槽一端为阳极引线，另一端为阴极引线，这种槽型在发生臭氧时，电流强度较小，总槽压较高，电源较便宜；而且电极排列对称，电流分布均匀，易实现大规模生产臭氧。

复极式电解槽槽型结构还分固定型（见图 4.9）和板框型（见图 4.10）两种。前者槽体、电极或隔膜都固定，组装、冷却、维修都不方便。后者每个单槽都包括电极、板框、隔膜，三位一体，无需反应器槽体，只要将两块端板压紧就构成电解槽。这种电解槽具有以下特点：

a. 单槽的结构可以简化及标准化，便于大批量生产，也便于在维修中更换；

b. 可广泛选用各种不同的电极材料和膜材料，以满足不同需要；

c. 电极表面的电位及电流分布较为均匀；

d. 通过改变单槽的电极面积和数量，以改变臭氧的生产能力，形成不同规格的系列发生器，以适应不同用户的要求；

e. 该电解槽的板框为圆形，可有效地消除气泡效应，减少气阻。

因此，这种板框型复极式电解槽结构紧凑、设备小、容量大，具有高效、优质、低耗的良好效果。

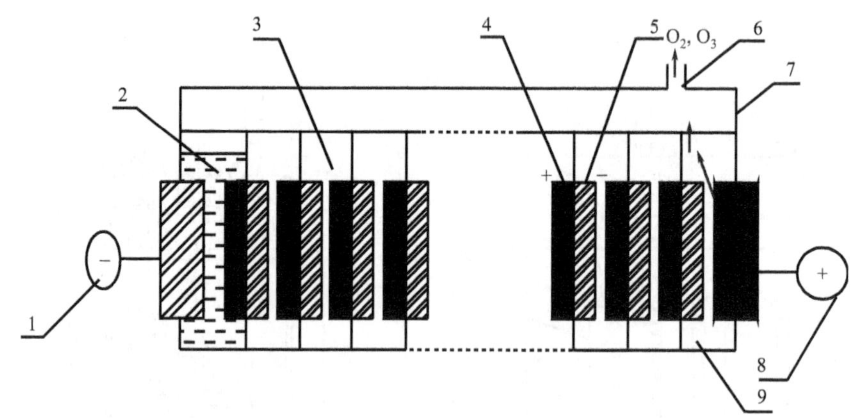

图 4.9　固定型复极式电解槽结构示意图

1—阴极引线；2—电解液；3—单槽出气口；4—阳极；5—阴极；6—臭氧总出气口；7—槽体；8—阳极引线；9—下底

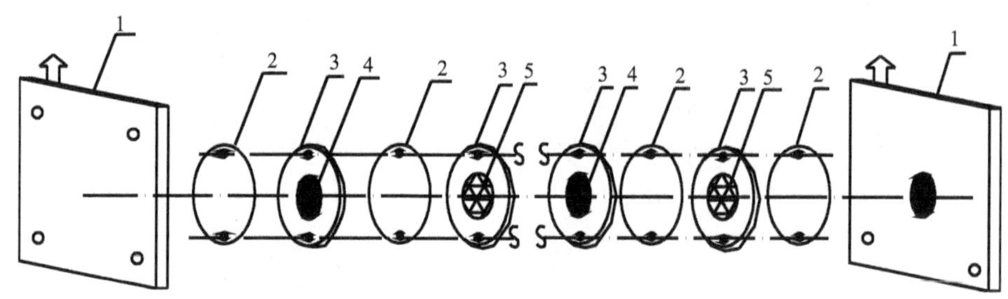

图 4.10　板框型复极式电解槽结构示意图

1—端板；2—垫片；3—板框；4—复极式电极；5—隔膜

③ SPE 电化学低压臭氧发生器[45~49]　SPE 电解槽即固体聚合物电解质(Solid Polymer Electrolyte) 电解槽。所谓 SPE 也就是离子交换膜。这种槽型的原理如图 4.11 所示。图中 SPE 两侧分别为阴极和阳极，其中阳极室盛水。当通电时，阳极产出 O_3 和 O_2；同时 H^+ 通过离子交换膜迁往阴极，在阴极侧发生还原反应，产生氢气。这种槽的主要优点是：

a. 不需要支持电解质；

b. 可大幅度降低槽压，节约能耗；

c. 电解槽结构紧凑，可小型化；

d. 可加压操作。

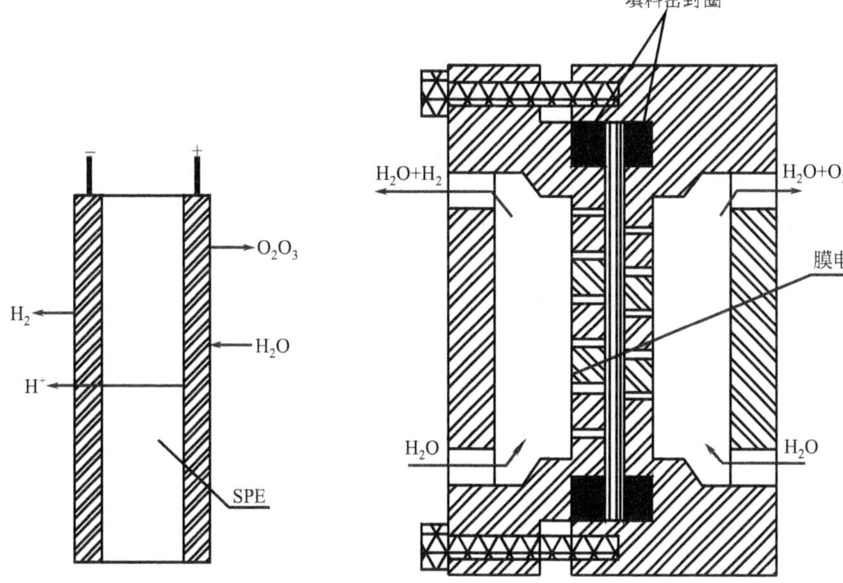

图 4.11　SPE 臭氧发生器原理图

图 4.12　析氢阴极 SPE 臭氧发生器示意图

在 SPE 臭氧发生器中主要有两种类型：析氢阴极 SPE 发生器；空气阴极 SPE 发生器。

a. 析氢阴极 SPE 臭氧发生器　这种臭氧发生器所用的 SPE 为 Nafion 膜，阴极由铂沉积在膜的一侧，用多孔石墨集流器导电；阳极由镀有 β-PbO_2 的多孔钛材料压在膜表面的另一侧。电解槽壳体由钛或不锈钢制成，如图 4.12 所示。

b. SPE/空气阴极臭氧发生器　空气阴极也叫防水型气体扩散电极，由聚四氟乙烯乳液、活性炭、乙炔黑、还原催化剂与镍网或镀银铜网等复合而成，制作工艺及过程可参见文献[45]。β-PbO_2 阳极以钛网为基体，用电镀法镀制，其 β-PbO_2 层厚约 100μm。SPE 为 Nafion117 膜。这种臭氧发生器不但不会产生氢气，而且槽电压比析氢阴极低，节约能耗。但是，这种阴极加工制作复杂，所需材料多，成本高，且难以制作耐久性长的电极，一般寿命较低。目前，此类发生器大都属专利技术，基本上处于实验室研制阶段，离实际应用尚有一定距离。

该发生器由阳极 β-PbO_2、空气阴极、SPE、集流阀、阴极室和阳极室等组成，其结构如图 4.13 所示。

4.2.2　次氯酸盐、氯酸盐和二氧化氯[50～55]

4.2.2.1　次氯酸钠的电合成

最常用的次氯酸盐就是俗称“漂白水”的次氯酸钠和高效漂白粉次氯酸钙。次氯酸钙的生产采用氯气通入石灰乳液中进行氯化反应制得，根据不同的氯化条件，可以得到不同规格的次氯酸钙产品。而次氯酸钠极不稳定，低温（15℃以下）时不

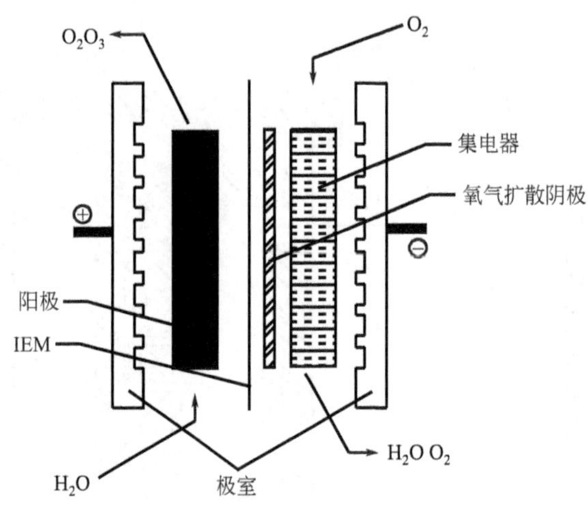

图 4.13　空气阴极 SPE 臭氧发生器示意图

分解，温度稍高即逐渐分解，温度在 70℃以上时分解猛烈，甚至可能爆炸。次氯酸钠的分解速度在强酸性介质中较小，在 pH=6.7 时最大，在碱性介质中也比较小。当有一些杂质，如溴酸盐、氨、铁、铵盐以及空气中的 CO_2 均会加速次氯酸钠的分解，失去有效氯。次氯酸钠只有在碱性溶液中才比较稳定，溶液中含有 2%～3%的游离碱时，保存期约 10 天。固体次氯酸钠极不稳定，易爆炸分解。因此，作为商品的次氯酸钠均是水溶液，含有效氯 10%左右，游离碱（以 NaOH 计）0.1%～1%左右。

早在 1785 年，法国化学家克劳德·路易斯·贝尔多就发现并制造了次氯酸钠。早期用的是电解法，后来由于氯碱工业的发展，用氯气通入烧碱制造大批量高浓度的次氯酸钠，称氯化法。通常是用氯气与烧碱在低温条件下（15℃以下）反应，即可得到浓度达 170～220g/L 的次氯酸钠溶液。但是，化学法生产次氯酸钠需建一个氯碱厂生产氯气和烧碱，以及辅助车间。在特定场合，如水处理、环境保护、卫生防疫以及某些使用少量漂白剂和氧化剂的场合，化学法显得不够合理和经济。近年来，电解法生产次氯酸钠又开始引起人们的注意，在使用方面，次氯酸钠开始主要用作漂白剂，现已转移到以下几个方面：①城市污水处理，直接将海水电解，生成次氯酸钠溶液进行处理，据报道，每处理 $4.55m^3$ 污水只需耗电 0.4kW·h；②偶氮染料、蒽醌等生产工厂排出的有毒污水处理，可达到脱色及去除的目的；③海边的核电厂为防止循环冷却水被海洋有机生物附生，把海水直接电解生成次氯酸钠溶液，通到周围水域中，达到杀灭浮游生物防止破坏设备的目的；④有机合成产品的生产原料，如肼的生产采用次氯酸钠为原料；⑤利用次氯酸钠可以处理放射性物质、腐蚀性物质，用作食品包装的消毒剂和抗腐剂。

目前，次氯酸钠的电解合成并非工厂化的大规模生产，而是以一种小型的“现场发生器”随时随地为用户制造少量低浓度的次氯酸钠溶液（浓度一般低于 10g/

L)。由于这种次氯酸钠发生器结构简单、成本低廉、使用及维护方便，且免除了运输、贮存氯气的危险及麻烦，因此再度受到欢迎。

(1) 生产原理及工艺

次氯酸钠电解合成采用无隔膜电解槽，通过均相次级化学反应，生成产物。电解液为3%～5%的 NaCl 水溶液。当电解时，阳极析出氯气，溶于电解液后生成 HCl 和 HClO：

$$Cl_2+OH^- \longrightarrow HClO+Cl^- \tag{4.9}$$

由于电解槽无隔膜，阴极析 H_2 后生成 OH^-，然后生成的 HClO 与 OH^- 在离电极表面较远的区域生成次氯酸钠，反应式为：

$$HClO+OH^- \longrightarrow ClO^- +H_2O \tag{4.10}$$

总反应式为：

$$NaCl+H_2O \longrightarrow NaClO+H_2 \tag{4.11}$$

由于 ClO^- 较 Cl^- 容易放电，当 ClO^- 浓度达到一定值后，有可能在阳极表面氧化生成氯酸钠，而得不到次氯酸钠产品。因此，在阳极区，应尽量抑制 ClO^- 和 OH^- 在阳极放电，在阴极区应尽量阻止生成的 ClO^- 被还原。

次氯酸钠电解合成按照其工作方式可分为间歇式和连续式。间歇式发生器的电极结构一般为平板或拉网电极，发生器多为矩形，电极两面均可利用。工作时，一次性加入新需的 NaCl 溶液，电解一定时间后放出 NaClO 溶液，一般工作周期为1h。这类发生器容量较小，通常产率在 50g/h 以下。连续式发生器的电极结构一般为管状，内管为阳极，如钛管，外壁涂 Ru-Ti 涂层；外管为阴极，如镀镍不锈钢管，兼作反应容器，电解液在两管间流动，通电后即发生电解。该发生器的特点是连续不断加入电解液，在电解过程中连续不断地放出 NaClO 溶液，连续发生器的基本工艺流程如图 4.14 所示。

(2) 生产 NaClO 的影响因素

一般而言，原料氯化钠的浓度、pH 值、反应温度、电极材料、电流密度和发生器结构对次氯酸钠发生效率均有明显的影响。提高氯化钠溶液浓度会使 Cl^- 在较低电位时放电。一般情况下，用于消毒时，原料浓度为 30～40g/L，也有直接用海水为原料进行电解生产 NaClO。溶液的 pH 值过高，游离的 OH^- 浓度高，会使电流效率降低。pH 值太低时，电解液中存在大量 HClO，会与 NaClO 发生均相化学反应生成 $NaClO_3$。在中性溶液中，该化学反应仅在阳极附近才有可能发生。因此电解法生产次氯酸钠应在中性电解液中进行。控制较低的温度（15℃以下）有利于次氯酸钠的电解合成。因为次氯酸钠不稳定，易分解，低温时氧的过电位高，析氧少，因而电流效率较高。早期次氯酸钠生产用石墨阳极，因为电解槽体积大、寿命短、电耗高，且石墨颗粒脱落会堵塞通道和使产品带上黑色的残渣，已被淘汰。铂是理想的阳极，氯的析出过电位较低，但因价高且易从基体脱落而限制使用。利用陶瓷基二氧化铅阳极，或钛基二氧化铅作阳极效果较理想，且成本较低。生产中生成的 ClO^- 也会在阴极还原为 Cl^-。加入一些添加剂，如 CrO_4^{2-}、$CaCl_2$、土耳

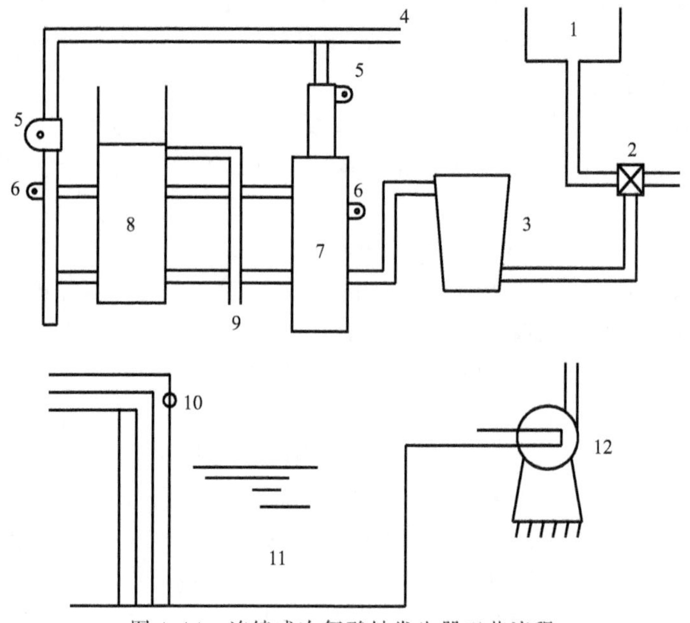

图 4.14　连续式次氯酸钠发生器工艺流程

1—盐水箱；2—电磁阀；3—流量计；4—冷却水管；5—阳极；6—阴极；7—电解管；
8—回流柱；9—排放管；10—液位控制电极；11—贮水箱；12—泵

其红油、松香或松香油，有一定防止阴极还原的作用，但这些物质对产品也构成污染。采用钠型离子交换树脂电极做阴极，可使还原损耗降低，电流效率提高到64%，次氯酸盐浓度增加1.5～4倍。由于生产时采用较低浓度的NaCl溶液，为提高生产效率，必须提高阳极电流密度。同时，在高的电流密度下，氧过电位比氯的过电位增大得更快，使阳极的析氧反应减少。通常采用阳极电流密度为10～$14A/dm^2$，而用于消毒液生产时，则取15～$20A/dm^2$。

海水也可以直接进行电解。为防止$Mg(OH)_2$沉淀，阴极上应镀铬，电极间距为3～5mm，阳极电流密度13～$20A/dm^2$，产品中有效氯为3g/L。我国普遍使用的电解法生产NaClO装置用于医院污水处理，含氰污水处理及饮食餐具消毒。一般电极用钛基锡、钌、铱、钴等金属氧化物作涂层，阳极电流密度为12～$14A/dm^2$，电流负荷20A，槽电压3.4～3.6V，电流效率60%～70%；盐水浓度3%～4%，盐耗为3.1kg/kg氯，电耗3kW·h/kg氯，耗冷却水$0.15m^3$/kg氯。

4.2.2.2　氯酸钠电合成

目前，世界上氯酸钠的总生产能力超过350万吨/年，产量接近300万吨/年。其中瑞典EKA、加拿大ERCO和CANEXUS、芬兰的KEMIRA是全球最大的4家氯酸钠生产和销售公司，其产量占全球的75%。瑞典的EKA公司年产量在80万吨以上，其总公司是荷兰的阿克苏·诺贝尔公司。由于北美、北欧有极其丰富的森林、水电资源，有的氯酸钠厂就建在大型纸浆厂边上，直接用管道泵送或槽车向纸浆厂提供氯酸钠溶液和未烘干的氯酸钠产品。中国氯酸盐生产长期以来以氯酸钾为主，氯酸钠近几年发展也很快，但总体水平还处于初级阶段。除福州一化（8 万吨/年）和内蒙古兰太（5 万吨/年）外，国内单条生产线达万吨/年的企业还有四川大陆希望、青海苏青、万州索特和江西万安等。中国氯酸钠总生产能力已突破 20 万吨/年，实际产量约 15 万吨/年，但这仅是发达国家 1～2 个工厂的生产能力。

氯酸钠主要用于造纸工业的纸浆漂白和饮用水消毒。目前，世界约 90% 的氯酸钠用于制备二氧化氯，作为纸浆漂白剂和饮用水消毒剂；北美氯酸钠的 94%、西欧氯酸钠的 84%、日本氯酸钠的 73% 均用于纸浆和造纸业。国内氯酸钠的消费构成为：75% 用于生产高氯酸盐和其他氯酸盐，5% 用于氧化剂，5% 用于矿业、医药及农业等方面。近年来，国家对环保治理力度的加强和市场对高白度、高档次纸品的需求，造纸行业中对无氯漂白法（ECF，即采用氯酸钠衍生的二氧化氯漂白）需求日益高涨。预计，随着氯酸钠衍生的二氧化氯作纸浆漂白剂技术的成熟，对氯酸钠的消费量将急剧增长，市场前景广阔。

(1) 生产原理及工艺

氯酸钠电解合成采用无隔膜电解槽，以饱和氯化钠溶液为原料，电极反应为：

阳极：
$$2Cl^- \longrightarrow Cl_2 + 2e^- \tag{4.12}$$

阴极：
$$H_2O + e^- \longrightarrow OH^- + \frac{1}{2}H_2 \tag{4.13}$$

阳极产生的溶解氯在 OH^- 的促进下水解生成次氯酸盐，次氯酸盐可进一步生成氯酸盐，溶液中的主要化学反应为：

$$Cl_2 + H_2O \longrightarrow HClO + H^+ + Cl^- \tag{4.14}$$

$$Cl_2 + 2OH^- \longrightarrow ClO^- + H_2O + Cl^- \tag{4.15}$$

以上反应形成的 ClO^- 和 HClO 则进一步发生均相化学反应：

$$2HClO + ClO^- \longrightarrow ClO_3^- + 2Cl^- + 2H^+ \tag{4.16}$$

因此，该反应宜在较低的温度和微酸性的溶液中进行，电解合成的总反应为：

$$NaCl + 3H_2O \longrightarrow NaClO_3 + 3H_2 \tag{4.17}$$

从以上反应历程可看出，每消耗 6F 电量即可生成 1mol $NaClO_3$。然而，化学反应生成的 ClO^- 在阳极表面还可能发生电化学氧化生成 ClO_3^-：

$$6ClO^- + 3H_2O \longrightarrow 2ClO_3^- + 6H^+ + 4Cl^- + \frac{3}{2}O_2 + 6e^- \tag{4.18}$$

由式(4.18) 可见，每生成 1molClO_3^-，必然伴随生成 3/4mol O_2。在阳极表面由 Cl^- 氧化生成 $NaClO_3$ 需要消耗 6F 电量，副产 O_2 则需消耗 3F 电量，其最高电流效率仅为$\frac{6}{9}\times 100\% = 66.7\%$。显然，这一反应历程的电流效率太低，并不可取。所以，在氯酸盐电解合成时，希望能按式(4.16) 进行，而避免式(4.18) 的进行，这正是氯酸钠电解合成工艺控制的理论根据。

氯酸钠电解合成时，除以上主要反应外，在阳极上还可能发生析氧和氯酸盐的继续氧化，在阴极上氯酸盐和次氯酸盐可能会被还原。为抑制以上反应，通常在电解液中添加少量的 $Na_2Cr_2O_7$，以在阴极表面形成多孔的氧化膜，减小电极真实表面积，增大真实电流密度来提高阴极过电位，从而阻止带负电的 ClO^- 和 ClO_3^- 阴离子向阴极表面的迁移。

氯酸钠生产工艺流程如图 4.15 所示。首先是将饱和食盐溶液精制，加入纯碱、烧碱溶液除去钙、镁离子，添加氯化钡除去硫酸根离子等杂质。为了保持电解液的最佳 pH 值，加盐酸进行调节。为了防止阴极还原，需向溶液中添加重铬酸钠或重铬酸钾，然后将溶液送入电解槽中进行电解，所得的电解液加盐酸保温除去次氯酸盐和游离氯，经压滤澄清后，电解液进入蒸发器，溶解度小的氯化钠先结晶析出，结晶盐经洗涤送回化盐桶配制盐水，放出的浓氯酸钠溶液则进行保温、沉降、过滤，除去固体杂质，进入结晶器，经分离、干燥、冷却得产品氯酸钠。

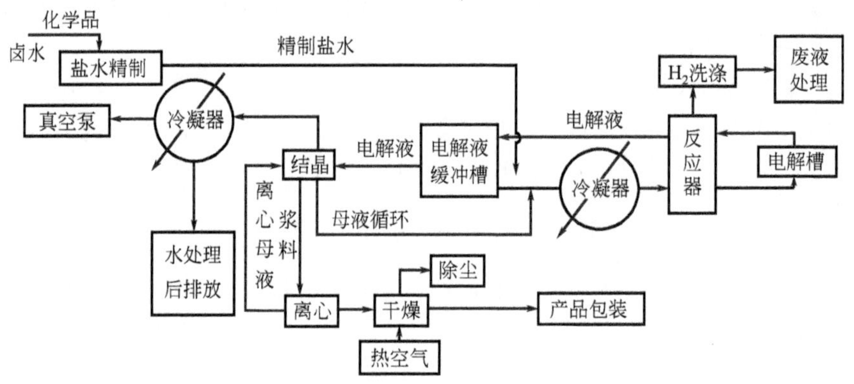

图 4.15　氯酸钠生产工艺流程图

(2) 盐水工序

北美、欧洲氯酸钠生产所用的氯化钠均为精制氯化钠。精制氯化钠中镁、钙含量极低，溶解后可直接精滤，因而盐水精制工序生产线短，只有极少量废渣排出。盐水质量直接影响电耗和洗槽的周期。国外公司十分注重盐水精制工作，如采用膜过滤、离子交换树脂等技术，其杂质质量分数可降至 2×10^{-8}。

国内氯酸钠生产所用的氯化钠主要来自于矿盐、卤水、海盐，其杂质含量较高，所以精制生产线较长。另外，由于原料精制设备简陋，所以精盐水中的钙、镁离子质量分数均在 5×10^{-6} 以上。由于精制盐水中的钙、镁离子含量高，因此槽压升高快，洗槽周期短，一般 3 个月洗槽一次。进行盐水二次精制，使钙、镁离子质量分数降至 1×10^{-9}，以及降低电耗、延长洗槽周期是盐水改造的目标。

(3) 电解工序

电解是氯酸钠生产的最主要工序。电解槽是氯酸钠生产的最关键设备，它的水平体现企业的装备水平。因此，各大公司都特别重视选择、开发电解装置。目前，氯酸钠电解槽工业进展的特点是：①应用 DSA 阳极；②减少电极间距；③采用高的电解液流速；④采用独立设置的化学反应器。图 4.16 是氯酸钠电解系统的一种。

电解槽内产生的气体（主要为氢气）把电解液向上提升，进入化学反应器。分离掉气体后，电解液再流回电解槽，节省了过去曾用过的液体循环泵。该装置的主要特点是：ClO^-转化为ClO_3^-的反应在电解槽外进行，转化率高；在化学反应器中生成的Cl^-可循环使用。在充分低的ClO^-浓度下进行电解操作以防止ClO^-放电，氯酸钠基本上是在连接电解槽至化学反应器的管道中生成的，这样的循环操作允许ClO_3^-：Cl^-的值为2.5，而没有循环时此值为0.2。

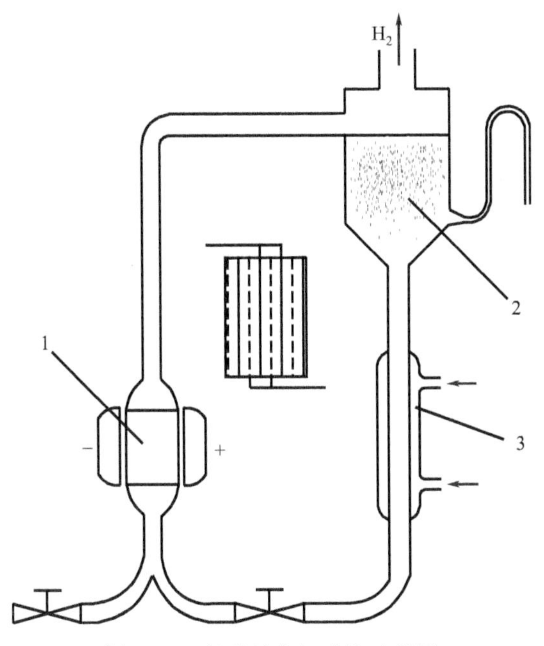

图 4.16 氯酸钠电解系统示意图

1—电解槽；2—化学反应器；3—冷却装置

国外大部分使用外循环单极式电解槽，部分纸浆厂配套生产氯酸钠的电解装置是复极式电槽。外循环汽提单极式电解槽最先由法国 KREBS 工程公司开发。它是由 1 个反应器配 5 个电解槽组成 1 个电解单元，1 条生产线由多个反应器组成。在此基础上，其他公司纷纷开发出各具特色的外循环电解槽，其技术特点大同小异。20 世纪 70～80 年代是氯酸盐电解槽创新发展最活跃的时期。70 年代初，意大利迪诺拉公司最先把钛基涂钌金属阳极（DSA）用于氯碱电解槽，氯酸盐行业也得以受益，掀起了电解槽的创新热潮。其中最为成功的是芬兰 NOKIA 化学品公司开发的 1 个反应器配成百个电解槽的装置。该技术巧妙地解决了电化学腐蚀等一系列问题，使装置结构和操作简化，电流效率高。目前国外的电解装置都是由法国 KREBS 工程公司和芬兰 NOKIA 化学品公司两种槽型发展起来的，单线电解生产能力一般为 3 万～5 万吨/年，电流为 90～130kA。国外电解槽造价高，电流密度选择在 2500～3000A/m^2，氯酸钠电解电耗约 5800kW·h/t，电流效率为 94%～95%。

1986 年以前，我国氯酸盐生产主要使用自己研制的三种电解槽：石墨阳极电解槽、二氧化铅阳极电解槽和旧式金属阳极电解槽，这三种电解槽都存在许多缺陷，现均已淘汰。为了改变我国氯酸盐生产技术的落后面貌，随后引进了大量国外技术，如内蒙古兰太、大连北方等公司引进法国 KREBS 工程公司的电解装置，福州一化等公司引进芬兰 NOKIA 电解装置，青海苏青等公司引进加拿大 SteLing 电解装置，从而使我国的生产装置大型化，技术水平产生了质的飞跃。同时，国内各企业均开展了自主设计与研发工作。1989 年我国第一台外循环复极式电解槽的工业化试验获得成功；1990 年福州一化通过技术改进推出了 FA II 型电解槽，使电流效率达到 90%以上，直流电耗在 4800～5200kW·h/t。

(4) 结晶工序

结晶工序决定了产品的主要质量指标，目前几乎所有生产线都选用真空结晶技术。根据生产量的大小选择不同循环方式的真空结晶器：3 万吨/年以下选用外循环式真空结晶器；3 万吨/年以上选择内循环式真空结晶器。大气冷凝器分别选用列管式冷凝器和淋式冷凝器。真空结晶的热源是电解反应的余热，为了制造大颗粒晶体还需配置其他专用装置，以促进晶粒长大。成品分离均采用卧式自动卸料离心机。烘干大都选用沸腾床干燥器。

(5) 环境保护

氯酸钠生产过程中会产生大量废水、废气和废渣，需十分注重环境保护。目前，许多企业的生产过程已经能够实现全密闭循环，几乎做到整个工厂零排放。如果原料盐是精制盐，废渣排放极少；废气中的氯全部回收利用；洗液、雨水通过室外雨水沟全部回收处理，有的工厂基建前地下铺橡塑板，保护地表不受废液侵袭。

4.2.2.3 二氧化氯

二氧化氯（ClO_2）相对分子质量为 67.45，常温下为黄绿色气体，低于 11℃时，凝结成深红色液体，常温常压下二氧化氯在水中的溶解度约为氯气的 5 倍，是一种较强的氧化剂。由于二氧化氯对环境污染很小，自 20 世纪 40 年代起二氧化氯就逐步在纸浆和纺织品漂白、消毒杀菌、保鲜除臭、自来水净化、食糖和油脂精炼、工业废物处理等行业得到应用。在我国，目前的纸浆行业仍然大量采用多氯漂白工艺，造成高档纸张用的纸浆基本依赖进口，并造成了严重的环境污染。

二氧化氯的制备方法主要有还原法、氧化法和电解法。其中还原法是当前的主要生产方法，它由氯酸盐和各种还原剂发生化学反应制得。根据还原剂的不同，可分为 Mathieson、R2、R3、R5、R8 和 Kesting 法，主要还原剂有二氧化硫、盐酸、氯化钠、甲醇等，该法生产的二氧化氯中氯气含量较高，还原剂价格昂贵。氧化法是用氯气（氧化剂）或酸（盐酸）氧化亚氯酸钠来制备二氧化氯，其特点是一次性投资少，操作工艺简单，易于控制。不足之处是反应速率慢，耗酸量大，产生的废酸多。电解法有亚氯酸盐电解氧化法和氯酸盐电解还原法。其中氯酸盐电解还原法可直接使用氯化钠为原料来生产二氧化氯，因此受到生产单位的普遍关注。

在氯酸盐电解还原过程中，首先氯化钠通过电解生成氯酸盐，氯酸盐经过自动催化循环过程得到二氧化氯，基本原理如下：

阳极：$H_2O \longrightarrow \frac{1}{2}O_2 + 2H^+ + 2e^-$ (4.19)

阴极：$ClO_2 + e^- \longrightarrow ClO_2^-$ (4.20)

溶液：$ClO_3^- + ClO_2^- + 2H^+ \longrightarrow ClO_2 + ClO_2 \uparrow + H_2O$ (4.21)

总反应：$ClO_3^- \longrightarrow ClO_2 \uparrow + e^- + \frac{1}{2}O_2$ (4.22)

溶液中可能存在的副反应为：$5ClO_2^- + 4H^+ \longrightarrow 4ClO_2 + Cl^- + 2H_2O$ (4.23)

为了维持二氧化氯的自动循环，必须满足以下三个条件：

① 要抑制溶液中存在的副反应［式(4.23)］，保持电解液中 H_2SO_4 的酸度高于 3.5mol/L，最好在 4.5～5mol/L。

② 阴极必须使用能稳定中间态（ClO_2^-）而不是进一步还原到低价态（ClO^- 或 Cl^-）的电极材料，如炭或石墨能够强烈阻止 ClO_2^- 还原为 ClO^- 或 Cl^-，而电极反应能够很快地进行。

③ 溶液中的 ClO_2 必须保持一定的剩余浓度。

目前，通过上述原理制造的二氧化氯发生器发展很快。这类发生器由于直接采用氯化钠为原料，能够同时产生 ClO_2、Cl_2、HOCl 等多种强氧化剂，具有广谱型杀菌能力，能杀灭枯草芽孢杆菌、绿脓杆菌、霍乱病菌、伤寒病菌、痢疾杆菌、沙门菌、菌团菌和大肠杆菌等，杀菌能力为次氯酸钠溶液的 2 倍，同时还具有脱色、除臭及氧化重金属离子等功能。

4.2.3 高氯酸盐

高氯酸钠是一种重要的化工原料，它除用来生产高氯酸钾、高氯酸镁外，更重要的是生产航天火箭燃料，如高氯酸铵、高氯酸铝等。虽然这几种高氯酸盐 19 世纪末就已实现工业化生产，但总产量仅为 2000～3000t/a。第一次世界大战时，因军事需要，世界产量达到 5 万吨/年，战后又骤然下降。后来发现，高氯酸铵作为火箭燃料具有很多优点，因此再次受到重视，生产规模得到不断扩大。由于高氯酸盐是战略物资，世界各国产量难以统计。据估计 20 世纪 60 年代后，由于太空技术的发展，世界产量已达到 5 万～10 万吨/年。

一水合高氯酸钠（$NaClO_4 \cdot H_2O$）为白色六方晶体，无水高氯酸钠为白色斜方晶体。高氯酸钠的热稳定性较好，相转变温度为 313℃。当加热至 52℃时，脱水为无水盐，当加热至 482℃时分解为氯化钠和氧气。高氯酸钠具有强氧化性，与浓硫酸、有机物等接触能引起爆炸，应避光保存。高氯酸钠易溶于水，可溶于醇，不溶于醚，由于具有强吸湿性，限制了其在火箭推进器上的应用，主要应用于制造其他高氯酸盐，如高氯酸钾（铵），可利用高氯酸钠与氯化钾（铵）进行复分解反应制取。

早期高氯酸钠生产是通过在 400℃以上高温熔化氯酸钠，使之分解成高氯酸钠：

$$2NaClO_3 \longrightarrow NaClO_4 + NaCl + O_2 \tag{4.24}$$

然后，用分段结晶法分离出高氯酸钠，或用烷基磷酸盐溶液或浓盐酸提取。

高氯酸钠的主要工业生产方法是电解合成法。虽然也可以食盐水溶液为原料直接电解制取，但因电流效率太低，能耗太高，未能在工业中应用。目前，高氯酸钠的电解合成都以氯酸钠为原料，通过阳极氧化生成，其电极反应为：

$$ClO_3^- + H_2O \longrightarrow ClO_4^- + 2H^+ + 2e^- \qquad \varphi^{\ominus} = 1.19V \tag{4.25}$$

这一反应电位很正，且接近于水溶液中的析氧反应的电位：

$$2H_2O \longrightarrow 4H^+ + O_2 + 4e^- \qquad \varphi^{\ominus} = 1.228V \tag{4.26}$$

在高氯酸钠形成机理方面有两种看法，一种认为，首先是 ClO_3^- 在阳极上放电：

$$ClO_3^- \longrightarrow ClO_3 + e^- \tag{4.27}$$

$$ClO_3 \longrightarrow O_2Cl{-}O{-}O{-}ClO_2 + H_2O \longrightarrow ClO_4^- + ClO_3^- + 2H^+ \tag{4.28}$$

$$ClO_3^- + H_2O \longrightarrow ClO_4^- + 2H^+ + e^- \tag{4.29}$$

另一种机理认为，水首先在阳极上被氧化：

$$H_2O \longrightarrow O + 2H^+ + 2e^- \tag{4.30}$$

生成的吸附氧将 ClO_3^- 氧化：

$$ClO_3^- + O \longrightarrow ClO_4^- \tag{4.31}$$

但是，此时阳极上的析氧反应成为生产高氯酸钠的竞争反应。因此，抑制阳极析氧反应是高效制取高氯酸钠的关键。

不论是哪种机理，其阴极反应均为：

$$2H^+ + 2e^- \longrightarrow H_2 \tag{4.32}$$

电极的总反应可写成：

$$ClO_3^- + H_2O \longrightarrow ClO_4^- + H_2 \tag{4.33}$$

高氯酸钠的电合成采用无隔膜电解槽，而且可与氯酸钠电解槽通用，甚至与次氯酸盐电解槽也可通用，其结构大多是单极式电解槽，槽体带电并用阴极保护以防止腐蚀。原料为饱和氯酸钠溶液，并加入适量添加剂后在电解槽内完成电解反应。一般电解完成的溶液中含高氯酸钠 1000g/L 左右，产品中若混有少量氯酸钠会降低稳定性，通常可通入 SO_2 进行还原。考虑到经济效益，一般氯酸钠需去除到 5～10g/L 为止。然后蒸发，并在 30℃ 下结晶析出固体，在 80℃ 下干燥得成品。由于母液中杂质的含量低于它们与氯酸钠在结晶温度时的共溶度，留在母液中的杂质可在过滤或洗涤时除去，因此结晶后的母液可再送回电解槽中使用，实现母液的循环利用。为了制得高纯度的高氯酸钠需进行重结晶，重结晶后的母液同样可再送回电解系统使用，避免复杂的废水处理工序，达到节能降耗的目标。

4.2.4 二氧化锰[55～57]

二氧化锰主要用作电池的阴极材料、磁性材料、玻璃、陶瓷和氧化剂等领域。工业上使用的 MnO_2 可分为天然 MnO_2（NMD）、化学 MnO_2（CMD）和电解

MnO_2(EMD)。电池工业过去曾大量使用天然 MnO_2，但由于多年开采，富矿日趋枯竭，逐渐被合成物所取代，尤其是电解 MnO_2。在溶液中通过阳极氧化二价锰制得的电解 MnO_2 纯度高、晶型好（γ-MnO_2），具有良好的放电性能，作为高性能锌锰电池材料，其需求量仍在不断增长。2006 年，全世界电解 MnO_2 总产能约 45 万吨/年，我国总产能达到 23.5 万吨/年，占 52%，已成为世界第一生产大国。

电解二氧化锰的原料为碳酸锰矿和天然二氧化锰矿，其生产工艺包括：矿石的粉碎、溶浸和净化、电解、产品的后处理。理论上任何二价锰盐均可作为电解质在合适的电极上产出 EMD，如 $MnSO_4$-H_2SO_4，$MnCl_2$-HCl、$Mn(NO_3)_2$-HNO_3 等，但工业上一直采用 $MnSO_4$-H_2SO_4 体系来生产二氧化锰。电解生产的基本原理如下。

阳极反应：
$$2Mn^{2+} \longrightarrow 2Mn^{3+} + 2e^- \tag{4.34}$$
$$2Mn^{3+} \longrightarrow Mn^{4+} + Mn^{2+} \tag{4.35}$$
$$Mn^{4+} + 2H_2O \longrightarrow MnO_2 + 4H^+ \tag{4.36}$$
阳极总反应：
$$Mn^{2+} + 2H_2O \longrightarrow MnO_2 + 4H^+ + 2e^- \tag{4.37}$$
阴极反应：
$$2H^+ + 2e^- \longrightarrow H_2 \tag{4.38}$$
总反应：
$$MnSO_4 + 2H_2O \longrightarrow MnO_2 + H_2 + H_2SO_4 \tag{4.39}$$

在上述电解过程中，硫酸锰的制备是电解二氧化锰生产中的一个重要环节，也是影响产品纯度的决定性因素，并与原材料消耗和产品成本有着密切的关系。国内一般采用低品位的碳酸锰矿和软锰矿一步法来制备硫酸锰溶液，而国外大多采用高品位 MnO_2 矿焙烧还原后与硫酸反应制取，主要原因是我国的高品位 MnO_2 矿较少。两矿一步法生产 EMD 的工艺是利用锰矿、FeS_2 矿和 H_2SO_4 直接浸取得二价锰盐，通过净化除杂技术除去铁和重金属、微量元素以及其他新型电池敏感的杂质元素。同时，国外已出现被称之为"绿色 EMD 生产工艺"的微波还原焙烧法、二氧化硫直接浸取法和微生物浸取法等新型技术。

在 EMD 生产过程中由于硫酸/硫酸锰电解液的温度较高，具有强烈的腐蚀性，而且电解所得的 MnO_2 呈致密固体状沉积在阳极表面，需要定期出槽剥离，因此对所用的阳极材料要求很高，阳极材料的选择对 EMD 性能和过程的经济性有着密切的关系。早期，EMD 生产曾经使用过石墨和铅作为阳极，因为存在强度差、易腐蚀、产品性能低等缺点，在 20 世纪 70 年代开始被钛阳极取代。金属钛阳极具有机械强度高、密度小、耐腐蚀、寿命长、加工性好、易于实现大型化等优点，且生产的 EMD 产品在化学纯度和放电性能方面有显著提高，因此，钛已经成为现代 EMD 生产中阳极材料的唯一选择。钛阳极包括纯钛阳极、钛锰/钛镍合金、钛基涂层已被广泛研究。纯钛阳极成本低、耐腐蚀、制作工艺简单易操作，但易钝化的特性限制了它的广泛应用。钛合金阳极耐腐蚀、强度高、产品 EMD 质量高，但制作工艺复杂，不便工业化应用。钛基涂层阳极近年来得到了较大的发展，尤其是钛基钛锰复合阳极，电解产品质量较高，故在当今 EMD 生产中备受青睐。

电解 MnO_2 的电解槽与金属电解提取的电槽相似：采用开口的矩形电槽，阳极和阴极交错悬挂在极杠上。由于这种电槽主要采用间歇式操作方法，空间-时间产率低，因此正在研制一些新的电化学反应器，例如在较低温度和高 pH 值下电解的压滤机型电解槽，电解可连续进行，电解液可流动。

4.2.5 高锰酸钾[58～60]

高锰酸钾是最重要的锰化合物之一，由于具有强氧化性，广泛应用于化工、医药卫生、食品、矿业、金属冶炼及环境保护等领域。高锰酸钾工业在国际上已有上百年的历史，我国高锰酸钾的生产是从 20 世纪 50 年代开始的。目前，全球高锰酸钾的总生产能力约 9 万吨/年，我国的生产能力约 5 万吨/年，占世界总生产能力的 55%。经过多年的发展，我国已经成为高锰酸钾最大的生产国。国内高锰酸钾的生产企业分布在重庆、云南、贵州、湖南、山东、广东等地。

工业上高锰酸钾的主要生产方法是电解合成法，通常可分为两种：一种是以锰或锰合金为阳极，在碱性电解液中电解，通过阳极溶解得到高价锰，从而制得高锰酸钾；另一种是以氢氧化钾和锰矿粉（约含 60% MnO_2）进行化学氧化反应制得锰酸钾，净化处理后电解，通过阳极电化学氧化制得高锰酸钾。因此，锰酸钾是生产高锰酸钾的重要中间体，要制取高锰酸钾就必须高效制取锰酸钾。

化学法生产锰酸钾的工艺最早是固相氧化法，它采用平炉氧化焙烧，通过间歇式操作进行生产，车间占地面积大、能耗高、操作环境恶劣、生产周期长、成本高及劳动力密集。而国外固相法大多采用转炉氧化焙烧，连续生产，周期短，效率高。但是国内此类设备和工艺均未过关，且生产投资大，故没被采用。由于受固相法工艺本身的限制以及锰矿粉活性差的影响，导致固相氧化反应不完全、转化率较低，因此该方法在国内很少使用。自液相氧化法于 20 世纪 70 年代在我国试验成功后，工艺和操作日趋成熟和完善，该工艺转化率高，能耗少，已在全国范围内得到推广应用。该新工艺采用气动流化塔装置，自动化操作，劳动强度低，可实现连续化生产，大大减少了生产过程中对环境的污染。液相氧化法也称三相氧化法，把锰粉加到液体氢氧化钾中，搅拌均匀后泵入氧化塔，然后压入空气或氧气并用导热油升温进行氧化反应。其反应温度 220～270℃，反应时间 3～4h，MnO_2 转化率大于 92%，反应式为

$$2MnO_2+4KOH+O_2 \xrightarrow{200\sim700^\circ C} 2K_2MnO_4+2H_2O \tag{4.40}$$

将制得的锰酸钾以水浸提可得电解液，电解时采用 Ni 阳极或 Ni/Cu 阳极，阴极用铁或钢，电解槽中发生下列反应。

阳极：$2MnO_4^{2-} \longrightarrow 2MnO_4^- + 2e^-$ (4.41)

阴极：$2H_2O+2e^- \longrightarrow H_2+2OH^-$ (4.42)

总反应：$2K_2MnO_4+2H_2O \longrightarrow 2KMnO_4+2KOH+H_2$ (4.43)

阳极主要副反应是电解析氧，在无隔膜电解槽中，阴极主要的副反应是锰酸钾和高锰酸钾还原到锰的低价氧化态。

电解槽的操作有连续式和间歇式两种，采用间歇式电解槽时，高锰酸钾可以在

槽内结晶，并聚集在锥形底部。采用连续操作的电解槽时，高锰酸钾的结晶在槽外特殊设计的结晶器中进行。国外对电解高锰酸钾装置的设计各有特色，一般都采用连续式操作，电流效率高达 98%～99%。我国采用无隔膜、敞开式、高浓度电解液、槽内结晶的间歇式操作法生产。电解槽温度一般控制在 40～80℃，槽电压约 2.3～3.0V，阴极电流密度 50～1500A/m^2，阳极电流密度 500～5000A/m^2 或更高，一般电流效率为 60%～80%，还有较大的可提升空间。

总体上看，我国高锰酸钾工业十分分散，工艺设备落后，操作环境恶劣，能耗高，环境污染严重，这些都深深地制约了我国高锰酸钾工业的发展。未来要走绿色电解生产之路，必须完善和推广先进的液相氧化法和连续密封式的电解生产工艺。

4.2.6 过氧化氢[61,62]

H_2O_2 是用途广泛的氧化剂、漂白剂和消毒剂。H_2O_2 的生产方法可分为电解法和化学氧化法两种。其中电解法又可分为过硫酸铵法、过硫酸钾法和过硫酸法。由于过硫酸铵法具有电流效率高、工艺流程短和电耗低等特点，是目前电解法中的主要方法。化学氧化法可分为蒽醌法和异丙醇法。蒽醌法技术较成熟，其研发工作虽有些新进展，但是重大创新不多。而异丙醇法只有少数国家采用。蒽醌法与电解法相比，电能消耗低，不用贵重金属铂，蒸汽和水的消耗也低，适宜大规模生产。电解法具有设备简单、原料易得、投资较少等优点，并在技术上不断有新突破，同时可满足一些部门高纯过氧化氢的需求，如食品工业、医药工业等，故电解法是生产 H_2O_2 的主要方法之一。

(1) 基本原理

首先硫酸或硫酸盐在 Pt 电极上被电解氧化成过硫酸或过硫酸盐，再经水解生成 H_2O_2，在减压下蒸馏即可得 30% H_2O_2 水溶液，商品名为“双氧水”。其电极反应如下：

$$2HSO_4^- \longrightarrow S_2O_8^{2-} + 2H^+ + 2e^- \tag{4.44}$$

$$2SO_4^{2-} \longrightarrow S_2O_8^{2-} + 2e^- \tag{4.45}$$

水解反应为：

$$H_2S_2O_8 + 2H_2O \longrightarrow 2H_2SO_4 + H_2O_2 \tag{4.46}$$

由实验证实：SO_4^{2-} 和 HSO_4^- 两种离子均可通过上述各步反应产生 $S_2O_8^{2-}$，但反应速率不同。在生成过硫酸盐最佳浓度的条件下，SO_4^{2-} 放电速率比 HSO_4^- 放电速率大得多。在酸性溶液下，析氧的标准电极电位为 1.23V，加上氧过电位，其数值仍然和生成过硫酸盐的电位接近，故析氧反应是和生成过硫酸盐反应相竞争的副反应。该方法的阳极材料必须耐 H_2SO_4 腐蚀，工业中大多采用 Pt 为阳极。当阳极电位升高后，Pt 电极表面覆盖的氧逐步被吸附态的 SO_4^{2-} 取代，从而生成 $S_2O_8^{2-}$。在工业上采用很高的阳极电流密度（约 5～10kA/m^2），一方面可节省 Pt 材料，另外可提高析氧过电位；同时，保持电解在低温（15～25℃）下进行，也可阻碍氧的析出。

在电解过程中，电流效率通常随 H_2SO_4 浓度而变化，当浓度为 8mol/L 时电流效率最大，因此，在生产中一般采用较高的硫酸浓度。此外，加入 SCN^-、CN^- 和硫脲可提高析氧过电位，这是因为氧原子复合为分子的活性中心易被这些添加剂封闭所引起的。

(2) 电解生产工艺

国外生产双氧水的电解工艺有三种。

① 过硫酸法——Weissenstein 过程　以 Pt 为阳极，Pb 为阴极电解 H_2SO_4，电解槽中使用多孔陶瓷作隔膜，将阳极室与阴极室分开，得到的过硫酸溶液经加热水解制得 H_2O_2。

$$H_2SO_4 \xrightarrow{\text{电解}} H_2S_2O_8 + H_2O \xrightarrow{\text{加热水解}} H_2SO_4 + H_2O_2 \tag{4.47}$$

② 过硫酸钾法——Pietsch 和 Adolph 过程　以 Pt 为阳极，石墨为阴极并以石棉缠绕起隔膜作用。电解液为 $(NH_4)_2SO_4$ 与 H_2SO_4 的混合液，电解后加入 $KHSO_4$ 以沉淀出过硫酸钾，经分离后再水解制得 H_2O_2。

阴极：$H_2SO_4 + 2e^- \longrightarrow H_2 + SO_4^{2-}$　(4.48)

阳极：$2(NH_4)_2SO_4 \longrightarrow S_2O_8^{2-} + 4NH_4^+ + 2e^-$　(4.49)

总反应：$(NH_4)_2SO_4 + H_2SO_4 \longrightarrow (NH_4)_2S_2O_8 + H_2$　(4.50)

再加入 $KHSO_4$ 使 $(NH_4)_2S_2O_8$ 转化：

$$(NH_4)_2S_2O_8 + 2KHSO_4 \longrightarrow K_2S_2O_8 + (NH_4)_2SO_4 + H_2SO_4 \tag{4.51}$$

$K_2S_2O_8$ 水解制得 H_2O_2：

$$K_2S_2O_8 + 2H_2O \longrightarrow 2KHSO_4 + H_2O_2 \tag{4.52}$$

以上过程可表示为：

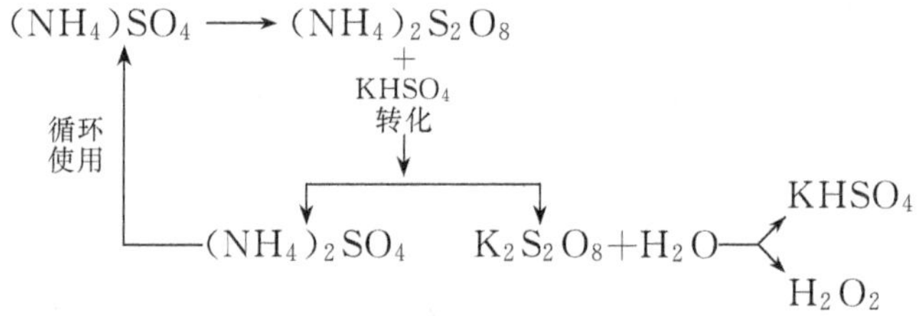

$(NH_4)SO_4 \longrightarrow (NH_4)_2S_2O_8$ + $KHSO_4$ 转化 → $(NH_4)_2SO_4$（循环使用）；$K_2S_2O_8 + H_2O$ → $KHSO_4$，H_2O_2

③ 过硫酸铵法——Lowenstein 和 Idporte 过程　此法省去了上述转化为过硫酸钾的步骤，即电解含 H_2SO_4 的 $(NH_4)_2SO_4$ 溶液制得 $(NH_4)_2S_2O_8$，再加热水解，放出 H_2O_2 后，将含 $(NH_4)_2SO_4$ 的母液返回阴极室，循环使用。

$$(NH_4)_2SO_4 \xrightarrow{\text{电解}} (NH_4)_2S_2O_8 + H_2O \xrightarrow{\text{加热水解}} (NH_4)_2SO_4 + H_2O_2\uparrow$$

循环使用

电解后的电解液收集于阳极储液槽中，经过滤放入结晶器内，在搅拌下，通入冷冻剂进行冷冻结晶并分离。待温度降至－12～－8℃时，停止通冷冻剂然后离心分离，再经干燥，可得过硫酸铵产品。整个生产是全液相流程，效率高，是最流行的方法。

在电解槽阳极室流出的 $(NH_4)_2S_2O_8$ 在储液槽收集后，可供水解蒸馏得 H_2O_2 产品。蒸出的气体，经分离塔除去酸雾，然后进入精馏塔，于塔底收集过氧化氢。

4.2.7 氟[63]

氟是氧化性最强的元素，在所有二元化合物中它总是呈－1 价态，没有任何一种氧化剂能将它从氟化物中氧化，制得游离的氟（F_2）。

氟的唯一制备方法是电解合成法，即通过阳极氧化将 F^- 氧化为 F_2。虽然这一方法早在 1886 年即已提出，但直到 1946 年才在美国实现。氟的电解只能在熔盐中进行，因为在水溶液中，氟的标准电极电位高达 2.65V，如果通电电解，在 F^- 发生氧化之前，其他氧化反应，如氧气析出反应，已猛烈进行，因而不能制得 F_2。

氟的主要用途是制造各种氟化物，在原子能工业中用于铀同位素的分离，作为高能火箭的燃料。世界氟产量大约 1.5～2 万吨/年。几乎所有的氟熔盐电解法都采用 KF 与 HF 的二元电解质，不仅可使电解质的电导率提高，又能使熔点降低。如现在广泛使用的 KF·2HF，熔点为 82℃，可在 90～110℃下进行电解，其总反应为：

$$2HF \longrightarrow F_2 + H_2 \tag{4.53}$$

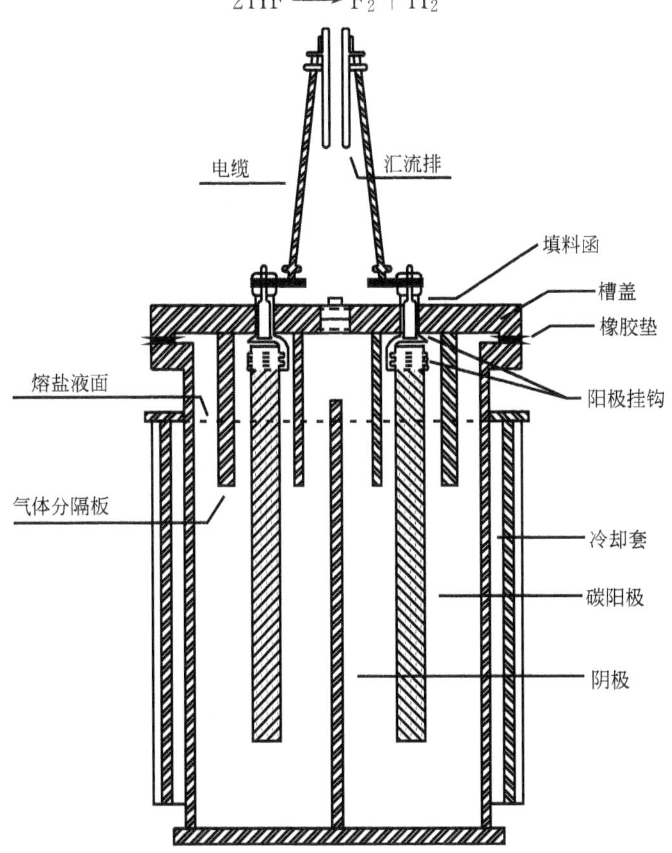

图 4.17　氟电解槽结构示意图

随着电解的进行，HF不断被消耗，为使电解持续进行，必须周期性地添加HF，使其含量保持在38%～42%。由于电解质的强腐蚀性及电解产物 F_2 的性质十分活泼，故氟电解槽的设计、制造和材料选择等都很困难。例如电解槽密封要求高，容量也较小，一般不超过 $1m^3$。当阳极和阴极距离较大时，如大于4cm，无须采用隔膜，而在电极附近安装一种由镍或蒙乃尔合金制作的裙围来分隔两种电极反应的产物 F_2 和 H_2，以避免它们混合。

图4.17是一种氟电解槽结构示意图。应该注意的是，氟电解的槽电压都较高，约为8～12V，除因电解反应的理论分解电压高外，阳极过电位和溶液欧姆压降也很高。而且电解制氟的能耗高达15000kW·h/t，尽管如此，电解法仍被采用，原因在于除电解法外，迄今尚无其他生产方法可与之竞争。

4.3 无机电还原合成

随着无机电化学合成的不断发展，电解还原受到广泛重视，其主要过程是放电物质在阴极上得到电子，并转化为产物，通常有下述几类反应：①阳离子在电极上得到电子，转化为正电荷较低的产物，如金属的电解提取中，金属阳离子 M^{n+} 在阴极上沉积得到M（s）、水电解中 H^+ 得到电子制 H_2；②阴离子在电极上得到电子，转化为负电荷较高的产物；③中性物质的还原，并生成阴离子，如 O_2 在阴极表面通过2电子反应生成过氧化氢等。

4.3.1 氧阴极电还原制过氧化氢

早在1939年，Berl等就已研究过碱性介质中氧还原为 H_2O_2 的反应，但未用于工业生产。燃料电池的出现使氧还原为 H_2O_2 的反应重新受到重视。但是要解决氧在电极上还原能达到所需的反应速率，必须克服传质速率带来的限制，因为氧在溶液中的溶解度只有 10^{-4}～10^{-3} mol/L。若用全浸没电极则获得的电流密度很低。若将电极上端提出液面3mm左右，则电流大增，若继续提高电极，电流不再增大。这表明半浸没电极上只有高出液面2～3mm的那一段能有效地进行气体电极反应，用显微镜可观察到在这一段电极表面上存在薄液膜。研究表明，制备高效气体电极时必须满足的条件是电极中有大量气体容易到达而又与整体溶液有较好地连通的薄液膜。因此，这种电极必然是较薄的三相多孔电极，常称为“气体扩散电极”，它既有大量的气孔使反应气体传到电极表面各处，又有大量覆盖在催化剂上的薄液膜。因此可以采用气体扩散电极使氧还原。1977年Kastening等把活性炭在真空中加热至900℃，以减小它对 H_2O_2 催化分解的活性，然后把它和30%聚四氟乙烯（PTFE）粉末混合，压制成电极片，并以KOH为电解液，试验显示 H_2O_2 的电流效率大于90%。

所谓空气阴极，是空气中的氧在阴极上发生还原的过程，因此也称氧阴极，一般有两种反应方式，一是按 2 电子反应产生碱性过氧化氢：

$$O_2+H_2O+2e^- \longrightarrow HO_2^-+OH^- \quad \varphi^{\ominus}=-0.076V \tag{4.54}$$

二是按 4 电子反应产生碱：

$$O_2+2H_2O+4e^- \longrightarrow 4OH^- \quad \varphi^{\ominus}=0.401V \tag{4.55}$$

这两种反应在工业上都很有用处。前者可用于过氧化氢制造，代替过硫酸盐电解氧化法，可使分解电压降低到 76%，后者可用于氯碱电解槽代替析氢阴极过程，可使理论分解电压降低 56%。2 电子氧阴极过程比较容易进行，一般在石墨或其他某些碳材料表面就能发生。

1988 年，浙江工业大学马淳安等[64]在氢-氯燃料电池和碳化钨催化剂研制工作的基础上，对氧阴极法制过氧化氢进行了小试和中试研究。该课题组于 1989 年底组装单电极面积为 $0.2m^2$ 的工业模拟电解槽，并投入试验。研究表明，与国内现有技术相比，该工作的空气阴极法制过氧化氢的电解槽具有结构紧凑、操作简便、投资较低、易于放大等优点。

4.3.2 水电解制氢[65~67]

电解水可以制取达 99.8%～99.9%纯度的 H_2 和 O_2，且在原子能工业中是制造重水的重要方法。氢气的主要用途有：合成 NH_3、HCl 等含氢化合物，在冶金工业、半导体工业、电灯制造工业中提供保护性或还原性的气氛，食用油生产中的催化氢化，硬脂酸和脂肪酸的制造，发电站中发电机的冷却，气象气球的充气，金属焊接和切割，乙醇、乙酸等化合物的合成，在高温过程（例如人造宝石的制造）中用作燃烧气体，不锈钢等特种材料的热处理以获得高度洁净的表面，燃料电池的燃料，以及火箭燃料等。

制取氢气的工艺路线有多种，如从煤气化产生的合成气体中分离得到 H_2；轻油或天然气的裂解也可制得 H_2；在氯碱工业中，H_2 是重要的副产品。就制造成本而言，电解水制氢要比上述方法高得多，故它仅适用于需制备高纯 H_2 的场合，如食品行业、氢气纯度不够会使催化剂中毒的场合等，或者在电能很便宜的地区，可大大降低电解水成本，此法也可在水电站附近建电解水厂，在埃及的 Lewan 水坝附近就有生产能力高达 $40000m^3/h$ 的电解制氢工厂。有人预言未来将会出现“氢经济”时代，这一构想主要鉴于能源危机。将来的发展可能主要采用核电站或太阳能来电解制氢，并将其作为一种贮存和传输能量的方法，在城市中可用燃料电池把氢转化为电。

(1) 基本原理

所谓水电解，并非采用纯水，因其电导率极低，不可能进行电解。原则上酸性电解液可电解生产氢和氧，但因腐蚀性强，设备选材及制造困难，故一般不采用。通常水电解制氢都采用碱性电解液，即 KOH 或 NaOH。其反应式为：

$$\text{阳极反应为：}2OH^- \longrightarrow H_2O+\frac{1}{2}O_2+2e^- \quad \varphi^{\ominus}=0.401V \tag{4.56}$$

阴极反应：$2H_2O+2e^- \longrightarrow 2OH^- + H_2$ $\qquad \varphi^{\ominus}=-0.828V$ (4.57)

总反应：$2H_2O \longrightarrow 2H_2 + O_2$ $\qquad \varphi^{\ominus}=1.23V$ (4.58)

槽电压可按 $E=\varphi_e+\eta_a+\varphi_c+IR_s$ 计算，氢、氧的过电位与电极材料有关，溶液中的欧姆电位降与所用的电解质及电解温度有关。通常用 NaOH 或 KOH 溶液进行水的电解，这些溶液的电阻率与温度、浓度有密切关系。在电解过程中，由于气体的析出，使电解液中充满气泡，这会增加溶液的电阻，若增大电解槽的压力，可减小气泡的体积，使 IR 减少，故采用高压法电解水可降低槽电压。另外，采用升温、搅拌、缩短极间距等措施，均可降低溶液的欧姆电位降。

为了获得纯净的 H_2 和 O_2，同时防止 H_2、O_2 混合爆炸，电解槽内必须使用隔膜分隔。隔膜必须能有效地防止气体扩散、耐碱液腐蚀，并具有低的电阻值和良好的力学性能。

由于电解水无副反应，电流效率近乎 100%。理论分解电压 1.23V，由法拉第定律可知，每生产 1molH_2（标准状况下体积为 22.4L）需电量 2F，故每生产 1m^3 的 H_2 需耗能为：

$$W=\{1.23\times[(2\times26.8\times10^3)/(22.4\times10^3)]\}\text{kW}\cdot\text{h/m}^3=2.94\text{kW}\cdot\text{h/m}^3$$

若实际槽电压取 2.0V，$\eta_I=100\%$，则实际能耗为：

$$W=\{2.0\times[(2\times26.8\times10^3)/(22.4\times10^3)]\}\text{kW}\cdot\text{h/m}^3=4.79\text{kW}\cdot\text{h/m}^3$$

能量效率：$\eta_E=(2.94/4.79)\times100\%=61\%$

(2) 电解槽

水电解槽的结构可分为三类，箱式单极式电解槽、压滤机式复极式电解槽和使用固体聚合物电解质的电解槽。水电解槽中阴极多用 Ni 或镀 Ni 的软钢或经喷砂处理的软钢。电极的形式多样，有平面电极（平板电极、双片平板电极、薄片状电极、百叶窗式电极），网状电极和多孔电极等。

当电解槽包含两个以上电极时，存在两种电极的连接方式，一是单极式电解槽，二是复极式电解槽，其连接形式如图 3.33 所示。单极式电解槽采取并联的连接方式，每一电极均与外电路接触，每一电极只带一种极性——阴极或阳极，这种槽的槽电压等于每一对电极间的电位差 E_i，即 $E=E_i$，而通过槽的总电流则随电极极板数目的增多而累加。复极式电解槽采取串联的连接方式，与外电路只有两个连接点，处于中间位置的电极都具有双极性，即一面作阴极，另一面作阳极，见图 3.33(b)，电流从上端电极导入，是阳极，通过离子迁移转到中间的电极上，使其正面带负电荷，然后电流从反面出来使其带正电荷，如此传递下去直至最下端的阴极上，这种电解槽的槽电压为相邻两电极电位差 E 的总和，即 $E=\sum E_i$。

在水电解中采用的箱式单极式电解槽，彼此平行的电极垂直悬挂于盛有电解液的箱式容器中，阳极和阴极相同，并使两极之间的间隔尽可能小，以得到高的时空产率且减少能耗。在箱式槽中电极上放出的气泡可对电解液起到强烈的搅拌作用，但通常还采用机械手段促进电解液的对流。这类电解槽最大的优点是：装置简单，易维修，构件较低廉，容器可用钢等有一定机械强度和化学稳定性的材料制成，投资少。其缺点是：连接的导体多，外电路上的欧姆电压降大，占地面积大，时空产率不高，不适于大规模生产。

目前水电解法采用最多的是压滤机式复极式电解槽，这类电解槽结构紧凑，容量高，占地面积小，金属导体少，外电路的 IR 降低，生产条件易自动控制，可在较低的单槽电压和高电流密度下操作。但结构较复杂，检修难度稍大，相邻两个单电池之间易漏电。极板的同一面上产生少量极性不相同的点，易发生电化学腐蚀。

目前正在研制的固体聚合物电解质（SPE）电解槽可使电解水技术发展到一个新的阶段。在 SPE 电解槽中采用固态 Nafion 全氟磺酸膜（厚度 0.2～0.3mm）作为“电解质”，膜经水湿润后呈强酸性，相当于质量分数为 10% 的 H_2SO_4 的 pH 值，水化氢离子 $H^+ \cdot nH_2O$ 为电流携带体，它可通过固定在全氟化碳骨架上的磺酸基团之间传递，从而实现电流的传导。

该电解装置的电极为贵金属或其氧化物，主要可将它们制成具有巨大比表面的粉体颗粒，利用聚四氟乙烯（PTFE）黏合并压在 Nafion 膜的两面，形成一种膜与电极的结合体。阳极材料主要采用 Pt、Ir、Ru 及它们的二元或三元合金，掺入一些过渡金属，其中 Ru、RuO_2 对氧析出反应具有最高的活性。阴极材料是含 Pt 或 Pt-Pd 合金的活性炭。整个电解槽由多个这种膜电极结合件构成，中间还有电流集流器和导气网膜。

采用 SPE 水电解槽的优点是：电流密度高（1～2A/cm^2），槽电压低，省电、省投资，可在较高压力下操作，阴、阳极间距仅为膜的厚度，无溶液欧姆降，气泡效应小，采用了固体电解质，不会产生酸碱类有害物质的排出物，可实现清洁生产。

目前，推广这种电解水技术的主要问题是 SPE 的制造技术复杂，价格昂贵。

(3) 光电化学电池电解水[68～70]

1972 年，Fujishima 和 Honda 证明可用半导体电极组成的光电化学电池电解水。采用电化学电池电解水需外加电位差至少要大于 1.23V，而实际应用中一般要在 1.8V 以上，而采用半导体电极组成的电池，则在光照射下有可能使水的分解在小于 1.23V，甚至不需外加电压就可进行。

该方法的原理是当光照射到半导体电极表面时，在光量子作用下，若光量子的能量大于半导体的禁带宽度 E_g 时，处于价带中的电子将跃迁到导带。对 n 型半导体而言，价带中形成的空穴 P^+ 将越出界面，使溶液中还原态的电子给予体 R 发生氧化作用：

$$R + P^+ \longrightarrow R^+ \tag{4.59}$$

对 p 型半导体来说，则电子 e^- 将越过界面作为氧化态，使电子接受体 O 发生还原：

$$O + e^- \longrightarrow O^- \tag{4.60}$$

例如，以 TiO_2（n 型半导体）和 Pt 组成以下电池：

$$(-)\text{n-TiO}_2|\text{电解质水溶液}|\text{Pt}(+)$$

当适当波长的光照射到 n-TiO_2 电极上时，可以激发产生空穴：

$$h\nu \xrightarrow{TiO_2} P^+ + e^- \tag{4.61}$$

电子沿外线路传到 Pt 阴极发生 H^+ 的还原，而空穴 P^+ 则越过界面引起水的氧化。在酸性电解液中，两个电极上的反应可写成：

$$\text{在 n-TiO}_2\text{ 阳极：} H_2O + 2P^+ \longrightarrow \frac{1}{2}O_2 + 2H^+ \tag{4.62}$$

$$\text{Pt 阴极：} 2H^+ + 2e^- \longrightarrow H_2 \tag{4.63}$$

对碱性电解液，则：

$$\text{在 n-TiO}_2\text{ 阳极：} 2OH^- + 2P^+ \longrightarrow \frac{1}{2}O_2 + H_2O \tag{4.64}$$

$$\text{Pt 阴极：} 2H_2O + 2e^- \longrightarrow H_2 + 2OH^- \tag{4.65}$$

在上述两种情况下，其总反应均可写成：

$$H_2O \xrightarrow{2h\nu} H_2 + \frac{1}{2}O_2 \tag{4.66}$$

即借助于光子的能量实现了水的分解，而且由于有光子的能量介入，故外加电压可远小于 1.23V。根据 Bockris 等人的研究，若日光光谱被利用的量子效率达到 5% 时，则用此法所生产的 H_2 将较其他方法便宜。实际上，目前用光电化学电池电解水所达到的量子效率只有 0.2%左右。

目前最成功的光电化学电池是用 n 型的 Ga、As 作为阳极，表面吸附上 Ru^{3+} 的配合物，电解液是聚硒醚，该体系给出的光电效率可达 12%。当前电化学领域最为活跃的研究领域之一就是研究如何利用日光，通过光电化学来实现电解水的问题，该过程的实用化是人类解决未来能源的重要途径，前景十分广阔。

4.3.3 金属的电解提取与精炼[71,72]

金属的电解提取也称为湿法冶金，是冶金工业中用于提取金属的主要方法之一。它与火法冶金相比，具有产品纯度高，能处理低品位矿和复杂多组分矿的优点。该法通过选矿，矿石焙烧，酸溶解和纯化，再经电还原沉积析出欲提取的金属，同时在阳极通常伴随有氧气的析出反应。

$$\text{酸溶解反应：} MO_x + 2xH^+ \longrightarrow M^{2x+} + xH_2O \tag{4.67}$$

$$\text{阴极还原反应：} M^{2x+} + 2xe^- \longrightarrow M(s) \tag{4.68}$$

$$\text{阳极析氧反应：} xH_2O \longrightarrow \frac{x}{2}O_2 + 2xH^+ + 2xe^- \tag{4.69}$$

$$\text{总反应：} MO_x \longrightarrow M(s) + \frac{x}{2}O_2 \tag{4.70}$$

金属的电解精炼主要用于制备高纯度的金属，以火法冶金或湿法冶金提取的金属为阳极，同属性金属盐溶液为电解液，阴极采用纯度很高的薄金属板，通过控制阴极电位，只发生所提纯金属的沉积，而其他金属仍然滞留在电解液中，从而达到制得高纯度金属的目的。金属的电解提取与精炼通常在酸性水溶液体系中进行，对析出电位负于标准析氢电位的金属材料，只有当它们具有较大的析氢超电位时，才能在酸性溶液中沉积，如 Cu、Zn、Ni、Co、Cr、Cd、Pb、Sn、Mn、Au、Ag 等。另外，当含有两种或多种金属时，可以采用阴极共沉积制备合金材料。除此以外，许多金属材料，尤其是在元素周期表中的主族金属无法从水溶液中沉积出来时，可采用熔盐电解的方法，如 Al、Mg、Na、K、Ca、Ti、Zr、Mo 等。

铜是人类最早发现和使用的金属。铜不能置换酸性水溶液中的氢，也不溶于盐酸和没有溶解氧的硫酸中，但可溶于具有氧化性的硝酸或含有氧化剂的其他酸性溶液中。铜及其合金广泛应用于电气、机械、建材和工具制造等领域。铜的地壳丰度为 $68\times10^{-4}\%$，海水中含铜约 $3\times10^{-7}\%$。自然界发现的铜矿物有 165 种，主要有原生硫化铜矿和次生氧化铜矿。铜矿物中以黄铜矿最多，约占铜矿的 2/3。世界原生铜产量的 90%左右来自于硫化矿，而硫化矿中铜含量较低，约 0.2%～1%。因此，铜矿石必须经过破碎、浮选富集，产出含铜较高的精矿，才能作为电冶炼的原料。

目前世界上原生铜产量中 85%用火法冶金，约 15%用湿法生产。湿法炼铜通常适用于处理氧化矿、低品位废矿和复杂难选矿。湿法炼铜工艺流程如图 4.18 所示。

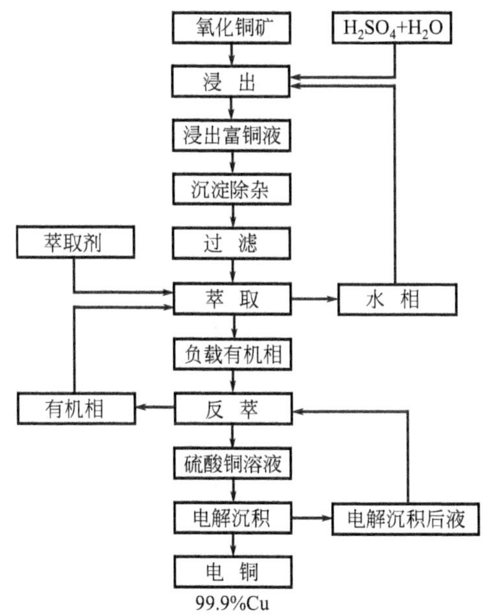

图 4.18　湿法炼铜工艺流程示意图

该工艺流程主要由三个单元组成。浸出用硫酸或氨性溶液将矿石或其他物料的铜从固体溶解到溶液中，可以采用堆浸、槽浸和搅拌浸出等方式。溶剂萃取是通过特效的铜萃取剂与浸出溶液的接触实现铜从溶液中的分离与富集，获得适宜电沉积要求的纯硫酸铜溶液。最后用不溶性阳极电沉积生产高纯度的电解铜。

(1) 浸出

浸出主要是将铜矿物中的铜从固体溶解到溶液中，浸出液通常选用稀硫酸，有些难溶矿需要有硫酸高铁存在下才会溶解，甚至需要借助细菌的作用。铜矿物浸出过程中，除去自身的溶解外，矿物的种类和性质对浸出的成功起着非常关键的作用。它将决定酸的消耗、矿堆的渗透性和浸出液中杂质的含量。两种浸出方式的优缺点比较列于表 4.5 中。

表 4.5　两种浸出方式的优缺点比较

浸出方式	优　点	缺　点
就地浸出	①投资及生产费用低 ②消耗的能源及劳动力少 ③投产时间短 ④环境污染压力小 ⑤适于小和浅矿床，尤其是低品位矿石 ⑥矿物资源循环利用	①金属回收量受到限制 ②实验室和扩大试验困难 ③地下水易受污染
搅拌浸出	①浸出时间短，一般 2～4h ②浸出率高，可达 85%～98% ③浸出铜浓度可控制 ④试验结果的放大可靠性高 ⑤投产后全流程完成时间短	①生产费用高 ②浸出矿浆需增加过滤、澄清设备 ③酸耗及杂质较高 ④必须使用适宜的絮凝剂

(2) 溶剂萃取

溶剂萃取是现代湿法冶金工艺的关键技术，萃取工序可以将矿石的浸出与电沉积两个工序连接成一个完整的闭路循环过程，浸出-萃取-电沉积流程如图 4.19 所示。

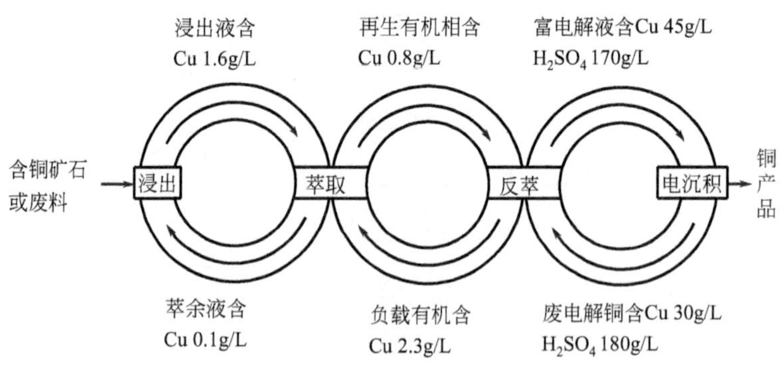

图 4.19　浸出-萃取-电沉积流程图

通过萃取与反萃取可以源源不断地将浸出液中的铜输送至电沉积电解槽，并在阴极上电沉积铜，而萃取铜后的萃余液再生的硫酸又可以返回浸出。从理论而言，从矿石中溶解铜到产出阴极电解铜不消耗硫酸，过程中的酸耗主要由矿石及其他杂质的溶解时造成。优良的萃取剂应具有以下特征：①铜的负载量大；②动力学速率快；③选择性好；④容易反萃；⑤分相快；⑥萃合物溶于稀释剂；⑦化学稳定性好；⑧不易降解；⑨水溶性小。

(3) 铜的电解提取

铜的阴极电沉积过程是湿法冶金提取铜的最后阶段。电沉积车间的目的是从富铜溶液中生产出高质量的铜，并将一定浓度的铜与酸的废电解液返回到溶剂萃取。在电沉积车间中，通常设有数百只甚至数千只电解槽，全部电解槽串联或并联连接，所有电解槽中的电解液不断循环，使各个电解槽中的电解液搅动混合，并使电解液成分均匀。使用最广泛的电解槽是箱式无隔膜电解槽，其优点是结构简单，制造、操作和维修方便。电解槽通常由钢筋混凝土制造，为敞开式，内部采用防腐材料，如聚氯乙烯板等。电沉积过程常采用铅合金为阳极，不锈钢或铜始极片为阴极，电解液中含铜 45～50g/L，由硫酸铜和浓度为 150g/L 的硫酸溶液组成，电解液温度控制在 42～45℃，电流密度 200～300A/m^2，极间距 100mm，电流效率可达 90%～94%。随着工艺技术的不断进步，现在电解生产的铜质量已接近或超过火法冶金。通常情况下，大多数溶剂萃取-电沉积工厂生产的阴极铜含量超过 99.999%。在溶剂萃取-电沉积法中，影响阴极铜质量的因素主要是有机物的夹带、铅阳极的腐蚀导致铅对阴极铜的污染和阴极铜密度的控制。在有机物控制方面，规模较小的工厂可采用延长富铜电解液澄清停留时间，增加细粒有机液滴的聚结机会，而大规模生产的工厂采用最多的是双介质过滤器或塔式结构的过滤器。电沉积阴极铜，由于采用铅合金阳极，铅是唯一较难控制的杂质，因此，普遍采用压延的四元 Pb-Ca-Sn-Ag 或掺稀土元素的多元铅合金阳极，同时，为减少阳极腐蚀，通常在电解液中添加少量的硫酸钴。目前，随着涂层钛阳极的广泛应用，采用以 Ir 为主要成分的三元或四元钛基涂层阳极是当前最先进的替代铅合金阳极的技术。新涂层钛阳极导电性能好，与铅合金阳极相比，可消除阳极铅对产品的污染，降低析氧过电位，槽电压可降低 0.5V，节约电能 17%～20%，是一种节能、环保的绿色生产技术。

(4) 铜的电解精炼

纯铜具有高导电性，广泛应用于电缆和各种电气设备的制作。但少量杂质元素存在会降低其电导率。因此，粗铜火法冶炼后必须进行电解精炼，进一步除去其中的杂质，使铜的纯度达到 99.95%以上。在电解前，待精炼的铜浇铸成一定形状的极板作为阳极，阴极为不锈钢板或铜始极片。电解时，利用阳极铜的电解溶解，铜再电沉积到阴极上。在阳极溶解时，控制铜电沉积的电极电位，使较正电位的元素（如 Au、Ag、Pt 等）不能溶出，而是随着阳极泥分离出去。在阴极析出时，较负电位的元素（如 Zn、Co、Ni 等）不能析出，在电解液中通过净化过程分离出去。该过程只需 0.1～0.2V 的电压就可以产生 100～300A/m^2 的电流密度，在约 0.3V 的阴极工作电位下，只会发生铜的电沉积，而其他金属的电极电位比该值更负，仍然滞留在电解液中。由于这一过程采用很低的槽电压，因而生产1t铜的能量消耗值低于250kW·h，具有很强的应用性，而且还可从阳极泥中提炼贵金属，以及富含金属离子的电解液中可以提取镍和钴，具有很好的应用价值。

铜电解车间由成百上千只电解槽组成，电解槽通常采用无隔膜箱式结构，如图4.20所示。

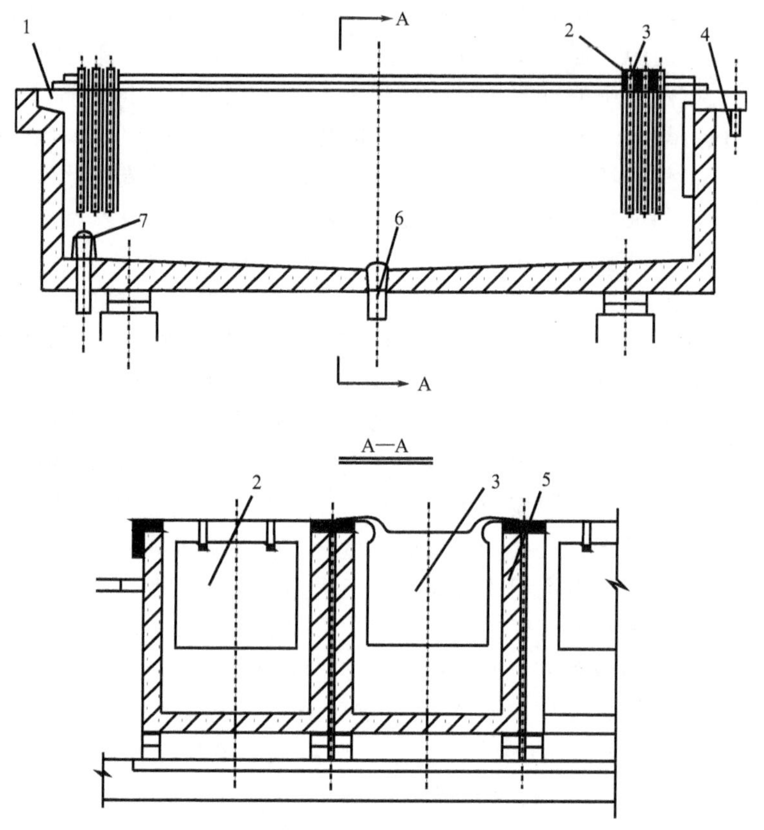

图4.20 铜电解精炼电解槽结构

1—进液口；2—阴极；3—阳极；4—出液口；5—电解槽；6—放泥口；7—上清液出口

电解槽内的阳极为粗铜浇铸后的阳极板，含铜量在99%左右。阴极可以有两种：一种由不锈钢制作，可循环使用；另一种由铜薄片（厚度约0.3～0.7mm）经加工后制作成铜始极片。采用始极片作阴极时，电解车间需配备种板槽，专供始极片生产。根据电解精炼的工艺技术要求，电解液中含铜40～55g/L，硫酸150～220g/L，电解时温度控制在50～65℃，槽电压0.25～0.3V，电解过程需适量使用添加剂，如骨胶、硫脲、干酪素、阿维通及盐酸等，此时的电流效率可达97%～98%。目前，铜电解精炼技术的主要进展是设备大型化、自动化和应用新工艺和新技术，如周期反向电流电解、大面积电流电解和在电解槽体、车间关键设备等新材料的应用等。

参 考 文 献

[1] 梁文平，唐晋. 当代化学的一个重要前沿——绿色化学. 化学进展，2000，(5)：228-230.

[2] 高彤摘译. 绿色的工业电化学，上海化工，2007，32 (8)：41.

[3] 王春涛，畅云仙. 电化学在绿色化学中的作用. 运城高等专科学校学报，2001，3：95-96.

[4] 王维德，崔磊，林德茂等. 无机电化学合成研究进展. 化工进展，2005，24 (1)：32-36.

[5] 陈延禧编著. 电解工程. 天津：天津科学技术出版社，1993.

[6] 杨绮琴等编著. 应用电化学. 广州：中山大学出版社，2001.

[7] Pletcher D，Walsh F C. Industrial Electrochemistry，1990.

[8] 刘自珍. 氯碱工业 60 年发展变化与新格局. 氯碱工业，2010，46 (1)：1-6.

[9] 程殿彬主编. 离子膜法制碱生产技术. 北京：化学工业出版社，1998.

[10] Indian chlor-alkali industry faces uncertain future，Focus on Polyvinyl Chloride，2002，7：5.

[11] Canario J，Vale C，Caetano M，et al. Mercury in contaminated sediments and pore waters enriched in sulphate. Environmental Pollution，2003，126：425-433.

[12] Krishnan K A，Anirudhan T S. Removal of mercury (Ⅱ) from aqueous solutions and chlor-alkali industry effluent by steam activated and sulphrised activated carbons prepared from bagasse pith：kinetics and equilibrium studies. Journal of Hazardous Materials，2002，B92：161-183.

[13] 张英民，郎需霞，邵冰然等. 国内外离子膜烧碱生产技术综述. 氯碱工业，2008，44 (2)：1-4.

[14] 薛祖源. 我国氯碱行业生产发展评析. 中国氯碱，2008，1：6-12.

[15] 孙文勇，李迎堂. 中国氯碱工业发展策略. 氯碱工业，2010，46 (3)：4.

[16] 丁起. 离子膜烧碱的生产工艺综述. 广西轻工业，2007，4：47-48.

[17] 王祥. 三种离子膜运行情况比较. 氯碱工业，2010，46 (6)：19-20.

[18] 聂巨亮. 离子膜电解工艺，河北化工，2010，33 (6)：53-54.

[19] 董雪英. 离子膜烧碱的生产工艺及市场前景. 江苏化工，2008，36 (3)：55-59.

[20] 李向青，田广. 国产高密度离子膜电解槽的应用. 中国氯碱，2008，6：30-32.

[21] Jing J S，Greenberg D B，Fried J R. Preparation of a Nafion composite membrane using a porous Teflon support. Journal of Membrane Science，1997，132：273-277.

[22] Furuya N，Aikawa H. Comparative study of oxygen cathodes loaded with Ag and Pt catalysts in chlor-alkali membrane cells. Electrochimica Acta，2000，45：4251-4256.

[23] 陈迎刚，张纪刚. 节能综合技术在氯碱行业的应用. 中国氯碱，2011，6：33-35.

[24] 刘自珍. 节能减排——推动氯碱行业健康持续发展. 第 29 届全国氯碱行业技术年会论文集，2011：31-35.

[25] 牛建生. 氯碱生产中的节能减排措施. 氯碱工业，2010，46 (2)：42-43.

[26] Hammar L，Wranglen G. Cathodic and anodic efficiency losses in chlorate electrolysis. Electrochimica Acta，1964，9：1-16.

[27] Blouin M，Guay D，Schulz R. Effect of oxygen on the structural and electrochemical properties of nanocrystalline Ti-Ru-Fe alloy prepared by mechanical alloying. Nano Structrued Materials，1998，10 (4)：523-541.

[28] (a) Cornell A，Hakansson B，Lindbergy G. Ruthenium based DSA in chlorate electrolysis-critical anode potential and reaction kintics. Electrochimica Acta，2003，48：473-481；(b) 杨祖望，马淳安. 氢阳极法制碱技术探讨. 中国氯碱，1987，(2)：17-19.

[29] 杨颖. 臭氧综述. 攀枝花大学学报，2002，19 (2)：84-86；张华. 石锐，臧兴杰，童少平，马淳安. CuO_2-Ru/Al_2O_3 催化臭氧化降解苯乙酮的研究. 环境科学，2010，31 (3)：715-719；李文文，刘朋朋，张华，石锐，童少平，马淳安. Ti(Ⅳ) 催化 H_2O_2/O_3 降解乙酸. 化工学报，2010，61 (7)：1790-1795；刘朋朋，张华，石锐，童少平，马淳安. 蜂窝陶瓷催化臭氧化苯乙酮的研究. 环境科学学报，2010，30 (10)：2043-2048；周琦，张蓉，王勋华，童少平，马淳安. 电化学-臭氧耦合氧化体系的氧化效能. 环境科学，2010，31 (9)：2080-2084.

[30] 依成武，吴春笃，许霞等. 臭氧合成及其应用的研究进展. 现代化工，2007，27 (1)：93-96.

[31] 蒋爱丽，陈烨璞，华明. 臭氧发生器研究的进展. 高电压技术，2005，31 (6)：52-54.

[32] 王景平，苏小明，邓祥. 电化学臭氧产生技术研究进展. 现代化工，2005，25：65-68.

[33] 朱世斌，方根满. PEM 低压电解臭氧技术的优势及在制药工艺用水中的应用. 中国制药装备，2012，2：8-14.

[34] 马淳安. 电化学低压臭氧发生器系列产品开发及应用研究，浙江省科技厅重大攻关项目，2001.
[35] 马淳安，赵峰鸣，童少平等. 一种低压电解法制备臭氧的方法. 中国专利，CN 101054679A，2007-10-17.
[36] 马淳安，褚有群，赵峰鸣等. 一种在钛基体上制备含氟二氧化铅电极的方法. 中国专利，CN 101054684A，2007-10-17.
[37] 马淳安等. 疏水性二氧化铅电极的镀制及强化寿命研究. 化学世界，2002，11：581-583.
[38] 陈俏微，赵峰鸣，马淳安. PbO_2/SPE 复合膜电极电解发生臭氧的性能. 化工进展，2010，29（5）：914-918.
[39] 戴峻，王荣，贾金平等. 新型铅合金电极用于电解法制备臭氧. 华东理工大学学报（自然科学版），2007，33（2）：61-65.
[40] 魏守强，刘瑛，邵忠财. 电化学生成臭氧的研究进展. 表面技术，2005，34（3）：13-15.
[41] Foller C P，Tobias C W. The anodic evolution of ozone. J. Electrochem. Soc，1982，129（3）：506-515.
[42] Kitz E R，Stucki S. Ozone and oxygen evolution on PbO_2 electrodes in acid solution. J. Electroanal. Chem.，1987，228：407-415.
[43] Amadelli R，Armelao L，Velichenko A B，et al. Oxygen and ozone evolution at fluoride modified lead dioxide electrodes. Electrochimica Acta，1999，45：713-720.
[44] 魏征. 电解法臭氧发生装置的制备与性能研究. 硕士学位论文，华中科技大学，2009.
[45] 郑奕. SPE/空气阴极臭氧发生器的研究. 硕士学位论文，浙江工业大学，2001.
[46] 苏小明，王景平，井新利. 固体聚合物电解质膜臭氧生成技术. 天津化工，2004，18（6）：1-4.
[47] Stucki S，Theis G. In situ production of ozone in water using a membrane electrolyzer. J. Electrochem. Soc. 1985，132（2）：367.
[48] Katoh M，Nishiki Y，Nakamatsu S. Polymer electrolyte-type electrochemical ozone generator with an oxygn cathode. J. Applied. Electrochem.，1994，24：489-494.
[49] Bashtan S Y，Goncharuk V V，Chebotareva R D，et al. Production of sodium hypochlorite in an electrolyzed equipped with a ceramic membrane. Desalination，1999，126：77-82.
[50] 方贤达编著. 氯酸盐生产工艺. 北京：化学工业出版社，1988.
[51] 郭晴新. 我国氯酸盐行业生产现状及发展趋势. 无机盐工业，1998，30（2）：18-21.
[52] 孙洋洲，曹宏伟，葛艳丽. 氯酸盐概况及未来发展趋势分析. 无机盐工业，2007，39（7）：12-15.
[53] 林凤君. 氯酸盐生产及开发综述. 氯碱工业，2006，8：26-30.
[54] 袁斌. 电解氯酸盐制备纯二氧化氯的研究. 化学世界，1995，12：626-628.
[55] 马淳安，楼颖伟，赵峰鸣，褚有群，朱英红. 纳米 MnO_2 的制备及电化学性能研究. 中国有色金属学报，2004，14（10）：1736-1740.
[56] 乐毅. 电解二氧化锰产业的现状和未来. 中国锰业，2007，25（2）：8-10.
[57] 钱伟文. 我国电解二氧化锰工业的现状与展望. 电池工业，2002，7（3）：176-178.
[58] 陶长元，丁莉峰，刘作华等. 电解制高锰酸钾的研究进展. 中国锰业，2010，28（2）：1-5.
[59] 户少勇，王吉坤. 高锰酸钾工业生产工艺现状与发展. 矿冶，2010，19（2）：63-65.
[60] Carus P，Adolf H. Electrolytic production of potassium permanganate using a cationic membrane in an electrolytic cell. U. S. Patent，5，660，712，1997-8-26.
[61] Ma C A，Yu W G. An electrochemical device for oxygen production avoiding the generation of hydrogen. J. Applied. Electrochem，1996，26：881. 莫一平，褚有群，钱晓峰，马淳安. 低碱比 H_2O_2 的电化学合成. 浙江工业大学学报，2012，4：374-378.
[62] 胡长诚. 国内外过氧化氢制备与应用研发新进展. 化学推进剂与高分子材料，2011，9（1）：1-9.
[63] 汤月贞，候玲玲，张景利等. 电化学氟化技术及其应用. 化学推进剂与高分子材料，2011，9（2）：40-43.
[64] 马淳安. 空气阴极法制过氧化氢工作总结（内部资料）. 浙江工业大学，1990.
[65] 张文强，于波，陈靖等. 高温固体氧化物电解水制氢技术. 化学进展，2008，20（5）：778-787.
[66] Chun'an Ma，Jiangfeng Sheng，Nigel Brandon，Cheng Zhang，Guohua Li. Preparation of tungsten carbide-supported nano Platinum catalyst and its electrocatalytic activity for hydrogen. Int. J. of Hydrogen Energy，2007，32：2824-2829；盛江峰，马淳安，张诚，李国华. 碳化钨负载纳米铂催化剂的制备及其析氢催化性能研究. 物理化学学报，2007，23（1）：1-6；郑华均，王伟，黄建国，马淳安. 纳米晶碳化钨薄膜的析氢催化性能. 无机材料学报，2006，21（2）：481-487.
[67] 王璐，牟佳琪，侯建平等. 电解水制氢的电极选择性问题研究进展. 化工进展，2009，28：512-515.
[68] 何洪波，常明，陈爱平等. TiO_2 纳米管修饰镍电极及其光催化辅助电解水制氢性能研究. 无机化学学

报，2012. 28 (10)：2097-2102.
[69] 胡志华，刁宏伟，廖显伯等. 光伏电解水制备高纯氢气. 云南师范大学学报，2004，11：25-27.
[70] 刘建伟，沈啸，冯震等. 半导体光催化电解水制氢的研究与测试. 农业与技术，2012，32 (6)：175-177.
[71] 任鸿九，王立川编著. 有色金属提取冶金手册. 北京：冶金工业出版社，2000.
[72] 张明杰主编. 熔盐电化学原理与应用. 北京：化学工业出版社，2006.

第5章 有机电化学合成

有机电化学合成是一种通过电解槽中的阴、阳极反应直接或间接合成有机化合物的方法。其历史可追溯至 1830～1850 年期间法拉第（M. Faraday）与柯尔贝（H. Kolbe）对羧酸（盐）电氧化反应的研究。但迄今为止该类技术在有机合成工业上的应用仍屈指可数，这与无机电化学合成技术的大规模应用形成了鲜明的对比。究其原因，一方面可归因于有机电化学基础理论的普及率较低；另一方面也是受到其他更为成熟的有机合成技术的竞争有关。从反应原理角度来看，有机电化学合成反应与传统有机合成法相比具有以下优点：以电子取代传统有机合成反应中的氧化剂或还原剂，是一种绿色化学合成技术的重要组成部分；反应条件温和，通常在常温常压条件下进行；在很多场合反应具有选择性和特异性；能从外部控制反应路径或阶段。

随着环境污染问题的日益恶化，节能减排是实现化学工业可持续发展的关键，这为具有绿色化学特征的有机电化学合成技术的发展迎来契机。该技术受到了各国政府和企业的广泛关注，不断有新的有机电化学合成反应得到开发与应用。根据有机物发生反应性质的不同，有机电化学合成反应可分为有机电氧化合成和有机电还原合成两大类。本章首先对上述两类有机电合成反应的研究情况予以介绍，在此基础上，结合有机电合成技术的工业化应用实例来说明该技术在绿色有机合成领域中的良好应用前景。

5.1 有机电氧化合成[1]

在有机氧化反应中常用的氧化剂有高价金属氧化物、高价金属盐、硝酸等。反应过程中需消耗化学计量的氧化剂，存在生产成本高、三废污染严重等问题。从理论上讲，任何一种可采用化学试剂进行氧化的有机物，均能通过电解的方式在阳极实现氧化。只要阳极的电极电位比有机物的平衡电位更正，该有机物的电解氧化在热力学上即是可行的。有机物在阳极上的电解氧化反应可分为直接电解氧化和间接电解氧化。本节主要介绍直接电解氧化的一些内容。

5.1.1 电化学阳极卤化反应

有机卤化物是一类十分重要的有机合成中间体。传统的卤化工艺主要采用单质卤素、卤化氢、次卤酸等卤化剂，存在原料不易得到、操作条件差、生产成本高、副反应多、三废污染严重等缺点。而电化学方法无需使用有毒或危险的卤化试剂，具有原料易得、反应条件温和、副反应少、环境友好等优点。因此采用电化学方法来合成有机卤化物越来越受到人们的重视，研究和投入生产的品种也越来越多。根据反应中引入卤素的不同，卤化反应可分为氟化、氯化、溴化和碘化反应。鉴于电解氟化在有机氟化物合成中的重要地位，将在5.4中专门进行讨论。本节主要根据反应物的不同详细讨论其他几种卤化反应。

(1) 烯烃的电卤化

卤素对烯烃双键的加成反应，通常有离子型和游离基型两种。由于碘和烯烃的加成反应是一个可逆反应，存在收率低、产品稳定性差等问题，因此卤素与双键的加成反应研究以氯和溴较为普遍。

如以乙烯-盐酸溶液作为阳极液，同时加入少量$FeCl_3$，以石墨为阳极进行电解可以得二氯乙烷，电流效率高达95%，产品收率达97%，其反应式为：

$$CH_2 = CH_2 + HCl \longrightarrow ClCH_2CH_2Cl + 2H^+ + 2e^-$$

萜烯环氧化合物的合成通常有两种方法，一是卤素在水存在下生成的次卤酸，与萜分子中的双键反应生成卤醇化合物，再在碱液中脱去卤化氢得到环氧化合物。另一种是用过氧甲酸、过氧乙酸等环氧化剂来合成。但这两种方法都存在原料稳定性差、价格高、反应选择性差、收率低等问题。若改用电化学方法，在弱酸性条件下，用碱金属卤化物或卤化铵与链状萜烯化合物进行电解氧化，可以得到高选择性和高收率的萜烯环氧化合物或卤醇化合物。如将脱水橙花醇与溴化钠、乙腈、水组成电解液，以铂为电极，在20℃条件下电解可得到溴醇化合物，其收率高达88%[2]。反应式如下：

[反应式：脱水橙花醇 —NaBr→ 溴醇化合物（Br，HO，OH）]

以铂为阳极，对烯丙基进行电化学卤化可以合成β-内酰胺抗生素的中间体，产物收率达93%[3]，其反应式为：

[反应式：H_2O-CH_2Cl_2-NaCl (H_2SO_4)，Pt阳极；底物含 R^1、N、S、O、N、CO_2R^2，产物含 CH_2Cl]

(2) 芳烃的电卤化

饱和芳烃是非极性化合物，其氢原子活泼性低，故卤化反应需在高温气相条件下或紫外光照射下才能进行，而且由于饱和烃的氢原子数比较多，卤素的活性越大，反应的选择性越差，得到的产品多为混合物，分离十分困难，若采用电解卤化法，则选择性明显提高。例如甲苯电解氯化[4]，产物中对氯甲苯/邻氯甲苯比要比化学法高 2.2 倍左右。若用环糊精修饰过的石墨作阳极，以 NaCl 或 HCl 等水溶液作电解液，则可使氯甲苯的 p/o 比提高到 4 倍以上。甲苯阳极氯化的反应式如下：

$$\text{甲苯} \xrightarrow[\text{Pt阳极}]{CH_3CN\text{-}LiCl\text{-}Et_4NBF_4} \text{对氯甲苯} + \text{邻氯甲苯}$$

以 H_2O/CH_2Cl_2 乳化溶液为电解质，加入四丁基氯化铵为相转移催化剂，氯化锌和氯化钠为添加剂，对萘进行电解氯化，可得到收率大于 80%的 1-氯萘[2]。

$$\text{萘} \longrightarrow \text{1-氯萘}$$

先前，日本有一些公司采用电解卤化反应来合成一些土壤化学物质的中间体和药物中间体[5,6]，如：

$$\text{苯甲醚}(C_6H_5OCH_3) \xrightarrow[\text{Ti/RuO}_2\text{阳极}]{CH_3OH/LiCl} \text{2,4-二氯苯甲醚}$$

$$\text{4-R-苯甲醚} \xrightarrow[\text{Pt/C阳极}]{CH_3CN/LiCl\text{或}CH_3OH/LiCl} \text{4-R-2-氯苯甲醚}$$

(3) 胺的电卤化

日本 Dupont 公司以苯胺为原料，镀铂钛为阳极，经碘化反应来制备对苯二胺的中间体 4-碘苯胺[7]，反应的电流效率达 92%，产物中对碘苯胺和邻碘苯胺的比为 96∶4，4-碘苯胺进一步与 NH_3 反应可制得对苯二胺。其反应式为：

$$\text{苯胺} \longrightarrow \text{4-碘苯胺} + \text{2-碘苯胺}$$

以二苯胺为原料，Pt 为阳极，以溴化铵、乙腈、硫酸为电解液，二苯胺的转化率为 86.2%，主产物为 4-溴二苯胺，反应式如下：

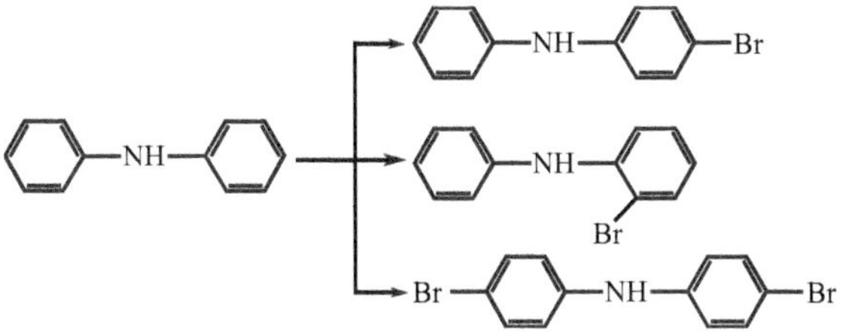

(4) 酚类的电卤化

对酚类化合物进行卤化时，传统的化学方法中一般用磺酰氯、溴、碘等为卤化剂，反应剧烈，选择性差，并有侧链或环氧化等缺点。若采用电合成法，以百里酚为原料，乙腈、四乙基溴化铵为电解液，以 Pt 电极为阴、阳极，在室温条件下可得 6-溴百里酚，收率高达 93%。反应式如下：

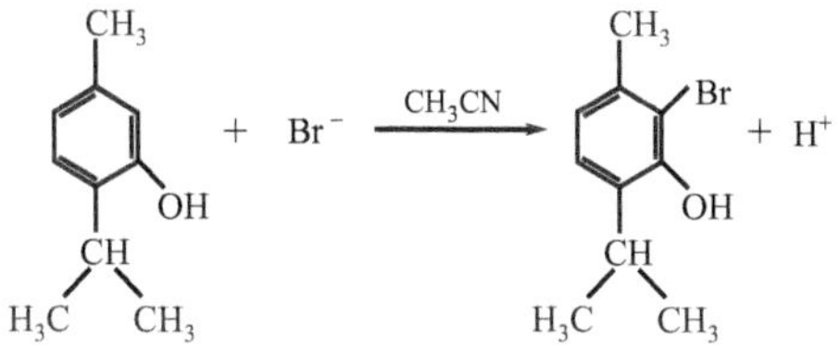

还有，若在碘化钾的碱性溶液中电解百里酚，可生成二百里酚二碘化物，这种产物可用作防腐剂：

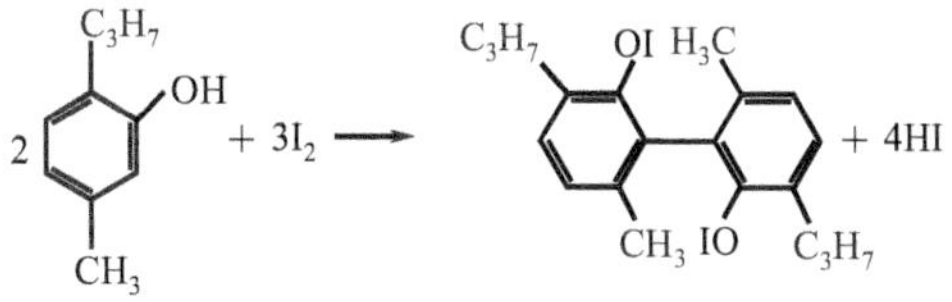

以对羟基苯腈为原料经阳极碘化反应可制备 4-羟基-3,5-二碘苯甲腈除草剂，反应产率可达 97%，其反应式如下：

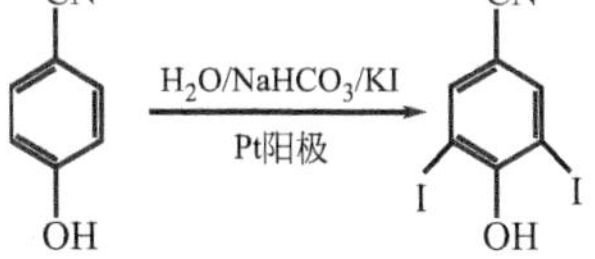

若以二氢荧光素为原料，铂或炭为阳极，在溴化钾水溶液中进行电解，可制得四溴荧光素，反应式为：

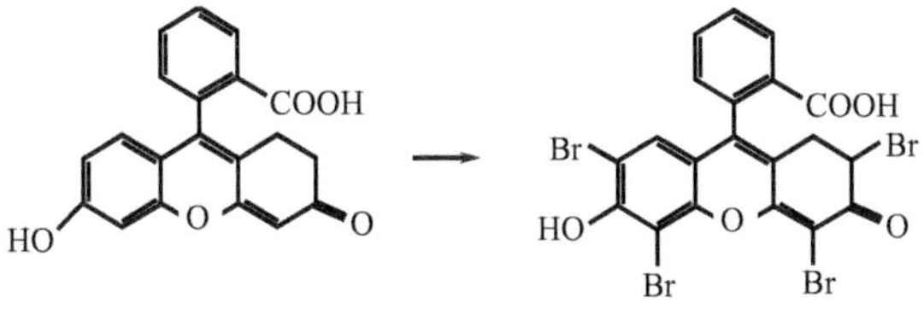

(5) 杂环化合物的电卤化

以靛蓝为原料，高浓度溴化物（51%氢溴酸）为电解液，用炭作阳极，在

20～25℃条件下进行阳极取代反应，可以得到收率很高的5,5′-二溴靛蓝，其反应式为：

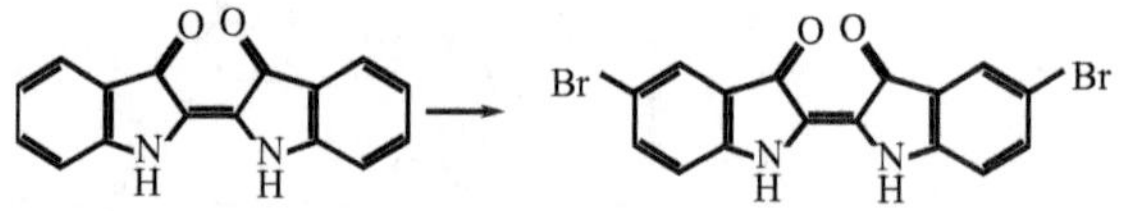

$$\text{靛蓝} \longrightarrow \text{5,5'-二溴靛蓝 (Br)}$$

在浓硫酸和氯化钠存在下，以 CH_2Cl_2 为氯化剂，苯甲基取代硫杂环庚酮的衍生物可以发生如下电卤化反应：

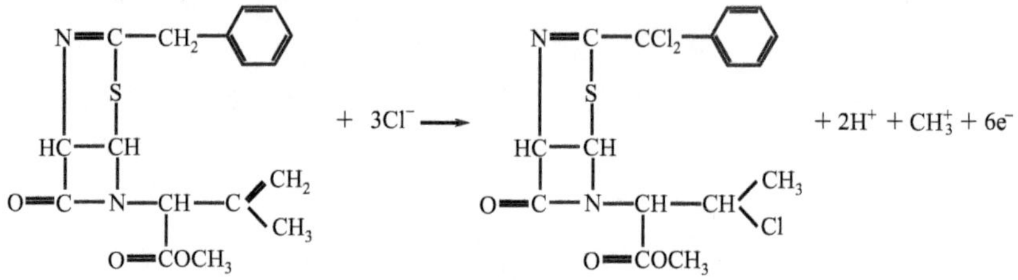

$$\text{(N=C-CH}_2\text{-Ph)} + 3Cl^- \longrightarrow \text{(N=C-CCl}_2\text{-Ph)} + 2H^+ + CH_3^+ + 6e^-$$

另外，如木质素阳极氯化时氯原子进入到侧链的2-位上，木质素主链无明显降解。

5.1.2 烯烃的阳极氧化反应

有水溶液体系中，烯烃在阳极上可发生直接氧化生成羰基化合物，如：

$$CH_3CH{=}CHCH_3 + H_2O \longrightarrow CH_3\overset{\overset{O}{\|}}{C}CH_2CH_3 + 2H^+ + 2e^-$$

但该类反应的产物随电解条件的不同而改变，如乙烯的氧化：

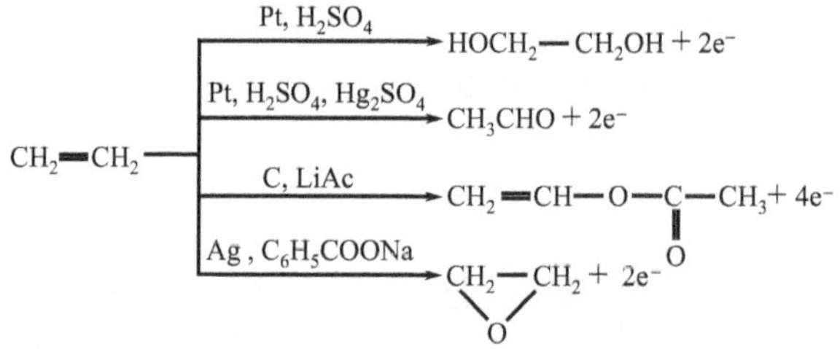

$$CH_2{=}CH_2 \xrightarrow{Pt,\ H_2SO_4} HOCH_2{-}CH_2OH + 2e^-$$

$$CH_2{=}CH_2 \xrightarrow{Pt,\ H_2SO_4,\ Hg_2SO_4} CH_3CHO + 2e^-$$

$$CH_2{=}CH_2 \xrightarrow{C,\ LiAc} CH_2{=}CH{-}O{-}\underset{\underset{O}{\|}}{C}{-}CH_3 + 4e^-$$

$$CH_2{=}CH_2 \xrightarrow{Ag,\ C_6H_5COONa} \underset{O}{CH_2{-}CH_2} + 2e^-$$

双键化合物在电氧化时除与水结合外，还可与其他化合物加成，如：

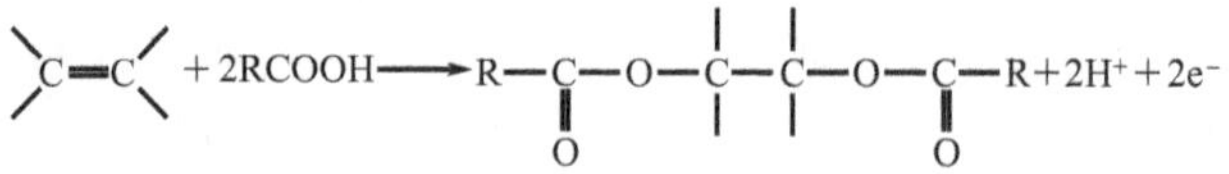

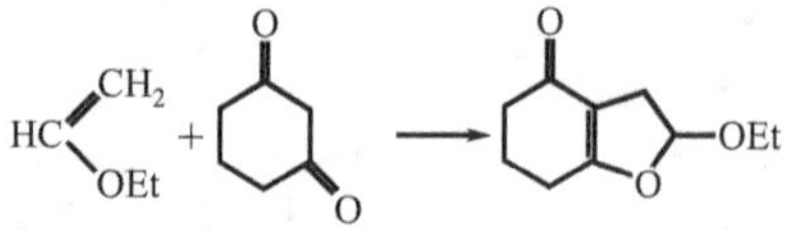

$$\rangle C{=}C\langle + 2RCOOH \longrightarrow R{-}\underset{\underset{O}{\|}}{C}{-}O{-}\overset{|}{\underset{|}{C}}{-}\overset{|}{\underset{|}{C}}{-}O{-}\underset{\underset{O}{\|}}{C}{-}R + 2H^+ + 2e^-$$

$$HC(=CH_2)OEt + \text{1,3-环己二酮} \longrightarrow \text{2-OEt 四氢苯并呋喃-4-酮}$$

5.1.3 芳香族化合物的阳极反应

芳香族化合物的阳极氧化反应有苯环上阳极氧化和侧链上阳极氧化。

苯在阳极上可以与水结合，发生电氧化反应：

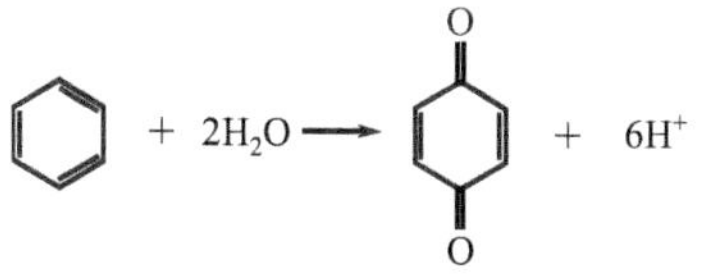

$$+\ 2H_2O \longrightarrow \quad + \ 6H^+$$

苯酚可与其他化合物如羧酸发生加成反应：

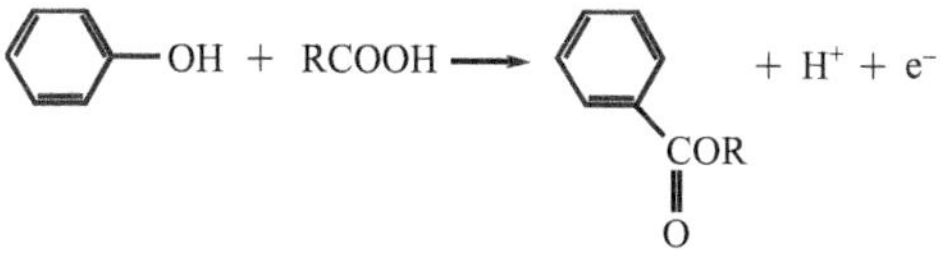

$$-OH + RCOOH \longrightarrow \quad -COR(=O) + H^+ + e^-$$

三甲基苯酚通过电解氧化可制备三甲基对苯醌：

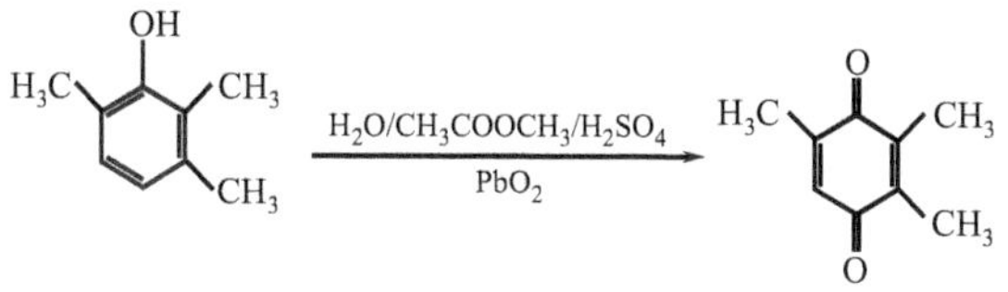

$$\xrightarrow[PbO_2]{H_2O/CH_3COOCH_3/H_2SO_4}$$

萘、蒽电解氧化可分别制得萘醌和蒽醌。

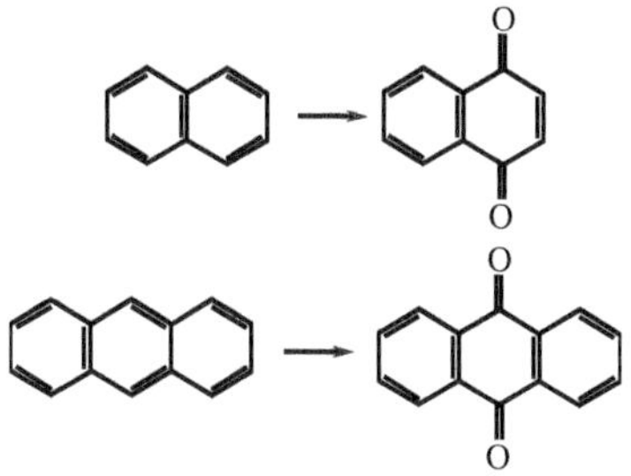

2-甲基萘醌和硝基萘醌分别是维生素 K 和染料的中间体，可分别通过 2-甲基萘和硝基萘电解氧化制得，但产率较低，若采用间接电合成法可以提高选择性和产率。

在苯环侧链上进行阳极氧化反应来合成相应的羰基化合物是有机电氧化反应的一个重要组成部分，也是有机电合成领域能够实现大规模生产的主要领域之一，以下按原料的类型予以介绍。

(1) 芳香烃的电氧化

苯环上的烃基可被氧化成羰基，因此许多芳香醛可用电氧化相应的芳香烃来合成，如甲苯电氧化为苯甲醛，对硝基甲苯被氧化为对硝基苯甲酸：

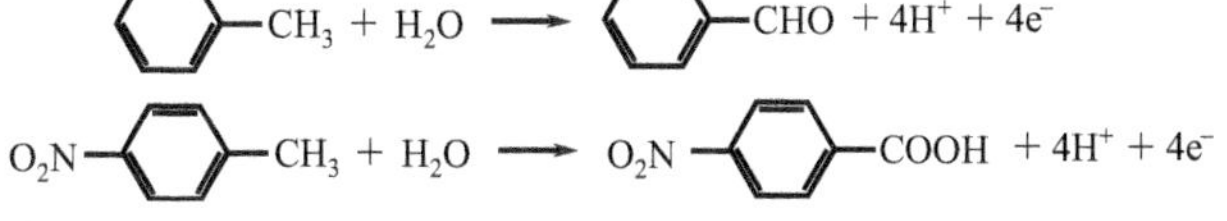

$$C_6H_5CH_3 + H_2O \longrightarrow C_6H_5CHO + 4H^+ + 4e^-$$

$$O_2N-C_6H_4-CH_3 + H_2O \longrightarrow O_2N-C_6H_4-COOH + 4H^+ + 4e^-$$

因此，芳烃侧链上的甲基被氧化的程度不仅与加在电极上的电位有关，还与苯环上其他的取代基团有关。

实际上，经常采用适当的媒质进行芳香烃的间接电氧化制取芳香醛，如用铈盐作媒质间接电氧化对甲基苯甲醚可以制取茴香醛。茴香醛是合成香料、医药等的中间体。

$$CH_3O-C_6H_4-CH_3 \longrightarrow CH_3O-C_6H_4-CHO$$

若以甲醇为电解液，C为阳极，对甲基苯甲醚苯环上的甲基经氧化可制得苯甲醛缩二甲醇，产率达85%。

$$CH_3O-C_6H_4-CH_3 \xrightarrow{CH_3OH/KF} CH_3O-C_6H_4-CH(OCH_3)_2$$

芳香族化合物侧链上的氧化反应的种类较多，主要的几个例子如下。

①

$$C_6H_5-O-C_6H_4-CH_3 \xrightarrow[\text{Pt阳极}]{HOAc/NaOAc} C_6H_5-O-C_6H_4-CH_2OAc$$

该产物为农用化学品的中间体。

②

$$AcO-C_6H_4-CH_3 \xrightarrow[\text{Pt阳极}]{HOAc/NaOAc/Cu(OAc)_2} AcO-C_6H_4-CH_2OAc$$

该产物为药物中间体。

③

$$CH_3-C_6H_4-COOCH_3 \xrightarrow[\text{Pt阳极}]{HOAc/Et_4NBF_4} AcOCH_2-C_6H_4-COOCH_3$$

该反应的转化率为48%，选择性为31%，产物主要用于合成特种聚酯的中间体。

④

$$\text{2,6-di-}t\text{-Bu-4-}CH_3\text{-}C_6H_2OH \xrightarrow[\text{Pt阳极}]{HOAc/Et_4NClO_4} \text{2,6-di-}t\text{-Bu-4-}CH_2OAc\text{-}C_6H_2OH$$

该产物为抗氧化剂的中间体。

(2) 羟基化合物的电氧化

部分伯醇经阳极电氧化可制得相应的羧酸，如电氧化苄醇可以制得苯甲酸：

$$C_6H_5CH_2OH \longrightarrow C_6H_5COOH$$

而在阳极上电氧化仲醇则能得到相应的酮，如二苯基甲醇在Pt阳极上氧化：

$$C_6H_5-CH(OH)-C_6H_5 \longrightarrow C_6H_5-C(=O)-C_6H_5$$

(3) 羰基化合物的电氧化

醛可以在阳极上电氧化生成羧酸，如对甲基苯甲醛电氧化制得对苯二甲酸：

$$CH_3-C_6H_4-CHO \longrightarrow HOOC-C_6H_4-COOH$$

通过著名的 Kolbe 反应，可以用较短链的羧酸盐溶液为原料制取长链烃，在阳极上羧酸盐氧化成自由基，失去 CO_2 后，再经过二聚反应就可以得到较长链的烃。反应过程如下：

$$2RCOO^- \xrightarrow{-2e^-} 2RCOO\cdot \xrightarrow{-CO_2} 2R\cdot \xrightarrow{\text{二聚}} R-R$$

其中 $RCOO^-$ 可以是脂肪酸也可以是芳香酸，如

$$C_6H_5-C_6H_4-CH_2COO^- \longrightarrow C_6H_5-C_6H_4-CH_2CH_2-C_6H_4-C_6H_5 + 2CO_2 + 2e^-$$

5.1.4 杂环化合物的氧化反应

杂环化合物的氧化反应主要指环上含 O、N 等杂原子的呋喃、噻吩、吡咯及其衍生物等的电氧化反应。

呋喃及其衍生物等含氧杂环化合物的电氧化反应主要指发生在 α 位上的甲氧基化反应。如以 C 为阳极，甲醇-溴化钠为电解液，呋喃经甲氧基化反应可以合成二甲氧基二氢呋喃，反应式如下：

$$\text{呋喃} \xrightarrow[\text{C阳极}]{CH_3OH/NaBr} \text{2,5-二甲氧基二氢呋喃}(H_3CO, OCH_3)$$

许多呋喃衍生物也能发生类似的甲氧基化反应，如：

$$\text{2-}CH_2Ar\text{呋喃} \xrightarrow[NH_4Br,NaClO_4]{MeOH} \text{MeO, (}CH_2Ar\text{)(OMe)二氢呋喃}$$

产物可用于制备食品、饲料的香味增强剂。

以 EtOH-$LiBF_4$-NaOEt 为电解液，可以合成杂螺环化合物[8]：

$$C_6H_{13}\text{-四氢吡喃-}(CH_2)_4OH \xrightarrow{Pt\text{-}Pt} C_6H_{13}\text{-螺环缩酮}$$

吡啶及其衍生物等含氮杂环化合物的电氧化反应包括吡啶环上取代基如甲基等的氧化和环的分解反应。如 2-甲基吡啶经电化学氧化反应可制备吡啶甲酸，其合成反应式为：

$$\text{2-}CH_3\text{吡啶} \xrightarrow[PbO_2\text{阳极}]{H_2O/H_2SO_4} \text{2-COOH吡啶}$$

该反应的收率为 80%，电流效率 67%，Reily 公司采用分隔式电解槽已实现了工业化生产。

吡啶在铂电极上和硫酸水溶液中进行电氧化反应时，首先生成 2-吡啶基吡啶硫酸盐中间体，然后进一步转化为戊烯二醛，其反应式如下：

$$\text{吡啶} \longrightarrow \text{2-吡啶基吡啶}\ HSO_3^- \longrightarrow HC\!\begin{cases} =HC-CHO \\ -H_2C-CHO \end{cases}$$

该反应若使用二氧化铅阳极，则发生完全分解反应，产物为甲醛、甲酸、甲胺、氨、一氧化碳和二氧化碳等混合物。因此，电极是影响反应选择性的一个重要因素。

5.1.5 羰基化合物的氧化反应

Kolbe 反应是大家熟知的既古老又经典的著名反应，可以把较短链的羧酸盐化合物电解制备成长链烃，这是烃类化合物电合成中最重要的反应之一，在有机电合成领域中具有广阔的应用前景。

Kolbe 反应在不同电解条件下脱羧可生成两种活性中间体，即自由基 R・和碳正离子 R^+，这两种活性中间体活性很高，可以与不同物质反应，从而生成多种不同的产物，如图 5.1 所示：

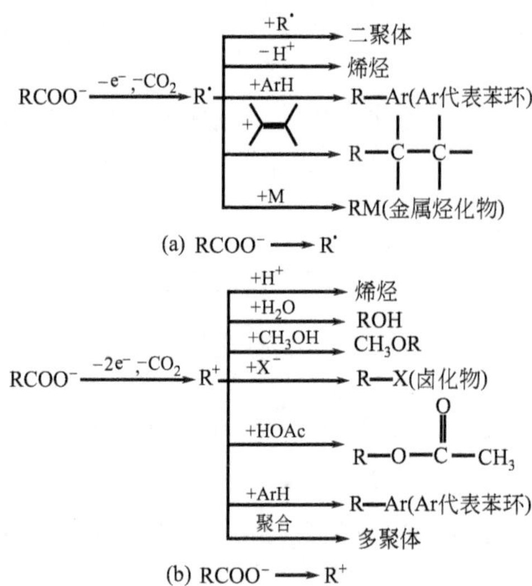

图 5.1 Kolbe 反应电解过程的可能途径

当有两种不同的羧酸盐同时在阳极上进行电氧化反应时，则可以生成三种不同的 Kolbe 二聚产物：

$$RCOO^- + R'COO^- \longrightarrow R-R + R'-R' + R'-R + CO_2$$

例如，

$$\underset{A}{\begin{matrix}COOCH_3\\|\\(CH_2)_7\\|\\COOH\end{matrix}} + \underset{B}{\begin{matrix}COOCH_3\\|\\(CH_2)_4\\|\\COOH\end{matrix}} \xrightarrow[\text{Pt阳极}]{CH_3OH/KOH(H_2O)} \underset{A\text{-}A}{\begin{matrix}COOCH_3\\|\\(CH_2)_{14}\\|\\COOCH_3\end{matrix}} + \underset{A\text{-}B}{\begin{matrix}COOCH_3\\|\\(CH_2)_{11}\\|\\COOCH_3\end{matrix}} + \underset{B\text{-}B}{\begin{matrix}COOCH_3\\|\\(CH_2)_8\\|\\COOCH_3\end{matrix}} + CO_2$$

另外，Kolbe 反应还可以用来合成氟烷烃、二醇和二酰胺等，例如：

$$2CF_3COOH \xrightarrow[\text{Pt阳极}]{CH_3OH/H_2O/DMF/NaOCH_3} F_3C-CF_3$$

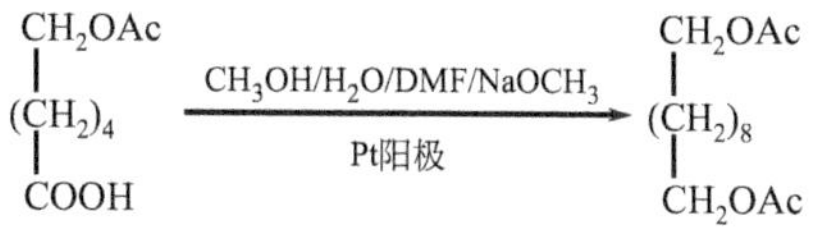

$$AcOCH_2-(CH_2)_4-COOH \xrightarrow[\text{Pt阳极}]{CH_3OH/H_2O/DMF/NaOCH_3} AcOCH_2-(CH_2)_8-CH_2OAc$$

5.1.6 醇和脂肪族醚的阳极氧化反应

(1) 醇的阳极氧化反应

醇经阳极电氧化反应后可生成酮或酸。如仲醇电氧化合成酮类化合物，一个较有意义的例子是 1,4,3,6-二脱水己糖醇的电氧化反应，其反应式如下：

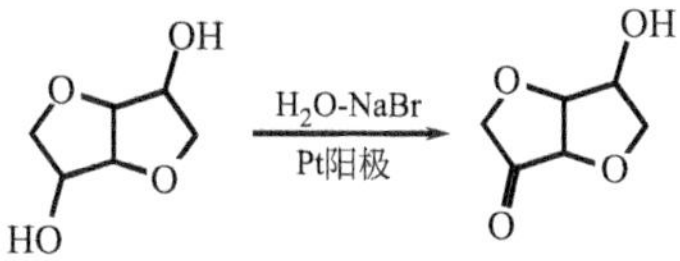

$$\xrightarrow[\text{Pt阳极}]{H_2O\text{-}NaBr}$$

该反应属内羟基选择性电氧化反应，其电流效率为 50%，单羟基氧化反应选择性为 80%。

以二丙酮-L-山梨糖为原料，采用氧化镍阳极，经电氧化反应可合成二丙酮-2-酮古洛糖酸[9]，其电氧化反应式为：

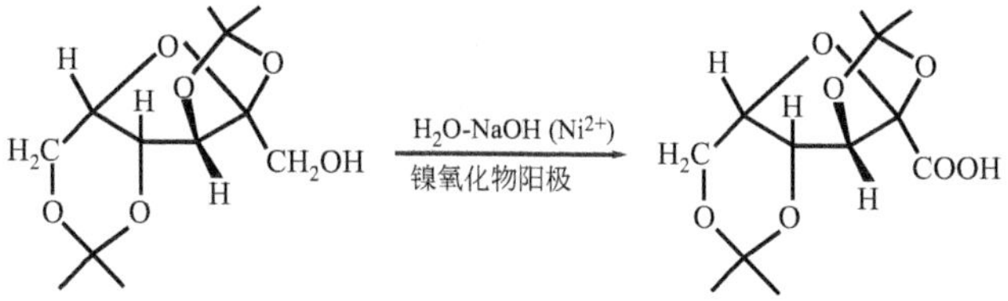

$$\xrightarrow[\text{镍氧化物阳极}]{H_2O\text{-}NaOH\ (Ni^{2+})}$$

该反应转化率为 90%以上，电流效率为 70%，产物收率达 93%。该产物是合成维生素 C 的中间体，在 Rohe 公司已实现了工业化生产。

(2) 脂肪族醚的阳极氧化反应

脂肪族醚类化合物的电氧化反应一般以玻璃碳作阳极，如：

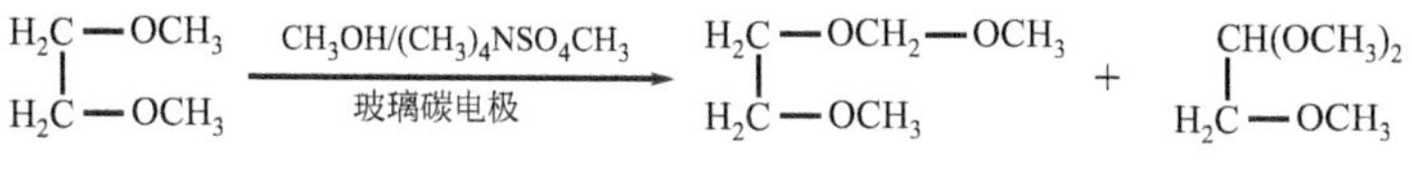

$$\begin{matrix} H_2C-OCH_3 \\ | \\ H_2C-OCH_3 \end{matrix} \xrightarrow[\text{玻璃碳电极}]{CH_3OH/(CH_3)_4NSO_4CH_3} \begin{matrix} H_2C-OCH_2-OCH_3 \\ | \\ H_2C-OCH_3 \end{matrix} + \begin{matrix} CH(OCH_3)_2 \\ | \\ H_2C-OCH_3 \end{matrix}$$

5.1.7 含硫化合物的氧化反应

有机含硫化合物的电氧化反应，大多处于实验室研究阶段。

二硫化四甲基秋兰姆（TMTD）是橡胶促进剂、硫化剂，也可作为杀虫剂、杀菌剂和分析试剂。其化学合成法常用二甲胺、二硫化碳和氢氧化钠为原料，先缩合成二甲基二硫化氨基酸钠（TMND），然后在亚硝酸钠和硫酸生成的 NO 存在下，TMND 被氧化成 TMTD。这种方法成本高，生产条件恶劣，环境污染严重，因此合成该类产品采用电化学方法更为合适。

电合成法以 TMND 为原料，在阳极上电氧化成产物 TMTD[10]，反应式如下：

$$(H_3C)_2N-\overset{\overset{\displaystyle S}{\|}}{C}-SNa \xrightarrow[\text{Pt阳极}]{H_2O/NaOH} (H_3C)_2N-\overset{\overset{\displaystyle S}{\|}}{C}-S-S-\overset{\overset{\displaystyle S}{\|}}{C}-N(CH_3)_2$$

5.1.8 阳极氧化反应的工业应用实例

葡萄糖酸钙广泛用于食品、医药及水处理等领域。它可由葡萄糖发酵生成葡萄糖酸，再加碳酸钙中和而成，也可将葡萄糖催化氧化生成葡萄糖酸，再加碳酸钙中和而成。以上二法能耗大，设备较复杂，成本较高。用葡萄糖直接电氧化或通过媒质间接电氧化制葡萄糖酸具有能耗低、基本上无污染的优点，并可达到绿色清洁生产的目的。

在电催化剂存在下，葡萄糖在阳极上可直接电氧化成葡萄糖酸。

$$\text{CHO}(\text{H-C-OH})(\text{HO-C-H})(\text{H-C-OH})(\text{H-C-OH})CH_2OH + H_2O \xrightarrow{\text{催化剂}} \text{COOH}(\text{H-C-OH})(\text{HO-C-H})(\text{H-C-OH})(\text{H-C-OH})CH_2OH + 2H^+ + 2e^-$$

葡萄糖　　　　葡萄糖酸

葡萄糖酸与碳酸钙反应生成葡萄糖酸钙。

$$2\,\text{COOH}(\text{H-C-OH})(\text{HO-C-H})(\text{H-C-OH})(\text{H-C-OH})CH_2OH + CaCO_3 \longrightarrow Ca\left[\text{COO}(\text{H-C-OH})(\text{HO-C-H})(\text{H-C-OH})(\text{H-C-OH})CH_2OH\right]_2 + CO_2 + H_2O$$

葡萄糖酸　　　　葡萄糖酸钙

葡萄糖酸钙的电合成在隔膜槽中进行，隔膜采用离子交换膜。电极为石墨电极。阳极液由葡萄糖、催化剂、硫酸及水配成；阴极液是 10% 的硫酸溶液。阳极液通过输液泵循环流动，并随电解进行，分批加入碳酸钙，以生成产品葡萄糖酸钙。35℃下，控制电流密度 $350A/m^2$，电解约 3.5h，电流效率可达 70%。

以葡萄糖为原料，溴化钠作催化剂，经间接电氧化反应也可制得葡萄糖酸钙，其反应式如下：

$$2\left[\text{CHO}(\text{H-C-OH})(\text{HO-C-H})(\text{H-C-OH})(\text{H-C-OH})CH_2OH\right] \xrightarrow{-4e^- -4H^+, CaCO_3} \left[\text{COO}^-(\text{H-C-OH})(\text{HO-C-H})(\text{H-C-OH})(\text{H-C-OH})CH_2OH\right]_2 Ca^{2+}$$

（媒质循环：$Br^- \rightleftarrows BrO^-$，阳极，$e^-$）

该反应在电氧化过程中溴离子首先在阳极表面失去电子生成溴分子，然而在水溶液中生成次溴酸，后者与葡萄糖作用生成葡萄糖-δ-内酯中间体，在水溶液中与葡萄糖酸处于平衡。由于溶液中加有 $CaCO_3$，故与葡萄糖酸作用可生成葡萄糖酸钙，同样，若溶液中加入 Na_2CO_3、KOH、MgO、CuO、$MnCO_3$、$FeCO_3$ 等物质，则可生成相应的葡萄糖酸盐。另外，若仍以葡萄糖作原料，采用无隔膜电解槽，则可进行成对电解合成，在控制的条件下，阳极产物为葡萄糖酸盐，阴极产物为山梨糖醇。

5.2 有机电还原合成

随着有机电合成的不断发展，电解还原受到广泛重视。目前我国利用电解还原技术生产或在中试的产品已有多种，如 L-胱氨酸盐酸盐、丁二酸、乙醛酸、对氨基苯酚等[11]。阴极还原电合成和阳极氧化电合成是有机电化学合成的两大组成部分。从有机物官能团来分类，阳极电还原有双键的电还原、硝基还原、羟基还原、羧基还原、偶氮还原、亚胺基还原、腈基还原、磺酰基还原等。本节主要从反应原料的种类进行介绍。

5.2.1 不饱和烃的阴极还原反应

烯烃或炔烃可在阳极上电还原得到烷烃或烯烃。如丙烯在铂阴极上电还原为丙烷：

$$CH_3CH{=}CH_2 + 2H^+ + 2e^- \longrightarrow CH_3CH_2CH_3$$

环已烯在铂阴极上可以电还原为环已烷：

$$\text{环己烯} + 2H^+ + 2e^- \longrightarrow \text{环己烷}$$

炔烃电还原可以生成烯烃，若进一步电还原，则可得到烷烃。如 1-苯基-1-庚炔的电还原：

$$C_6H_5C{\equiv}C(CH_2)_4CH_3 \xrightarrow{+2H^+ +2e^-} C_6H_5CH{=}CH(CH_2)_4CH_3 \xrightarrow{+2H^+ +2e^-} C_6H_5(CH_2)_6CH_3$$

苯在 3mol/L 高氯酸介质中，在铂、钌电极上可以电还原成环已烷：

$$\text{苯} + 6H^+ + 6e^- \longrightarrow \text{环己烷}$$

5.2.2 芳香族化合物的阴极还原

芳香族化合物经电化学还原可生成相应的 1,4-二氢化合物，如苯经电化学还原可生成 1,4-环已二烯产物，但电解液不同时，其转化率、选择性和电流效率等都不一样[12]。

许多苯的取代衍生物也能发生类似反应，如邻苯二甲酸经电化学还原反应可制得 1,2-二氢苯二甲酸[13]：

$$\text{邻苯二甲酸} \xrightarrow[\text{Pb阴极}]{\text{二噁烷}/H_2O/H_2SO_4} \text{1,2-二氢苯二甲酸}$$

BASF 公司采用此方法实现了 1,2-二氢苯二甲酸电合成的工业化生产。在上述反应条件下，取代苯二甲酸也可进行电还原反应。

芳香族硝基化合物经电解还原，硝基可以直接还原为氨基，有些硝基化合物经 Bamberger 重排后可直接还原为氨基酚类化合物[14,15]：

$$\text{3,4-二氯硝基苯} \longrightarrow \text{3,4-二氯苯胺}$$

$$\text{硝基苯} \longrightarrow \text{对氨基苯酚}$$

萘及其取代衍生物也能在阴极上发生还原[16,17]，其反应式为：

$$\text{萘} \xrightarrow[\text{Hg阴极}]{\text{二甘醇二甲醚}/H_2O/Bu_4NBr} \text{1,4-二氢萘}$$

若控制合适的电解条件，也可使萘中的双环还原[18]：

$$\text{萘} \xrightarrow[\text{C阴极}]{\text{二亚乙基二胺}/CH_3OH/LiCl} \text{六氢萘}$$

阴极还原法还可以选择性地去除芳香族卤化物中的一个卤原子，如抗甲状腺药物的电合成反应[19]：

$$\text{HO-}C_6H_2I_2\text{-O-}C_6H_2I_2\text{-}CH_2\text{-}CH(NH_2)\text{-COOH} \xrightarrow[\text{Hg阴极}]{H_2O/Me_4NOH} \text{HO-}C_6H_2I_2\text{-O-}C_6H_3I\text{-}CH_2\text{-}CH(NH_2)\text{-COOH}$$

5.2.3 杂环化合物的阴极还原

从工业应用角度出发，以 *N*-取代吡啶鎓盐的电合成方法来制取联吡啶类化合物，是此领域中重要的反应之一，其产物可用作除草剂[20]：

$$\text{N-甲基吡啶鎓} \xrightarrow[\text{Pb阴极}]{H_2O/\text{助溶剂}} \text{1,1'-二甲基-四氢联吡啶} \xrightarrow{\text{空气}} \text{1,1'-二甲基-4,4'-联吡啶鎓}$$

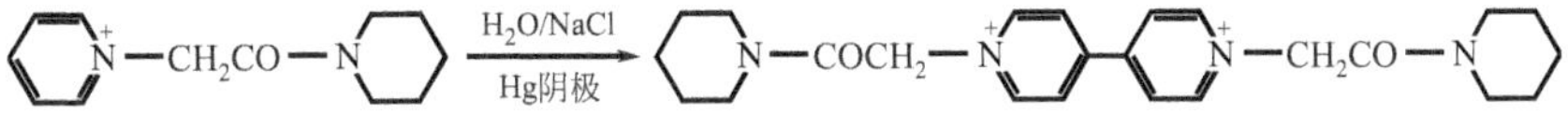

吲哚衍生物和四氢咔唑的电化学还原反应已实现了工业化生产，合成产物可用作染料中间体[21,22]，其反应式为：

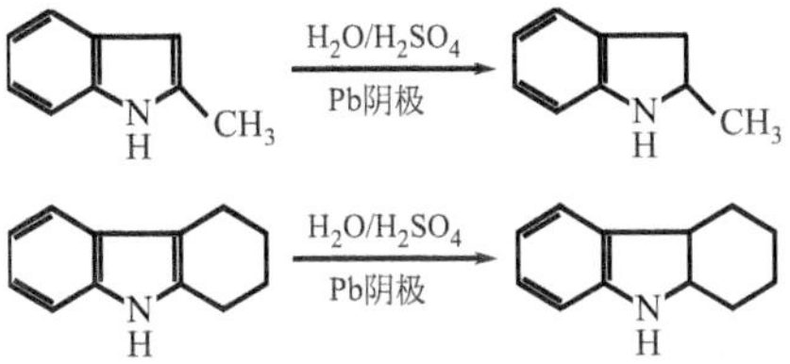

在非质子电解液中，二氮杂环化合物经电化学还原可使其中的氮原子发生羧酸化反应[23]：

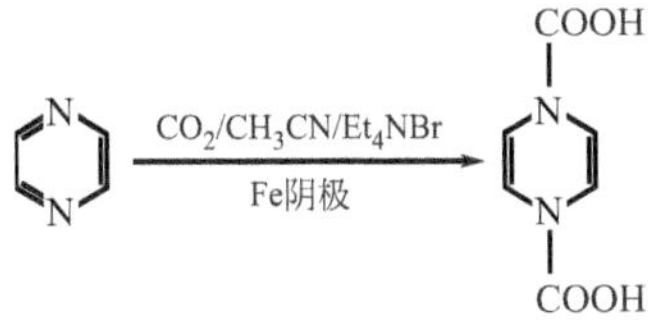

噁唑酮类化合物的电化学还原反应可用来合成取代苯丙氨酸[24]：

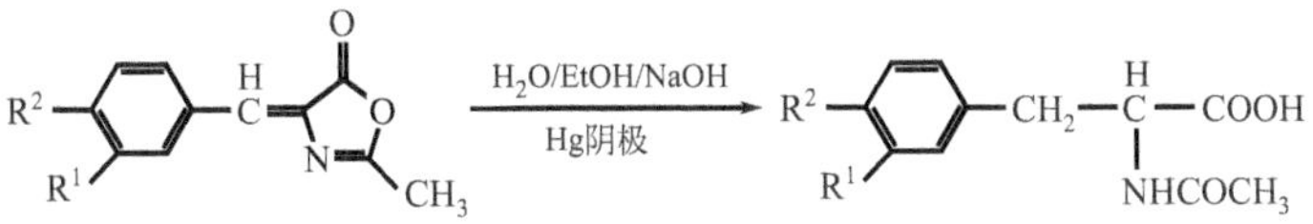

另外，阴极电还原法也可以选择性地去除卤代杂环化合物中的一个卤原子[25~27]，如：

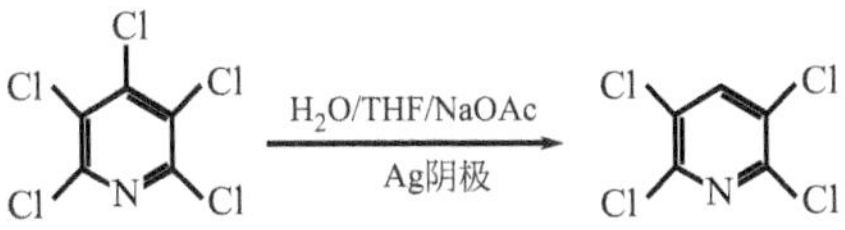

5.2.4 羰基化合物及其衍生物的阴极还原反应

羰基可以电还原为羟基，因此醛或酮可以在阴极上还原成醇，如丙烯醛在不同条件下电还原可以生成不同的醇。

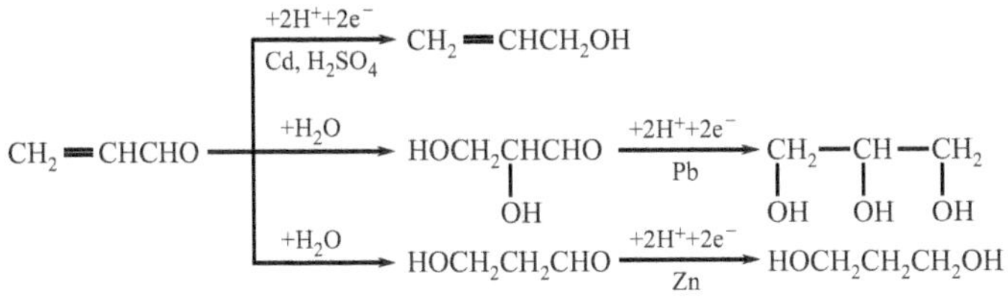

$$CH_2{=}CHCHO \xrightarrow[Cd,\ H_2SO_4]{+2H^++2e^-} CH_2{=}CHCH_2OH$$

$$CH_2{=}CHCHO \xrightarrow{+H_2O} HOCH_2CH(OH)CHO \xrightarrow[Pb]{+2H^++2e^-} CH_2(OH)CH(OH)CH_2(OH)$$

$$CH_2{=}CHCHO \xrightarrow{+H_2O} HOCH_2CH_2CHO \xrightarrow[Zn]{+2H^++2e^-} HOCH_2CH_2CH_2OH$$

糠醛电还原为糠醇是一个非常有用的反应：

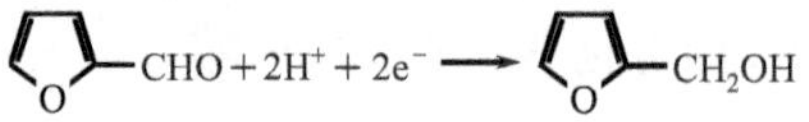

$$\text{(furan)}\!-\!CHO + 2H^+ + 2e^- \longrightarrow \text{(furan)}\!-\!CH_2OH$$

芳香酮也可以电还原为相应的醇，如：

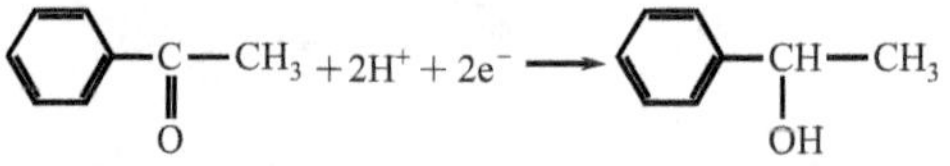

$$C_6H_5\!-\!\underset{\substack{\|\\O}}{C}\!-\!CH_3 + 2H^+ + 2e^- \longrightarrow C_6H_5\!-\!\underset{\substack{|\\OH}}{CH}\!-\!CH_3$$

值得注意的是，酮在酸性太强的电解液中电还原，则有可能深度还原为烃，在碱性条件下则可能电还原为频哪醇。

在酸性条件下，羧酸或酯中的羧基可被电还原成羟基，所以羧酸或酯类也可以电还原成醇。如草酸在适当条件下可电还原为乙醇酸：

$$\begin{matrix}COOH\\|\\COOH\end{matrix} + 4H^+ + 4e^- \longrightarrow \begin{matrix}CH_2OH\\|\\COOH\end{matrix}$$

苯甲酸甲酯电还原可得到苄醇：

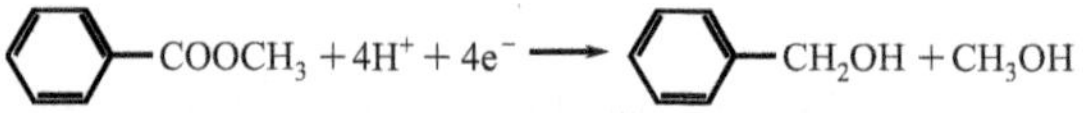

$$C_6H_5\!-\!COOCH_3 + 4H^+ + 4e^- \longrightarrow C_6H_5\!-\!CH_2OH + CH_3OH$$

含羧基化合物在阴极上还可以还原成醛，如水杨酸在汞阴极上可以电还原成水杨醛：

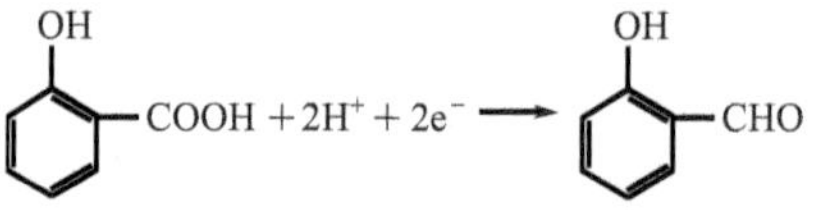

$$o\text{-}HO\!-\!C_6H_4\!-\!COOH + 2H^+ + 2e^- \longrightarrow o\text{-}HO\!-\!C_6H_4\!-\!CHO$$

5.2.5 含氮化合物的阴极还原反应

含氮化合物经阴极电还原反应后可以生成相应的羟胺或胺类化合物，胺类化合物是农药、医药、染料等化工产品的中间体。这类化合物可通过还原含硝基、亚硝基或腈基的化合物而获得。

(1) 硝基化合物的电还原

硝基比较容易还原，并可以衍生出多种产物。含硝基的烃在碱性介质中，硝基生成带负电的阴离子，阻碍还原。在酸性介质中，在汞或铅等氢超电位高的阴极上还原生成胺，而在氢超电位较低的阴极上主要生成物为羟胺。另外，硝基电还原的程度与温度有一定的关系，如在室温下，2-硝基丙烷在汞阴极上电还原成 2-羟胺丙烷，而在较高温度下，还原产物主要是 2-氨基丙烷。

人们对芳香族硝基化合物的电还原反应已进行了广泛的研究，在电还原硝基时，通常不影响苯环上其他可被还原的基团[28～30]。对芳香族硝基化合物所能发生的反应如下图所示：

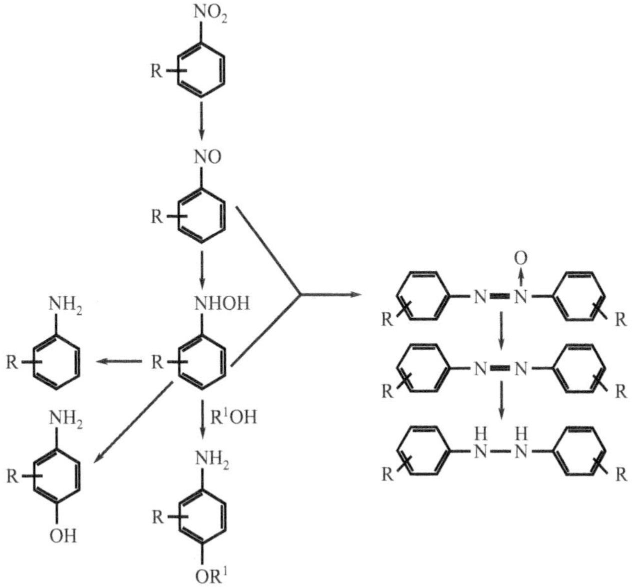

(2) 亚硝基化合物的电还原

含有亚硝基的化合物在阴极上可以电还原成胺类，如对亚硝基苯酚在 Pt 或 Cu 阴极上可被电还原成对氨基苯酚：

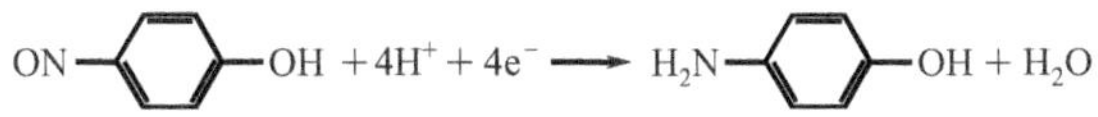

$$ON-C_6H_4-OH + 4H^+ + 4e^- \longrightarrow H_2N-C_6H_4-OH + H_2O$$

亚硝基吡唑啉酮类化合物通过电还原可制得氨基吡唑啉酮类化合物[31]：

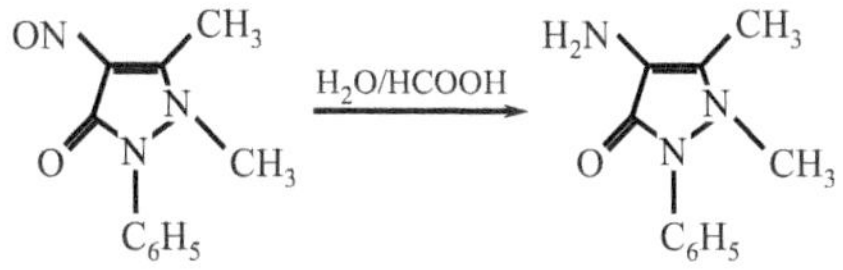

如果亚硝基接在一个氮原子上，电还原后可以得到肼：

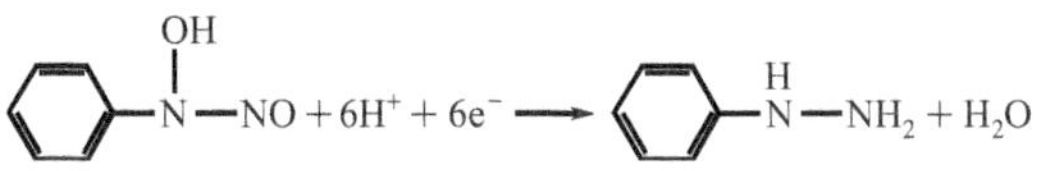

$$C_6H_5-N(OH)-NO + 6H^+ + 6e^- \longrightarrow C_6H_5-NH-NH_2 + H_2O$$

(3) 氰基化合物的电还原

氰基化合物在酸性溶液中可被还原成胺，如已二腈在 Ni、Pb、Pt 等阴极上可电还原为已二胺。芳香族腈也可以顺利地进行电还原，在水溶液中可以得到收率较高的胺，如苯腈的电还原：

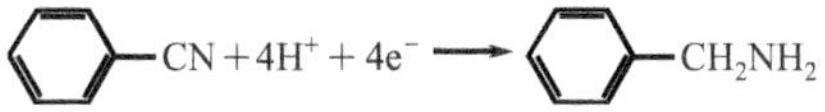

$$C_6H_5-CN + 4H^+ + 4e^- \longrightarrow C_6H_5-CH_2NH_2$$

氰基的叁键在电还原时，羰基、双键等基团不受影响。但当反应物分子中同时含有硝基和氰基时，两者均被还原成氨基。如维生素 B_6 成分中的硝基吡啶衍生物在钯阴极上可电还原生成氨基吡啶衍生物：

$$\text{NC}(\text{Cl})\text{-pyridine}(\text{CH}_2\text{OCH}_3)(\text{NO}_2)(\text{CH}_3) + 10H^+ + 10e^- \longrightarrow \text{H}_2\text{NCH}_2(\text{Cl})\text{-pyridine}(\text{CH}_2\text{OCH}_3)(\text{NH}_2)(\text{CH}_3) + 2H_2O$$

对于杂环腈的还原反应，电化学法则具有与催化法竞争的优势。Reilly 公司已采用电还原法将相应的腈合成为氨甲基吡啶[32]，其反应式为：

$$\text{3-氰基吡啶} \xrightarrow[\text{Pb阴极}]{H_2O/H_2SO_4[Fe_2(SO_4)_3]} \text{3-}(CH_2NH_2)\text{吡啶}$$

(4) 偶氮化合物的还原

偶氮化合物中的 N—N 键可以用电化学还原的方法使之断裂，从而生成胺。这一反应可在芳香族化合物中引入氨基[33,34]，例如：

$$H_2N\text{—C}_6H_4\text{—N=N—C}_6H_5 \longrightarrow H_2N\text{—C}_6H_5 + H_2N\text{—C}_6H_4\text{—}NH_2$$

另外，这种方法也可以用来合成嘌呤[35]：

$$\text{5-(苯偶氮基)-4-氨基嘧啶}(R^1, R^2) \xrightarrow[\text{Pb阴极}]{H_2O/HCOOH} \text{嘌呤}(R^1, R^2)$$

5.2.6 阴极还原电合成工业应用实例[36～44]

对氨基苯酚（PAP）是一种重要的有机化工原料及中间体，广泛应用于医药、染料、橡胶及摄影等领域。目前，我国生产 PAP 的方法多以对硝基氯苯为原料，经液碱加压水解生成对硝基苯酚钠盐，再经无机酸酸化和还原等反应步骤制得对氨基苯酚。反应过程可表示如下：

$$\text{对硝基氯苯} \xrightarrow{\text{水解}} \text{对硝基苯酚钠}(ONa) \xrightarrow{\text{酸化}} \text{对硝基苯酚}(OH) \xrightarrow{\text{还原}} \text{对氨基苯酚}(NH_2, OH)$$

由于该法原料成本高，生产流程长，环境污染严重，产品含铁量高，故难以适应现代化生产的要求。近年来，法国、印度、日本、英国和美国等国都在努力研究和开发硝基苯电解制备对氨基苯酚的新方法。我国也已取得小试、工业模试、中试和工业化试验的成果，目前正在推广应用。该方法以硝基苯为原料，采用二氧化铅、Ir/Ti 等材料作阳极，汞齐化铜为阴极，通过阴极还原一步合成对氨基苯酚，其电化学反应式为：

阴极反应

$$C_6H_5NO_2 + 4H^+ + 4e^- \longrightarrow H_2N\text{—}C_6H_4\text{—}OH + H_2O$$

阳极反应

$$2H_2O \longrightarrow 4H^+ + O_2 + 4e^-$$

由于电解法合成对氨基苯酚具有原料成本低、生产过程短、产品纯度高及“三废”污染少等优点，与常规合成法相比，电解法合成对氨基苯酚具有很强的竞争能力。本书作者在浙江省科技厅的资助下，自1989年开始先后完成了PAP小试、工业模试和工业化开发等研究，并分别通过了省级技术鉴定。现将工业化研究的一些结果予以简述。

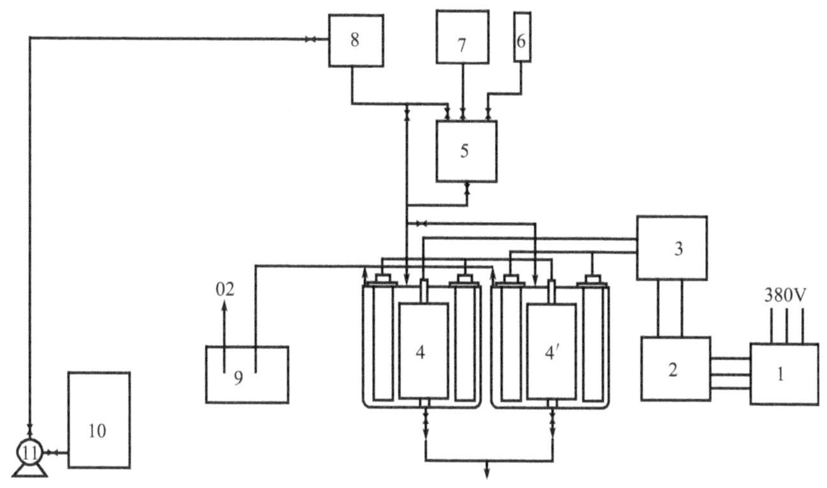

图 5.2 PAP电解工艺流程示意图

1—380V/24V变压器；2—4000A/24V硅整流器；3—电解控制柜；4,4′—1000L电解槽；5—乳液配料槽；6—硝基苯计量槽；7—助剂计量槽；8—25%硫酸计量槽；9—水吸收槽；10—硫酸配料槽；11—耐酸循环泵

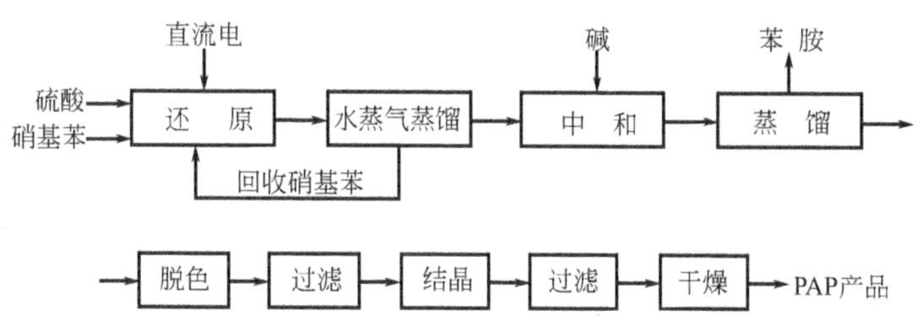

图 5.3 PAP电解和分离工艺流程示意图

电解过程采用1000L阴极转动分隔式电解槽，以工业硝基苯为原料，用Ir/Ti或铅合金作阳极材料，汞齐化铜作阴极材料，阳极液为25%硫酸，阴极液由25%硫酸水溶液、硝基苯及表面活性剂等组成。反应过程中控制反应温度90℃，电解电流3000A，阴极转速900r/min，阴极电流密度500～600A/m^2，阳极电流密度1000～1500A/m^2，电解工艺流程如图5.2所示。PAP整个合成工艺流程见图5.3。在电解过程中首先将配制好的阴极液和阳极液按计量分别加入阴极室和阳极室，升

温至反应温度，开启转动阴极，并调节好转速，待体系稳定，打开电源开关，通电电解，然后视阴极电位的变化，控制反应终点。待反应结束，将反应液进行中和、水蒸气蒸馏、脱色、过滤、干燥等分离过程，即得 PAP 产品。

在上述控制条件下，硝基苯的转化率为 91%，PAP 的收率在 70%左右，产品含量 97%以上，直流电单耗 7350kW·h/t PAP。

5.3 间接电化学合成

5.3.1 间接电化学合成基本原理

间接电合成法是通过一种传递电子的媒介与有机化合物反应，生成目的产物。这种“媒质”能在电极表面上首先被氧化或还原，然后再与有机化合物（或基质）进行化学反应获得产物。经产物分离后，“媒质”在原电解槽中又通过阳极或阴极再生，重新参与下一次的化学反应，如此循环使用。因此，间接电合成法与直接有机电合成相比，具有副产物少，电极不易污染，操作易控制等优点。

“媒质”又称介体或电对，是间接有机电合成过程中必不可缺的一种物质，它在电化学反应体系中主要充当具有催化作用的“电子载体”角色。

根据“媒质”的极性不同，间接有机电合成可分为间接电氧化合成和间接电还原合成。间接电氧化合成是“媒质”的还原态与电极进行异相的电子交换转变成氧化态，然后与有机反应物（基质）进行电子交换，并氧化成产物；间接电还原合成则将媒质的氧化态与电极进行异相电子交换首先转变成相应的还原态，然后与有机反应物（基质）进行电子交换，并将有机反应物还原成产物。其反应原理如下式所示：

间接电氧化合成：

$$A \longrightarrow A^{n+} + ne^-$$

$$R + A^{n+} \longrightarrow A + P$$

（生成的 A 返回第一步循环使用）

间接电还原合成：

$$B + ne^- \longrightarrow B^{n-}$$

$$R + B^{n-} \longrightarrow B + P$$

（生成的 B 返回第一步循环使用）

其中，A/A^{n+}、B^{n-}/B 为“媒质”的氧化还原电对，R 为有机反应物或基质，P 为产物。

间接有机电合成的基本原理也可用图 5.4 予以描述。

由上述原理可知，间接有机电合成的关键问题之一在于“媒质”的选择。一般来说，“媒质”必须具备以下条件：

①“媒质”在电极上的反应速率要快，即“媒质”在电极表面上的反应要可逆，或接近可逆；

②“媒质”与有机反应物（基质）之间的反应速率要快，选择性要高；

③“媒质”的氧化态或还原态在电解液中易溶。

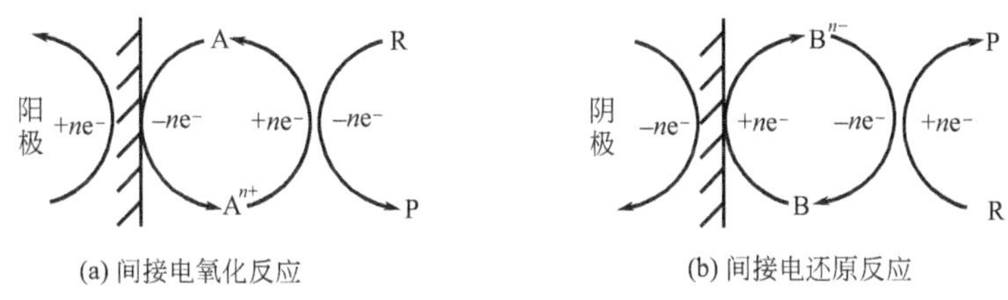

图 5.4　间接有机电合成原理示意图

如果一种“媒质”不能同时满足上述的基本条件，则可以选择两种或两种以上的“媒质”同时使用。若利用两种“媒质”进行的间接有机电合成体系，则称为“双媒质”体系；若利用两种以上“媒质”进行的间接有机电合成体系，则称为“多媒质”体系。“多媒质”体系的间接有机电合成原理可用图 5.5 来表示（以间接电氧化反应为例）。

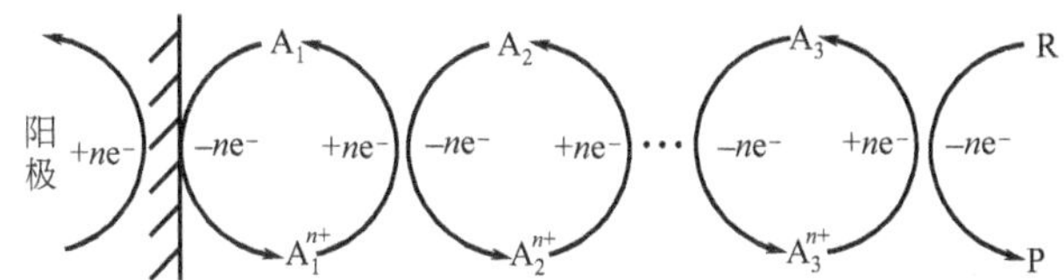

图 5.5　“多媒质”体系间接有机电合成原理示意图

根据有机反应物（基质）的性质，间接有机电合成可以采用“槽内式”和“槽外式”两种操作方式。槽内式间接电合成法是在同一装置中同时进行化学和电化学反应的一种体系，因此这一装置既是化学反应器，同时也兼作电解槽的功能。槽外式间接电合成法需要两种不同的反应装置，即化学反应器和电解槽。在合成过程中首先在电解槽中对“媒质”进行氧化或还原反应，再将电解后的“媒质”从电解槽内转移到化学反应器中，与有机物进行化学反应，待反应结束，分离出产物与“媒质”，然后“媒质”返回电解槽中重新电解再生。

槽内式间接电合成必须满足以下条件：①电解反应与化学反应的一些基本条件必须相匹配，即这二者的反应速率应相近，温度、压力等反应条件应基本相同；②反应物或生成的产物不会污染电极表面，因为在反应过程中某些有机化合物较易在电极表面上产生吸附或形成焦状物使电极表面难以进行电子交换，使整个体系不能进行正常的反应。若采用槽外式间接电合成，则可完全避免上述问题，因而更具有应用价值。槽内式和槽外式间接电合成的基本流程如图 5.6 和图 5.7。

间接有机电合成的发展与氧化还原媒质的发展密不可分，随着大量氧化还原媒质的发现，利用间接氧化或还原的方法也不断地发展壮大起来。间接电合成中常用的媒质有金属、非金属、有机物和过氧化物等，其中金属媒质用得最多，由于媒质不同，反应的具体形式也各不相同，本节按媒质的分类给以详细介绍。

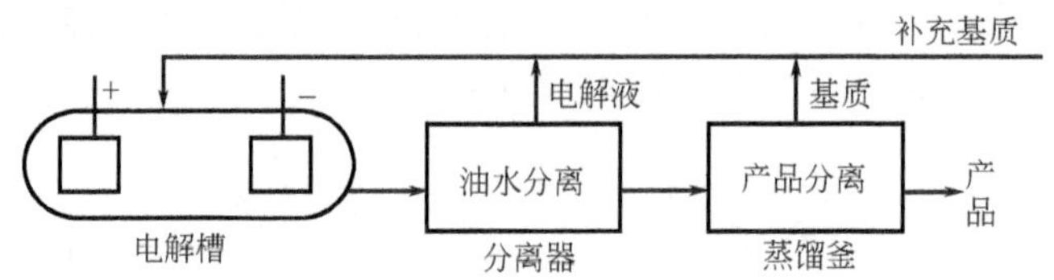

图 5.6　槽内式间接有机电合成流程简图

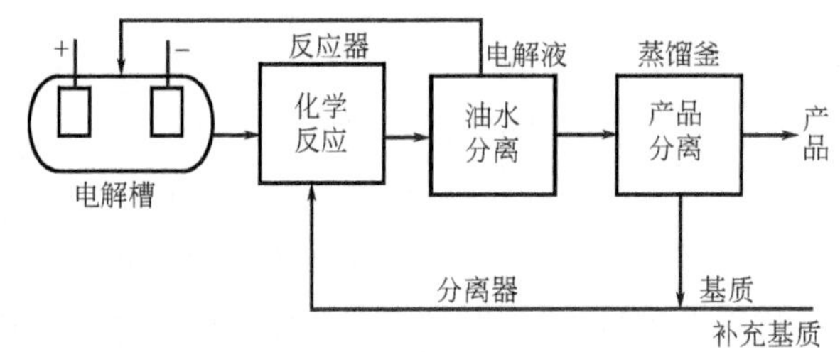

图 5.7　槽外式间接有机电合成流程简图

5.3.2　金属媒质间接电合成

由于各种金属离子在水中的溶解度较大，所以采用金属媒质时，通常用水作溶剂，为提高电解液的导电能力，可以添加一些支持电解质，如铵盐等。根据金属媒质的不同性质，可以分为金属媒质间接电氧化和金属媒质间接电还原。如 Ce、Mn、Cr 等媒质可使甲基氧化成羰基或羧基的反应，因此可广泛地用于醛、酮、醌和羧酸的电合成中。而许多低价态金属络合物，特别是过渡金属络合物、碱金属、碱土金属以及铝汞齐等，能将有机基质还原成相应产物，因此，活性金属经常应用于有机间接电还原合成中。

(1) 金属媒质间接电氧化

一般来说，用作间接电氧化合成的金属媒质主要指那些具有高、低价金属离子或含金属元素的酸根离子、化合物、络离子等氧化还原电对，这些氧化还原电对必须满足：①高价离子应能使有机物官能团向所要达到的目的进行反应；②高、低价金属离子在电解液中易溶；③低价金属离子电解氧化再生的电流效率和高价金属离子氧化有机反应物的效率要高；④产物容易与含金属离子的溶剂分离。这些金属氧化还原电对主要有以 Ce^{4+}/Ce^{3+}、Cr(Ⅵ) $/Cr^{3+}$、Mn^{3+}/Mn^{2+}、Tl^{3+}/Tl^{2+} 等作电解媒质的阳极间接电氧化媒质和以 WO_5^{2-}/WO_4^{2-}、$VO(acac)_2OOH/VO(acac)_2$ 等作电解媒质的阴极间接电氧化媒质。

Ce^{4+} 具有较强的氧化能力，可用作仲羟基的氧化、环烷酮的开环、肟的羰化、芳香族化合物的侧链氧化、对苯二酚的醌化、硫化物的亚砜化以及含氮化合物的氧化等反应的氧化剂，在间接电氧化合成过程中应用十分广泛。如邓为玲采用铅

(+)-石墨（-）电极，在以下电解工艺条件下电解对甲氧基甲苯制茴香醛[45]：硫酸铈浓度为0.15mol/L，硫酸浓度为0.8mol/L，阴阳极有效面积比为14.6，阴极面积与电解液体积比为13.7～15.5m^{-1}，电流密度为400A/m^2，电解120min，电解产率达86.7%，电流效率不低于50%。

Cr^{6+}是一种强氧化剂，其还原态Cr^{3+}在H_2SO_4或H_3PO_4介质中极易在铅阳极上氧化成Cr^{6+}，故用Cr^{6+}/Cr^{3+}电对作媒质可使许多有机反应物通过间接电氧化来合成相应的产品。如以Cr^{6+}/Cr^{3+}作媒质，用邻甲基苯磺酰胺为原料合成糖精（转化率达85%）的工艺和以蒽为原料合成蒽醌的工艺都已通过间接电氧化合成的方法实现了工业化生产。

Mn^{3+}/Mn^{2+}氧化还原电对用作间接电合成的氧化媒质，其特点是可以将甲苯系列芳香族化合物选择性地氧化为苯甲醛类化合物。Millington[46]等对Mn^{3+}/Mn^{2+}氧化还原电对进行了工业应用研究，他们使用流动压滤式隔膜电解槽、阳离子交换膜（Nafion）、铂电极，在35%硫酸介质中35～40℃下恒电流电解，槽压3.5V，电流密度1000A/m^2，硫酸锰浓度为0.1～0.15mol/L，电流效率高达90%，槽外Mn^{3+}用于合成邻、间、对甲基苯甲醛、对叔丁基苯甲醛等多种芳香醛，反应收率均为70%以上。

Tl^{3+}是一种能将有机化合物中的双键通过氧化反应转变成羟基或羰基的氧化剂。

阴极间接电氧化，是指在电解槽中由阴极生成的某一氧化剂（如过氧化氢）将氧化还原媒质氧化，生成氧化能力更强的氧化剂对有机物进行氧化，使更多的有机物发生氧化反应，产生理想的有机产物。如以WO_5^{2-}催化阴极还原生成的H_2O_2，间接氧化二甲基亚砜（DMSO），得到产品二甲基砜，在最佳工艺条件下，电流效率高于70%，母液可循环使用，无污染。

以HWO_4^{2-}/HWO_5^{2-}作氧化媒质还可以合成类似的含硫有机化合物（二甲基亚砜类）。

以$VO(acac)_2OOH/VO(acac)_2$为氧化还原媒质，催化阴极由O_2电还原产生的H_2O_2，可以对一些烯酸如顺丁烯二酸、反丁烯二酸和丁烯酸进行间接环氧化。

(2) 金属媒质间接电还原

金属汞齐，特别是碱金属汞齐是一种很强的还原剂，可以使许多有机化合物通过还原合成新的物质，例如以下一些反应：

烯烃双键加氢反应：

$$(C_6H_5)_2C{=}C{=}C{=}C{=}C{=}C(C_6H_5)_2 \xrightarrow[THF]{Al(Hg)} (C_6H_5)_2C{=}C{=}\underset{H}{C}{-}\underset{H}{C}{=}C{=}C(C_6H_5)_2$$

卤代物还原反应：

$$ClCH_2CO_2CH_3 \xrightarrow[CH_3COCH_3]{Na(Hg)} (CH_3)_2\overset{O}{C{-}C}HCO_2CH_3$$

有机汞化合物合成反应：

$$RX + Hg \longrightarrow RHgX \xrightarrow{Na(Hg)} 1/2R_2Hg + 1/2Hg$$

酚的还原反应：

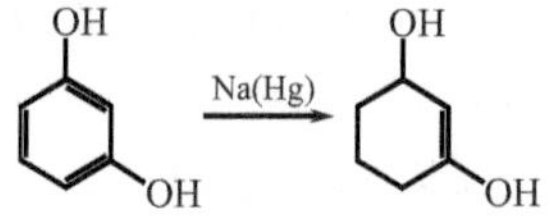

OH, OH (benzene-1,3-diol) $\xrightarrow{Na(Hg)}$ OH, OH (cyclohexene-1,3-diol)

在反应过程中，金属汞齐媒质的还原能力直接与它自身的氧化电位有关，例如，一些金属汞齐标准氧化电位的排序为：

$$Ca > Sr > Ba > K \sim Na > Li$$

因此，在反应体系中，Ca(Hg) 的还原性最弱，Li(Hg) 的还原性最强，而其中的 Na(Hg) 是用得最广的还原剂。

铁、钴、镍、铂、铑、钯等的络合物也可当作媒质应用于电还原合成中。镍电对形式为 Ni^{2+}/Ni，而 Ni^{2+} 络合物通常以 $NiCl_2L_2$ 和 $NiBr_2L_2$ 这两种形式存在，式中 L 表示配体，主要是 Ph_3P、$Ph_2PCH_2CH_2PPh_2$ 等，主要用于二聚体的合成。

钴维生素 B_{12} 络合物是转化许多有机基质非常有效的媒质，常用作反应过程中保护基团的去除。钴络合物媒质的另一个重要应用是交叉偶合合成或分子偶合合成以及大分子卤代物的分子内环化反应等。

铁络合物作媒质的应用较少，其中有一个例子是以 $[Fe_4S_4(SPh)_4]^{2-}$ 络离子为媒质，乙炔为原料，通过间接电还原反应合成为乙烯。

用铂络合物作媒质时，可将相邻两个碳原子上的卤素原子除去转化为双键，例如，可将 1,2-二溴乙烷衍生物转化成乙烯衍生物。

用铑络合物 [如 $Rh(Ph_2P)_2Cl$] 作媒质时，可将 CO_2 通过间接电还原反应制备成甲酸。

钯离子络合物可用于卤代物间接电还原反应时的媒质。

5.3.3 非金属媒质间接电合成

在非金属媒质中，卤素最具有代表性，它主要指卤素的阴、阳离子或含氧阴离子所组成的电对。这些电对主要有：Br^+/Br^-、BrO^-/Br^-、BrO^-/BrO_2^-、I^+/I_2、I^+/I^- 和 IO_4^-/IO_3^- 等。

非金属媒质常用于含杂原子的有机化合物的电合成，例如 Br^+/Br^- 电对用于化合物中 S—N 键，P—S 键和 C—Se 键的生成。I^+/I^- 电对可用于形成 P—N 键等。此外，用 BrO^-/BrO_2^- 电对将苯甲醇氧化成苯甲醛和用 IO_4^-/IO_3^- 电对将淀粉氧化成二醛淀粉都是很好的例子，后一反应可表示如下：

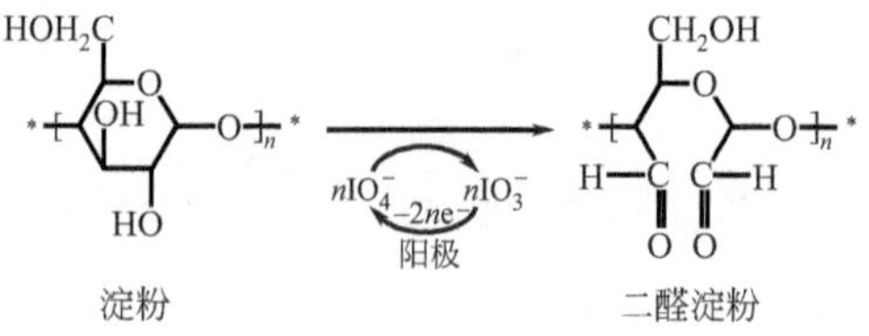

HOH₂C … OH … HO (淀粉) —— nIO_4^- ⇌ nIO_3^- (−2ne⁻, 阳极) → CH₂OH … H—C C—H, O O (二醛淀粉)

淀粉　　　阳极　　　二醛淀粉

此外，还有一些其他的非金属媒质应用在间接电氧化反应过程中。例如，以 $S_2O_8^{2-}/SO_4^{2-}$ 作媒质，用草酸钾为添加剂，通过间接电氧化反应可将对甲氧基甲苯氧化成对甲氧基苯甲醛[61]，其反应式为：

$$\text{4-}CH_3OC_6H_4CH_3 \xrightarrow[\text{Pt}]{H_2O/K_2SO_4/(CO_2K)_2} \text{4-}CH_3OC_6H_4CHO$$

该反应的收率在 45%～82%之间。

5.3.4 有机化合物媒质间接电合成

以有机化合物为电解媒质的间接电合成可分为间接电氧化和间接电还原。

(1) 有机化合物为媒质的间接电氧化

一些有机化合物在阳极表面上经电氧化后可生成阳离子或阳离子自由基，这些阳离子或阳离子自由基对某些有机化合物具有很强的氧化能力，同时，在氧化反应过程中自身又被还原成原来的有机物，再经阳极氧化重新生成氧化剂，如此反复循环，因此这类有机化合物可作为间接电氧化合成中的媒质。

芳叔胺类化合物和硫醚组成的阳离子自由基电对常用作间接电氧化反应的有效媒质。以 $(P\text{-}Br\text{-}C_6H_5)_3N^{\cdot +}/(P\text{-}Br\text{-}C_6H_5)_3N$ 电对为媒质时，通过间接电氧化反应，可把烷氧基苯甲醚氧化为醛类化合物。还可将（2-R^1-2-R^2-1,3-二噻烷）分步氧化，使 C—S 键断裂，生成 $R^1R^2C{=}O$ 和二硫戊烷[47]。

若以 $Ar_3N^{+\cdot}/Ar_3N$ 电对为媒质时，可将苯甲醇类化合物氧化成相应的苯甲醛类化合物，并具有很好的选择性和较高的收率，同时在较低的电极电位下即可进行反应[48]，如下式：

$$R^1R^2R^3C_6H_2\text{—}CH_2OH + 2Ar_3\overset{+\cdot}{N} + 2B \xrightarrow{CH_3CN} R^1R^2R^3C_6H_2\text{—}CHO + 2Ar_3N + 2HB$$

另外，叔胺阳离子自由基可作为合成二硫醚的试剂，其反应式为：

$$R^1\text{—}\underset{\underset{O}{\|}}{C}\text{—}SR^2 \xrightarrow[CH_3CN/H_2O]{[(\text{Br})(\text{Br})C_6H_3]_3\overset{+\cdot}{N}} R^1COOH + \frac{1}{2}R^2SSR^2$$

同时还可作为邻硝基硫酰胺转化成相应硫亚酰胺类化合物的氧化剂，如下式反应：

$$\text{2-}O_2NC_6H_4\text{—}S\text{—}NH\text{—}\underset{\underset{R^1}{|}}{\overset{H}{C}}\text{—}R^2 \xrightarrow[CH_3OH/CH_2Cl_2/C]{(Br\text{—}C_6H_4)_3\overset{+\cdot}{N}\text{—}C_6H_4\text{—}N(C_6H_4\text{—}Br)_2} \text{2-}O_2NC_6H_4\text{—}S\text{—}N{=}\underset{\underset{R^1}{|}}{C}\text{—}R^2$$

硫醚也可作为传递电子的媒质，用于仲醇间接电氧化为酮，如下式反应：

$$R^1R^2CHOH \xrightarrow{C_6H_5\overset{+\bullet}{S}CH_3} R^1R^2C{=}O$$

如果在此类反应中加入适量的 Br^-，则 Br 可在阳极表面上进行氧化反应生成 Br^+，然后 Br^+ 再将硫醚转变成 $C_6H_5\overset{+\bullet}{S}{-}CH_3$，这将成为双媒质间接电氧化合成反应。

用金属有机化合物作间接电合成的媒质是一个很有发展前途的新领域。一个成功的例子是卤代烷 R^1X 在镉电极上生成金属有机化合物 R^1CdX，将其作媒质，可将酰卤化物 R^2COX 氧化成酮。

(2) 有机化合物为媒质的间接电还原

在间接电合成体系中能作间接电还原反应的有机化合物主要有生物活性媒质和非生物活性媒质两种类型。

非生物活性媒质中，蒽的氧化还原电对 $An/An^{\bar{\cdot}}$ 是最具有代表性的一种媒质。其最早应用是在氯代物脱氯间接电还原反应体系中，后来常用于去除保护基的反应过程中。例如，可将磺酰胺类化合物中的磺酰基（Ts）脱去，并生成氮杂配体或氮氧杂配体，芘和芪类似于蒽，也可作为该类反应的媒质。反应式如下：

$$\text{(TsN)}_4\text{-大环},\ \text{(TsN)}_3\text{O-大环} \xrightarrow[An/An^{\bar{\cdot}}]{DMF/Hg} \text{(HN)}_4\text{-大环},\ \text{(HN)}_3\text{O-大环}$$

某些有机反应物在阴极表面上将直接还原生成产物，后者继续还原成阴离子自由基，因而形成产物与产物阴离子自由基组成的电对，这种电对可作为有机反应物（基质）间接电还原反应的媒质，称为自催化间接电还原合成。例如，以 α,α'-二取代-1,2-二苯基乙烷为反应物，可以通过以下自催化电还原反应合成烯烃类化合物，如以下反应：

$$\text{Ar(R)(C_6H_5S)C–C(R)(Ar)(OAr)}\ (\text{I}) \xrightarrow[\text{II}^{\bar{\cdot}}]{+2e^-} \text{ArRC{=}CRAr}\ (\text{II}) \xrightarrow{+e^-} [\text{ArRC–CRAr}]^{\bar{\cdot}}\ (\text{II}^{\bar{\cdot}})$$

上式中，以 Ⅱ/Ⅱ$^{\bar{\cdot}}$ 电对作为 Ⅰ 间接电还原转变成 Ⅱ 的媒质。

非生物活性有机化合物作媒质的其他应用例子还有：①芘和二价芘阴离子组成电对作为媒质的对二氯苯的间接电还原合成反应；②萘与萘阴离子自由基电对，或芘与二价芘阴离子电对作为媒质的四苯基乙烯环氧化物的间接电还原开环反应等。一些能进行可逆还原反应的有机阴离子常用作卤代物、砜及季铵阴离子间接电还原合成反应的媒质。

一些具有生物活性的有机化合物的还原态具有很强的还原能力，在还原反应过程中很容易将某些有机反应物（基质）还原成所需的产物。其中最具有代表性和具有生物活性的有机化合物的媒质是酵素 NAD（Nicotinamide Adenine Dinuleotide）

及其还原态 NADH 电对。在实际应用过程中，NAD 较难在电极表面上直接进行还原反应，因此 NAD/NADH 电对常与其他电对一起组成多媒质有机间接电还原合成的媒质。

5.3.5 过氧化物媒质间接电合成

过氧化物离子在合成化学中起着重要的作用，它可用作电子授予体（电子还原剂）、电生碱、氧化剂、亲核试剂等。当过氧化物离子起还原剂作用时，则 O_2/O_2^- 电对就起到间接电还原反应的媒质作用。例如，若以 O_2/O_2^- 电对作媒质，在 H_2O_2 存在的条件下进行间接电合成反应时，很容易发生芳环酚化反应，但是，由于 O_2^- 的活性很强，在电对充当媒质的同时，也将起到氧化剂、电生碱或亲核试剂的作用。

例如，在氧存在的条件下，通过间接电还原反应可将 α-二酮氧化成羧酸，其反应过程如下：

$$O_2 + e^- \longrightarrow O_2^{-}\cdot$$

$$O_2^{-}\cdot + R-\underset{\underset{O}{\|}}{C}-\underset{\underset{O}{\|}}{C}-R \longrightarrow O_2 + R-\underset{\underset{O^-}{|}}{C}-\underset{\underset{O}{\|}}{C}-R$$

$$R-\underset{\underset{O^-}{|}}{C}-\underset{\underset{O}{\|}}{C}-R + O_2^{-}\cdot \longrightarrow R-\overset{\overset{O^-}{|}}{\underset{\underset{O-O^-}{|}}{C}}-\underset{\underset{O}{\|}}{C}-R \longrightarrow 2R-C\begin{matrix}\nearrow O \\ \searrow O^-\end{matrix}$$

在反应过程中，O_2/O_2^- 电对首先将二酮转变成二酮阴离子，接着 O_2^- 过氧化物离子充当氧化剂作用将二酮阴离子中的 C—C 键断开生成羧酸。这一过程也可称为间接电还原-氧化合成，但有时由于 O_2^- 的氧化性过强，致使反应的选择性很低。

在钨酸盐催化阴极还原生成 H_2O_2 体系，则可用于如硫醚、胺类及烯烃类等较复杂有机物的氧化。

5.3.6 间接有机电合成工业应用实例

环氧丙烷是丙烯的重要工业衍生物，仅次于聚丙烯和丙烯腈。它主要用于生产聚醚多元醇、丙二醇、丙二醇醚、异丙醇胺等，也是非离子表面活性剂、油田破乳剂、农药乳化剂等的主要原料。目前，工业上从丙烯出发生产环氧丙烷的技术主要有化学法中的氯醇法和电化学法中的间接氧化法，但氯醇法存在污染、腐蚀、流程长、投资高、共产物多等缺点。利用间接电氧化法合成环氧丙烷是有机化合物合成的最典型例子之一。该方法首先在氯化钠水溶液中通入丙烯，然后通电电解。在电解过程中溶液内的 Cl^- 首先在阳极上放电生成 $Cl\cdot$ 原子或 Cl_2，然后与水进行反应产生 HClO，HClO 再与溶液中的丙烯发生加成反应，生成氯丙醇中间产物，如下式所示：

$$CH_3CH=CH_2 + HClO \longrightarrow CH_3CH(OH)CH_2Cl$$

在上述反应的基础上，将含有氯丙醇的阳极液输入阴极室进行氯丙醇脱氯反应，然后生成环氧丙烷产物，其反应式为：

$$CH_3CH(OH)CH_2Cl \xrightarrow{OH^-} H_3C-\underset{\diagdown O \diagup}{CH-CH_2} + HCl$$

其合成过程的工艺流程如图 5.8 所示。

该生产工艺吸收了氯碱工业中的新技术，在生产过程中采用了全氟磺酸型阳离子交换膜电解槽，显著提高了电流效率、电压效率和产品的纯度。同时用阴极室产生的碱液与氯丙醇反应，不再像化学合成法那样需用石灰乳进行皂化反应，从而消除了 $CaCl_2$ 副产物的生成，既保护了环境，又节省了能耗，因此是一种较合适的绿色生产工艺。

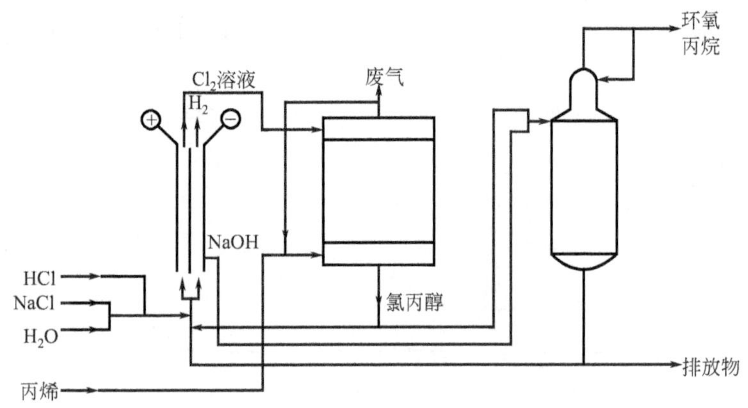

图 5.8 Simmrock 生产环氧丙烷工艺流程示意图

5.4 有机电氟化合成

5.4.1 概述

有机氟化物被广泛地应用在农药、医药等行业，40%～45%的新型农药均含有氟化物。近年来发现有机氟化物又有许多新的用途，如在农药、医药和精细化工等领域中用氟取代一个或多个氢原子的化合物具有更高的活性，这是由于氟原子的特殊性质使得氟取代后的有机化合物的物理、化学和生物性能如沸点、表面能、极性、反应活性等都有很大的改变。世界各国对氟化物的制备及应用进行了大量的研究，并取得较大的进步。

通常的氟取代有机化合物的化学制备方法有两种不同的途径：①用含有 C—F 键的基团接到现有的分子上；②用氟化法生成新的 C—F 键。虽然化学合成有机氟化物的方法也有许多新的研究进展，如采用具有高热稳定性和催化活性的相转移催化剂等，但许多情况下，使用的试剂价格昂贵，而且危险，污染严重，反应选择性低，同时还存在生成大量的无机和有机副产物的缺点。

电化学方法应用于有机化合物的氟化反应大约有 50 多年的历史，该法通过电极反应直接将氟引入到有机物中。它的重大贡献是将 Simons 合成方法进行了改进并商业化，用这条合成路线可合成出全氟代有机化合物而其他官能团不受影响。

5.4.2 电化学全氟化合成

电化学全氟化法一般指美国化学家 Simons[49~54] 1941 年发明的一种电解制备全氟化合物的方法，故称 Simons 方法。Simons 法电解氟化生产流程见图 5.9。

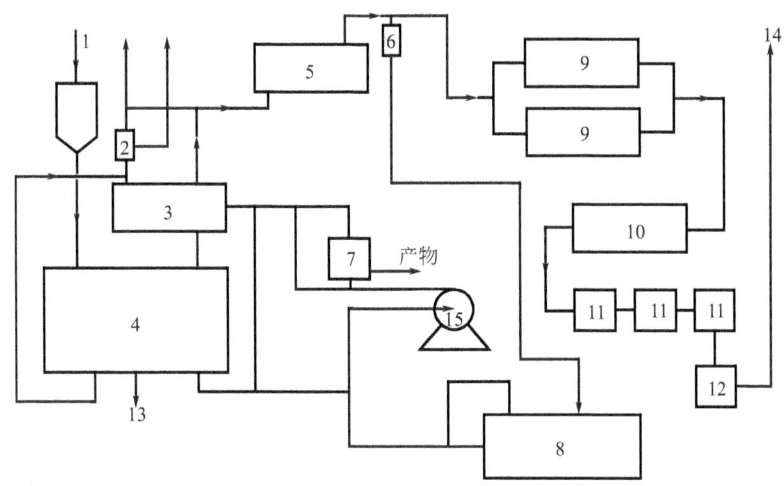

图 5.9 电解氟化法生产流程

1—反应物入口；2—凡杜里流量计；3—缓冲箱；4—电解池；5—回流冷凝器；6—安全阀；7—沉清槽；8—安全控制箱；9—氟化钠洗气罐；10—橡胶洗气罐；11—亚硫酸钠洗气罐；12—液氮捕气器；13—电解产品出口；14—氢气出口；15—泵

烃、醇、醛、胺、羧酸和磺酸等化合物均能进行电化学全氟化合成。电化学全氟化合成，除 Simons 方法外，Philips 公司还提出了以多孔炭为阳极，在熔融的 KF·2HF（100℃）中进行电解的电氟化法。KF·2HF 电解质不浸湿多孔炭阳极，氟气在阳极表面析出并进入到阳极孔中，一些具有挥发性的有机反应物（如烷烃等）从阳极底部引入并通过阳极，在阳极孔中与氟气发生反应而得到产物。对具有挥发性的有机物和产物来说，Pillips 电氟化法是 Simons 方法的补充。

5.4.3 电化学选择性氟化合成

电化学选择性氟化通常在有机溶液中进行，其溶剂可采用腈、砜等，同时常需要加入一定量的乙基氟化铵和四烷基四氟硼酸铵等支持电解质。目前，电化学方法是一种最有效的完全及高选择性氟化方法。一般将单个氟原子或小的含氟原子基团引入到有机分子中的电化学方法有：电化学氧化法、电化学还原法及用电解法有选择性地直接将氟接到脂肪族或芳香族的碳原子上。

(1) 电化学氧化氟化法

通过 Kolbe 反应，可以用较短链的羧酸盐（$RCOO^-$）溶液为原料，若其中的 R 为氟化的烷基链，则经过二聚化反应就可以得到较长链的含氟化合物。如三氟乙酸阴离子（CF_3COO^-）可以合成六氟乙烷，收率高达 93%。

(2) 电化学还原氟化法

用直接电化学还原溴代三氟甲烷可将三氟甲基通过加成或取代反应引入到有机化合物中。用这种方法进行三氟甲基化的典型有机化合物有羰基化合物、卤代芳香烃及烯烃。

$$RCHO + CF_3Br \xrightarrow[\text{Zn阴极}]{\text{DMF}} RCH(OH)CF_3$$

用还原法引入的氟化基团还包括长的氟化烷基链、$—CF_2COOR$ 等。

(3) 直接生成 C—F 键法

用电解法有选择性地直接将氟接到脂肪族或芳香族的碳原子上的氟主要来源于无机氟化物和无水氟化氢，介质是一些没有危险的易溶于乙腈或乙腈的混合溶剂的复合物 $Et_3N \cdot nHF$，即 $(CH_3CH_2)_3N \cdot nHF$（$n=1 \sim 10$）。

如芳香硫化物的选择性取代氟化是通过取代基失去电子来实现反应的，此反应有较高的收率。

$$PhSCH_2COMe \xrightarrow{80\%} PhSCHFCOMe$$

$$\text{3-PhS-1-}n\text{-Bu-azetidin-2-one} \xrightarrow[Et_3N/3HF/MeCN]{-2e^-,\ -H^+} \text{3-F-3-PhS-1-}n\text{-Bu-azetidin-2-one}\ (92\%)$$

此类反应是在 $(CH_3CH_2)_3N \cdot 3HF$ 溶液中用恒电流电解的方法完成的，此方法可用于许多有机化合物的氟化。反应的机理可能是首先硫原子被氧化并伴随着质子的失去，然后再进一步氧化，在失电子基团（F^-）存在下，上述经氧化得到的亲电正离子活性基团就很容易接受 F^- 的作用而实现氟化反应。

5.4.4 有机电氟化合成实例

全氟羧酸是一种非常重要的化合物，既用于医药、农药等的合成，也可作为催化剂、表面活性剂和生物试剂。电氟化是制取全氟酸和其他全氟化合物的良好方法。电氟化过程中，有机化合物中的氢原子被氟原子取代，其电解过程如下：

阳极过程：

$$CH_3COF + 6F^- \longrightarrow CF_3COF + 3HF + 6e^-$$

阴极过程：

$$6H^{+}+6e^{-} \longrightarrow 3H_2\uparrow$$

电解总反应：

$$CH_3COF+3HF \longrightarrow CF_3COF+3H_2\uparrow$$

以乙酰氯为原料制备三氟乙酰氟，按如下方式进行：

$$CH_3COCl+HF \longrightarrow CH_3COF+HCl$$

$$CH_3COF+3HF \longrightarrow CF_3COF+3H_2\uparrow$$

电氟化方法有许多优点，如工艺简单，无需通入氟气，氟化过程安全可靠，所以电氟化方法是合成全氟酸的理想方法。

5.5 金属有机化合物的电合成

5.5.1 概述

含有金属-碳（M-C）键的金属有机化合物常常用作防爆剂、稳定剂、防腐剂、催化剂及颜料等。自从 Ziegler 报道了简易方便的合成烷基铝和烷基铅的电解工艺以来，金属有机化合物的电化学合成得到了迅速发展。

大多数金属有机化合物的电解合成都是在金属电极上进行的。一般来说，这些反应可以看成是按自由基反应机理进行的，通过氧化还原反应而得到金属有机化合物。

在阴极上，烷基离子通过阴极还原反应形成烷基自由基，然后直接与阴极金属反应生成产物：

$$R^{+}+e^{-} \longrightarrow R\cdot$$

$$R\cdot+M \longrightarrow RM$$

其中，R 为烷基、芳基等；M 为金属。同时阴极金属发生溶解而腐蚀。

在阳极上，其反应过程与阴极反应不同，很少直接通过有机化合物与阳极金属发生反应而得到产物，而是由一种金属有机化合物在阳极上发生氧化而生成金属离子和烷基自由基，烷基自由基再与阳极金属发生反应生成一种新的金属有机化合物。

$$RM \longrightarrow R^{-}+M^{+}$$

$$R^{-} \longrightarrow R\cdot+e^{-}$$

$$R\cdot+M' \longrightarrow RM'$$

其中，M'为阳极金属。

由于在电解过程中生成了化学性质极其活泼的烷基自由基中间体，因此，无论是在阳极上发生氧化反应，还是在阴极上发生还原反应，生成的自由基都会发生二聚作用或失去 H 原子而形成不饱和化合物，从而使所得到的最终产物为混合物。

$$R\cdot+R\cdot \longrightarrow R—R$$

$$RCH_2\cdot + RCH_2\cdot \longrightarrow RCH{=}CHR + H_2$$

由于具有 R_2M 形式的金属有机化合物的电导率均非常低，因此常在电解液中加入一些盐、金属氢化物或其他的金属有机化合物作为支持电解质以增加溶液的导电能力。通常，导电性顺序为：

$$R_2Mg > R_2Be > R_2Zn > R_2Cd > R_2Hg$$

5.5.2 金属有机化合物的阴极还原反应

(1) 卤代烃的电还原

在汞、锡、铅或铜阴极上，卤代烃在电解还原时首先形成自由基，自由基与相应的金属电极反应生成相应金属有机化合物，其通式如下：

$$RX + e^- \longrightarrow [RX^{\cdot}] \longrightarrow R^{\cdot} + X^-$$

$$M + nR^{\cdot} \longrightarrow MR_n$$

式中，R、X 及 M 分别代表烃基、卤素和金属；$R^{\cdot}$ 为烃自由基；MR_n 为金属有机化合物。

卤代烃在水溶液中进行电还原时还可以生成 R_3SnSnR_3、RHgX、R_2TiX 等[55,56]。

(2) 羰基化合物的电还原

在酸性溶液中，醛和酮常常通过羰基电还原而与某些金属阴极结合，生成相应的金属有机化合物。目前研究最多的是用汞作阴极，制得有机汞化合物[57]，其反应通式如下：

$$2R_2CO + Hg + 6H^+ + 6e^- \longrightarrow (R_2CH)_2Hg + 2H_2O$$

用其他金属如铅、镉、锗、锌等作阴极，也可得到相应的金属有机化合物。通常，强电解质的存在和升高电解温度都有利于生成金属有机化合物。

(3) 烯烃化合物的电还原

不饱和化合物电解时，在双键断裂的位置上形成金属-碳键，另一个碳原子则发生质子化：

$$2RCH{=}CH_2 + M + 2H^+ + 2e^- \longrightarrow RCH_2CH_2MCH_2CH_2R$$

这类反应中研究最详细的是不饱和腈在锡阴极上的电解还原。另外，当硫、硒、碲存在时，丙烯腈在石墨阴极上电解还原可生成相应的元素有机化合物，较低的电流密度和较高的温度有利于上述反应的进行。

甲基乙烯基酮在汞阴极上还原时，也可生成金属有机化合物。二甲基乙烯基甲醇也能发生类似的反应。表 5.1 中列出了部分由不饱和化合物电合成金属有机化合物的实例。

(4) 鎓离子的电还原

采用不同金属作阴极材料电解还原鎓离子，如硫鎓离子、季铵离子、磷鎓离子以及砷鎓离子等，可制得不同的金属有机化合物。

表 5.1 不饱和化合物电合成金属有机化合物实例[58]

阴极	介质	反应物	产物
石墨	0.5mol/L H_2SO_4	丙烯腈、硒	双(β-氰乙基)硒
石墨	0.5mol/L H_2SO_4	丙烯腈、碲	双(β-氰乙基)碲
石墨	0.5mol/L H_2SO_4	丙烯腈、硫	双(β-氰乙基)硫
铅	$CH_3COOK+CH_3COOH$	苯乙烯、磷	2-苯乙基磷
锡	0.7mol/L NaOH	丙烯腈、锡	四(β-氰乙基)锡
锡	0.5mol/L K_2HPO_4	丙烯腈、锡	六(β-氰乙基)二锡
汞		甲基乙烯基酮	$Hg(CH_2CH_2COCH_3)_2$

如硫鎓离子在不同的电解条件下可得到不同的电解还原产物，如以汞作阴极，电解三苯溴化硫可发生如下反应[59]

$$(Ph)_3S^+ \xrightarrow[H_2O,\,25℃]{Hg} (Ph)_2S + PhSHg$$

$$(Ph)_3S^+ \xrightarrow[\text{惰性溶剂},<0℃]{Hg} (Ph)_3S + \frac{1}{2}Hg$$

若用铅作阳极，则可得到有机铅化合物，如

$$(C_2H_5)_2S^+ \xrightarrow[CH_3CN]{Pb} (C_2H_5)_4Pb+(C_2H_5)_2S$$

5.5.3 金属有机化合物的阳极氧化反应

(1) 金属有机卤化物的电合成

烷基或芳基卤化物在某些金属阳极上可以直接电解合成为相应的金属有机卤化物，这类反应可看作氧化插入反应。根据所使用的阳极金属的不同，其反应有以下两种形式：

$$RX+M(+) \longrightarrow RMX$$

或

$$2RX+M(+) \longrightarrow R_2MX_2$$

式中，M(+) 为金属阳极，如镉、锌、锡、铟等。

卤化烃基镉不能由金属和有机卤代物经过催化或光化学反应制得，而可以通过电化学方法合成，如：

$$Cd(+) \xrightarrow[\text{丙酮}]{CH_3I/C_2H_5I} CH_3CdI+C_2H_5CdI$$

$$Cd\ (+) \xrightarrow[\text{丙酮}]{RX/L} RCdX \cdot L$$

其中，$R=CH_3$，C_2H_5，C_4H_9，C_6H_5；X=Cl，Br，I；L=联吡啶，邻二氮菲等。

卤化烷基锌可通过 RX 和金属或者 Zn/Cu 直接反应得到，但相应的芳基化合物则不能采用这一方法制备，用电化学的方法则可以合成。另外，在该有机金属卤化物的合成中，产物通常是中性双官能配位体的交合物或者作为阴离子 $RZnX_2^-$，如下例所示：

$$Zn(+)\xrightarrow[CH_3CN]{RX/L} RZnX \cdot L$$

其中，$R=CH_3$，C_2H_5，C_6H_5，C_6F_5，$C_6H_5CH_2$；X=Cl，Br，I；L=联吡啶。

R_2SnX_2 型化合物可以由锡和 RX 经过催化反应或其他化学方法来合成，但其产物均为一卤、二卤和三卤化物的混合物，分离困难。前苏联科学工作者最早采用电化学方法合成了 $(C_4H_9)_2SnCl_2$，后来又有人对其作了改进，反应的选择性明显提高，反应过程如下所示：

$$Sn(+)\xrightarrow{CH_3I/C_2H_5I} R_2SnI_2$$

$$Sn\ (+)\xrightarrow[CH_3OH/C_6H_6]{RX/L} R_2SnX \cdot L$$

其中，$R=CH_3$，C_2H_5，n-C_4H_9，C_6H_5；X=Cl，Br，I；L=联吡啶，邻二氮菲二磷或二甲基亚砜，二乙腈。

(2) 有机配合物存在下的电极氧化

在格氏试剂 RMgCl 和卤代烃存在下，某些金属发生电氧化可生成相应的烃基金属化合物。汽油防爆剂四甲基铅和四乙基铅的电合成生产就是采用这种方法，其电解反应式如下。

阳极反应： $Pb+4RMgCl \longrightarrow PbR_4+4MgCl^+ +4e^-$

阴极反应： $4MgCl^+ +4e^- \longrightarrow 2Mg+2MgCl_2$

电解反应：$Pb+2RMgCl+2RCl \longrightarrow PbR_4+2MgCl_2$

Ziegler-Natta 催化剂的主要成分三乙基铝，也可以用该方法来合成。

$MX \cdot AlR_3$ 或 $MR \cdot AlR_3$ 型有机铝络合物在铝、镁或铅等金属阳极上电氧化，可以生成相应的金属烷基化合物。如以 $NaAl(C_2H_5)_4$ 型络合物为电解质，铝为阳极，可在阴极上沉积出金属钠，阳极上生成三乙基铝[60]：

$$3NaAl(C_2H_5)_4+Al \longrightarrow 3Na+4Al(C_2H_5)_3$$

部分三乙基铝和钠、氢气及乙烯反应可以得到最初的原料配合物，从而解决了电解质的再生问题。

$$Na+H_2+C_2H_4+Al(C_2H_5)_3 \longrightarrow NaAl(C_2H_5)_4$$

在阳极上电解氧化 $MR \cdot BR_3$ 和 $MBR_4 \cdot MAlR_4$ 型有机硼配合物可制得多种金属烷基化物。

一些过渡金属的羰基化合物、双吡啶化合物、卟啉化合物、环戊二烯化合物以及一些含 σ-键烷基和卤化物的过渡金属有机化合物也可以用电化学方法合成。

5.5.4 金属有机化合物电合成工业应用实例

四烷基铅是一种无色油状液体，在白光和受热时会分解，是一种抗爆剂。在工业上，它还用来使汞化合物烷基化，得到的有机汞化合物可用作杀真菌剂。

四烷基铅的传统合成方法是用氯甲烷或氯乙烷与钠铅合金反应。1964 年美国纳尔科（Nalco）化学公司引进电解法生产工艺，其反应原理是用 Grignard 试剂 C_2H_5MgCl 和铅丸进行电解反应成功制得了四乙基铅。整个反应的第一步是制 Grignard 试剂，即在双甘醇二丁基醚溶剂中使金属与氯乙烷反应，制得 C_2H_5MgCl：

$$C_2H_5Cl + Mg \longrightarrow C_2H_5MgCl$$

然后将所得到的溶液以铅为阳极进行电解合成，阳极反应为：

$$4C_2H_5MgCl + Pb \longrightarrow Pb(C_2H_5)_4 + 2MgCl_2 + 2Mg^{2+} + 4e^-$$

阴极反应为：

$$4MgCl^+ + 4e^- \longrightarrow 2Mg + 2MgCl_2$$

由于反应过程中不断加入氯乙烷溶液，它可与阴极析出的镁重新生成 Grignard 试剂，因而总反应为：

$$4C_2H_5Cl + Pb + 2Mg \longrightarrow Pb(C_2H_5)_4 + 2MgCl_2$$

所得的副产物 $MgCl_2$，可用于生产 Mg。

四乙基铅电解合成的流程见图 5.10。电解合成生产四甲基铅的流程与四乙基铅相同，只需将原料中的氯乙烷改为氯甲烷即可。

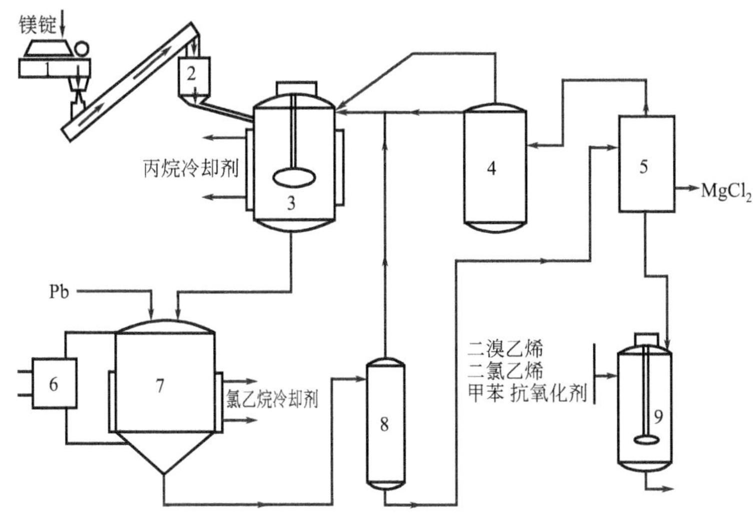

图 5.10　四烷基铅电解合成的生产流程

1—镁片切片机；2—漏斗式斜槽；3—格利雅反应器；4—醚类提纯；
5—烷基铅回收；6—整流器；7—电解槽；8—汽提塔；9—搅拌器

5.6 有机电合成技术进展

5.6.1 成对有机电化学合成

所有电化学反应都是成对出现的，即同时发生阴极还原和阳极氧化反应。但在通常的有机电合成过程中，一般只利用某一电极（阳极或阴极）上的反应来合成所需的产物，而另一电极（阴极或阳极）上的反应则未被利用，是“牺牲”的反应，如通常水溶液中阴极或阳极的“牺牲”反应是 H_2 或 O_2 的析出。在这种情况下，有一侧电极通过的电流未被利用，显然是很不经济的。

所谓成对电合成，是指在阴极和阳极上发生的电化学反应都生成最终产物（一种或两种），即在阴、阳极上都同时得到各自的产物或在阴、阳极上都同时得到一种有用的产物。成对电合成的优点在于：①明显提高了电流效率，理论上可达200%；②明显提高了电合成的时空效率；③与单电极反应相比，可降低生产成本和节省电能，提高电能效率。

使用隔膜电解槽或无隔膜电解槽将对成对电合成产生较大的影响。在隔膜电解槽中，因为只需考虑某一电极的反应，而不必考虑另一电极反应对它的影响，因而研究相对简单；而在无隔膜电解槽中，反应物、中间体、产物和所使用的媒质均可能在电极上发生反应，因此必须严格控制条件（如电极电位、槽电压、电流密度、温度、反应物浓度等），以防止副反应的发生。在这种情况下，应先在隔膜电解槽中进行各个半反应的研究，然后再进行成对电解。另外在无隔膜电解槽中要求生成两种不同的产物时，产物的分离比较麻烦，若只要求得到一种产物，则较易实现。

当然，并非任何两个阴、阳极的电合成均可成对进行，而是要求同时进行的一对反应有大致相同的电解条件。由相互匹配的各种电极反应可组合成形形色色的成对电合成。成对电合成大致可归纳为四类[61]。

① 两种原料 S_1 和 S_2 分别在阴、阳两极进行电合成反应，生成产物 P_1 和 P_2，可用如下通式表示：

阳极反应：$S_1 \longrightarrow P_1 + ze^-$

阴极反应：$S_2 + ze^- \longrightarrow P_2$

根据产物的性质不同，该类成对电合成既可在隔膜电解槽中进行，也可以在无隔膜槽中进行，例如 BASF 公司开发的邻苯二甲酸的还原反应，与乙炔基醇的电氧化配对，在无隔膜槽中实现了成对电合成，电极反应如下：

阴极（Pb）：

$$C_6H_4(COOH)_2 \xrightarrow{+2e^-} C_6H_6(COOH)_2$$

阳极（PbO_2/Ti）：

$$HOCH_2{-}C{\equiv}C{-}CH_2OH \xrightarrow{-8e^-} HOOC{-}C{\equiv}C{-}COOH$$

成对电合成氨基丙酸和乙醛酸也是成功的实例，反应在采用复合有聚氧乙烯保护层的阳离子交换膜的隔膜电解槽中进行。

② 原料 S 在阳极上电氧化（或阴极上电还原）成中间体 I，中间体 I 在阴极上电还原（或阳极上电氧化）成最终产物 P，通式如下：

$$S \xrightarrow{\text{阳极}} I + ze^- \xrightarrow{\text{阴极}} P$$

或

$$S + ze^- \xrightarrow{\text{阴极}} I \xrightarrow{\text{阳极}} P + ze^-$$

这种成对电解必须在无隔膜槽中进行，虽然同时利用了阴、阳两极的电流，但最终产品只有一种。例如由 2,3-丁二醇电合成 2-丁酮的过程：

$$CH_3-\underset{OH}{\underset{|}{CH}}-\underset{OH}{\underset{|}{CH}}-CH_3 \xrightarrow{-2e^-} CH_3-\underset{O}{\underset{\|}{C}}-\underset{OH}{\underset{|}{CH}}-CH_3 \xrightarrow{+2e^-} CH_3-\underset{O}{\underset{\|}{C}}-CH_2-CH_3$$

③ 一种原料 S 分别在阴、阳两极进行不同的电合成反应，同时生成 P_1 和 P_2 两种有用的产品，通式如下：

$$P_1 \xleftarrow{+ze^-} S \xrightarrow{-ze^-} P_2$$

这类成对电合成方法既可在隔膜电解槽中也可在无隔膜电解槽中进行。这种方法的典型例子是用葡萄糖作反应物，在阴极（铅或铅合金电极）上经直接电还原获得山梨糖醇，在阳极（DSA 或石墨或铅合金）上用 Br_2/Br^- 媒质进行间接电氧化反应得到葡萄糖酸。另外，糠醛分别在阴、阳极上反应也可同时生成糠醇和糠酸两种产品。

④ 原料 S 在阳极电氧化（或阴极电还原）生成 P 和副产物 Q，副产物 Q 可以在阴极上电还原（或阳极上电氧化）成原料 S，生成的原料可以重新加以利用，通式如下：

$$S \xrightarrow{\pm ne^-} Q + P \quad (Q \xrightarrow{\pm ne^-} S)$$

这类成对电合成需在无隔膜电解槽中进行，适用于原料价格较贵的反应。例如：

$$\text{对二甲苯} + CH_3COOH \xrightarrow{-2e^-} \text{4-甲基苄基乙酸酯}(CH_2OAc,\ CH_3) + \text{2,5-二甲基苯基乙酸酯}(CH_3,\ OAc,\ CH_3)$$

$$\text{4-甲基苄基乙酸酯} \xrightarrow{+2e^-,\ CH_3COO^-} \text{对二甲苯}$$

成对电合成的一般工艺流程见图 5.11。

5.6.2 固体聚合物电解质电合成

固体聚合物电解质法（Solid Polymer Electrolyte，SPE）是 20 世纪 80 年代初开始的一种新的电合成方法，其特点是利用金属与固体聚合物电解质的复合电极，这种电极主要起隔膜和导电的作用。1981 年 Ogumi 等[62,63]首次将 SPE 复合电极成功地应用于对苯醌和马来酸的电还原反应，为有机电合成工业开辟了一条新的途径。

SPE 复合电极的制备主要有四种方法：热喷法或机械施压法、电化学沉积法、渗透法和浸渍-还原法，后两种方法属于化学沉积法，表 5.2 列出了四种制备方法的主要优缺点。

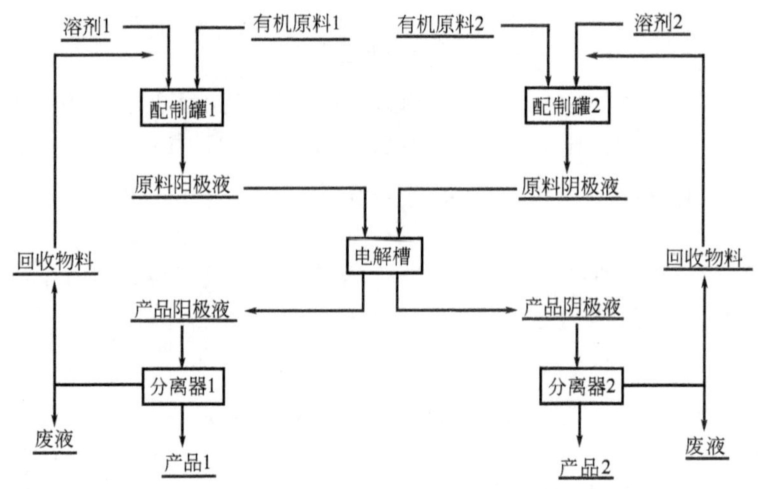

图 5.11 成对电合成工艺流程

表 5.2 SPE 复合电极四种制备方法的比较

方法	主要优点	主要缺点
热喷法或机械施压法	是美国通用电力公司致力于商业应用而开发的一项较成熟的技术	催化颗粒细，黏合剂及表面活性剂使电催化活性降低，铂用量较大
电化学沉积法	零间距电沉积，能使多种贵金属沉积于离子膜的表面	只能沉积于膜表面，设备昂贵，结构复杂
渗透法	属化学沉积，设备简单，金属颗粒附着力强，无黏合剂的不利影响，贵金属盐得以充分利用，应用较广泛	金属颗粒较粗大，主要分布于膜外表面，贵金属有效利用率较低，用量较大（一般 $4mg/cm^2$）
浸渍-还原法，简称 I-R 法	是在渗透法的基础上发展起来的，金属颗粒可在膜的内表面还原，颗粒较细，结构致密，贵金属用量降低了一个数量级（$0.55mg/cm^2$），电催化性能较高	条件的优化很重要，过细、过致密的结构有可能影响基质在膜中的传输

按制备方法分类，SPE 复合电极可分为粘接式、沉积式和置换式三种类型。粘接式 SPE 复合电极一般用热喷法或机械施压法制备，通常由 SPE 膜、催化膜和导电支撑网三部分组成，多用于燃料电池体系，近年在有机电合成中的应用也逐渐增多。沉积式 SPE 复合电极主要采用化学沉积方法制备，通常分为浸渍法和渗透法两种。置换式 SPE 复合电极是利用 SPE 膜内的活性离子（如 H^+）将外部的电催化离子置换到膜内而获得具有电催化活性的 SPE 电极，通常用于间接有机电合成。

图 5.12 是 SPE 电合成的原理示意图，SPE 膜将有机原料 S_1 和 S_2H 隔开，两侧的金属电催化层分别作为阴、阳极，电解时发生如下反应。

阳极反应：$S_2H \longrightarrow S_2 + H^+ + e^-$

阴极反应：$S_1 + H^+ + e^- \longrightarrow S_1H$

电解反应：$S_1+S_2H \longrightarrow S_1H+S_2$

采用两面镀有金属层的 SPE 电极进行电解反应可生成两种产物，相当于成对电合成。若用一面镀有金属层的 SPE 电极进行有机电合成，则在有机相一侧得到产物，另一侧则发生普通电极反应。

SPE 电合成法不需加支持电解质，可以不用溶剂，明显减小了电解槽的欧姆电压降，比常规有机电合成方法更节省电能，电解反应的选择性高，并可大幅度减少污水和污物的排放量。因此，近年来，SPE 复合电极技术在有机电合成领域中的应用研究十分活跃，人们对有机官能团的氧化或还原反应、烯烃的甲氧基化反应、双键烯烃的电还原及脱卤反应等进行了较广泛的研究并取得了一些有价值的结果[64~70]。

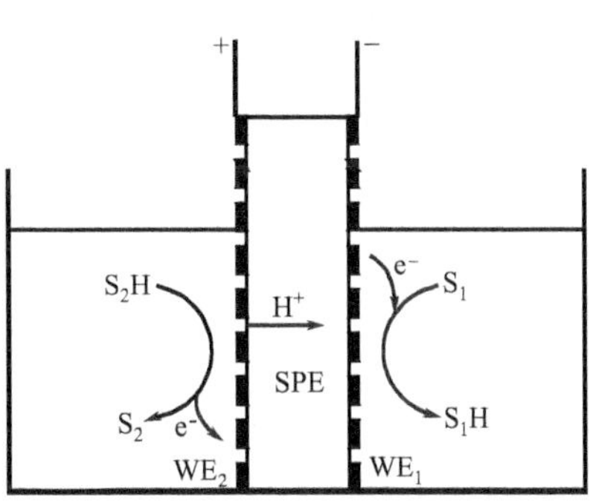

图 5.12　SPE 电合成法示意图

5.6.3 电化学不对称合成

电化学不对称合成是指在手性诱导剂、物理方法（如磁场、偏振光）等诱导作用下，将潜手性的有机化合物通过电极过程转化为相应的有光学活性的化合物的一种合成方法。以下将介绍六种电化学合成手性物质的方法。

（1）电解手性物质合成新的手性产物

这种电化学转化已成功地应用于许多物质，甚至可用于包含有复杂的多个官能团的化合物。如 Electrosynthesis Co. 已对各种手性物质进行了转化[71~73]：①氨基酸类的 L-胱氨酸到 L-半胱氨酸；②碳水化合物的 D-葡萄糖酸到 D-阿拉伯糖酸；③甾族化合物的 11-酮-5α，22-螺甾烷-3β，12β-二醇到酮紫花洋地黄皂角苷前体，它们是一些合成抗生素的中间体。这些电化学氧化或还原比传统方法具有更高的选择性，而且在大多数情况下，产物的旋光性不会损失。

最近还有文献[74]报道了电还原头孢子菌素 C 的衍生物合成贵重的外型甲基单烯头孢素，此手性物质是合成抗生素头孢丁烯和头孢克洛所必需的。

（2）在手性溶液中电解非手性物质

手性物质可以通过向溶液中外加手性添加剂或手性支持电解质的方法来实现。添加剂通过共吸附、氢键、络合氧化还原反应或其他机理诱导偏光后，再进行阴极还原或阳极氧化反应物得到手性物质。目前，此方法的研究主要还在实验室阶段。一个很好的例子是在手性生物碱可立宁存在下电还原 4-甲基香豆素，在pH＝2、阴极的电极电位为－1.5V（vs. SCE）的情况下，电还原生成二氢化香豆素的收率为55%，其中一种手性异构体过量 60%以上。在更高的 pH 值和更负的电位下，可以得到更高的收率，而且过量的异构体只有 12%[75]。4-甲基香豆素的异构选择性阴极还原反应式如下：

$$\text{4-甲基香豆素} \xrightarrow[\text{可立宁}]{+e^-,\ +H^+} \text{(手性)4-甲基二氢香豆素}$$

(3) 带有手性氧化还原媒介的间接电合成

在溶液中使用氧化还原媒介间接电合成手性物质是一种很有希望的方法。如以铁氰化物或碘作为氧化还原物质，用催化量的 Os（Ⅷ）手性配合物，可将烯烃转化为手性二元醇，收率和过量异构体的量都很高[76]。维生素 B_{12} 是一种手性氧化还原剂，它不易中毒，而且便宜，它将成为电合成前列腺素中间体最有潜在价值的试剂[77]。

(4) 在手性电极上电解非手性物质

将手性物质吸附或化学键合到电极上即可制得手性电极。利用手性电极可以合成手性产品，但手性产品中的过量异构体比较有限，有关这方面的研究有待于进一步探讨。

(5) 可键合、成环的手性物质的电解

一个有趣的例子[78]是使用手性前体键合反应物。如桂皮酸酯在 DMF/Et_4NBr 溶液中经电化学加氢二聚，所得的反式烯酸酯环合成五元环，此反应收率大于 95%。

$$2Ar\text{-}CH{=}CH\text{-}COOR \xrightarrow[H^+]{+2e^-} \text{(ArCH-CH}_2\text{COOR)}_2 \longrightarrow \text{碳负离子} \xrightarrow{-OR} \text{三芳基环戊酮}$$

其中 R＝内型茨醇基。

(6) 酶存在下手性或前手性物质的电解

电、酶复合合成是一种新的合成方法，具有很好的发展前景[79]。已有很多有关非电化学方法的有益和重要的酶反应，如从甲基化合物类合成手性醇类，从烯烃手性合成环氧化合物、醇、胺等。在电的催化作用下酶催化反应具有更特别的性能，如独特的选择性、更高的收率、不存在污染等。如 *p*-乙苯酚合成 α-羟乙基苯酚，收率高达 99%。

电化学不对称合成具有反应条件温和、易于控制、手性试剂用量小及产物较纯、易于分离等优点，但作为一个与有机化学、电化学等学科相关的新兴研究领域，也存在许多不足之处，如产物光学纯度不高、手性电极寿命不长、重现性不好等，目前关于电化学不对称合成的机理也不十分清楚，这些都有待于进一步研究。

5.6.4 生物资源的电化学转化

用各种生物物质（动、植物体）来制造各种化学产品，即进行生物资源的化学变换已有很长的历史。如用粮食发酵制酒是最早实现的生物资源的化学变换。美国首先开始利用生物资源制造化学品的一系列研究，继而欧洲、日本等国家和地区也有越来越多的化学家从事这方面的研究。如今，对生物化工的期望已扩展到全球。

用比较成熟的发酵等技术来进行生物资源的化学变换，仍存在几个重要难题：技术复杂、费时、产品的分离和纯化困难、能耗过高及环境污染等。因此利用有机电合成技术固有的优点用于生物资源的化学变换，其前景十分令人鼓舞。

(1) 油脂类的化学变换

油脂的水解产物——脂肪酸和甘油是最早通过电解技术进行化学变换的生物资源。如通过 Kolbe 反应将短链脂肪酸合成长链烃。

油脂的另一水解产物——甘油可以通过 Mn^{3+}/Mn^{2+} 间接电氧化制得甘油醛。反应式如下：

$$\underset{\text{OH}}{\text{CH}_2}-\underset{\text{OH}}{\text{CH}}-\underset{\text{OH}}{\text{CH}_2} \longrightarrow \underset{\text{OH}}{\text{CH}_2}-\underset{\text{OH}}{\text{CH}}-\text{CHO} + \text{H}_2$$

(2) 淀粉和纤维素类的化学变换

20 世纪 60 年代，美国首先进行半纤维素和淀粉电解技术的研究，并实现了用 IO_4^-/IO_3^- 间接电氧化淀粉制二醛淀粉的反应。

淀粉和纤维素等多糖类物质水解后都可以得到葡萄糖。在葡萄糖分子中既有可以被氧化的羟基，又有可以被氧化或还原的羰基，因此，葡萄糖通过电解可以制成多种有用的化学品。

在酸性或碱性溶液中，葡萄糖都可进行一系列电解反应。目前，葡萄糖电氧化反应在工业上得到应用的技术是，葡萄糖在含 Ca^{2+} 溶液中，通过 Br_2/Br^- 为媒质的间接电氧化制取葡萄糖酸钙，收率高达 99.5%。

贝泽等在带隔膜的电解槽中，让葡萄糖在两个电极上分别电氧化和电还原，可同时获得葡萄糖酸和山梨醇。

(3) 蛋白质类的化学变换

生物体的蛋白质及其分解产物——各种氨基酸也可以变换成许多化学品。如人发、猪毛中的胱氨酸电还原成生化试剂 L-半胱氨酸。

$$\begin{array}{l} \text{S}-\text{CH}_2-\overset{\text{NH}_2}{\overset{|}{\text{CH}}}-\text{COOH} \\ | \\ \text{S}-\text{CH}_2-\underset{\text{NH}_2}{\underset{|}{\text{CH}}}-\text{COOH} \end{array} \longrightarrow 2\text{HS}-\text{CH}_2-\overset{\text{NH}_2}{\overset{|}{\text{CH}}}-\text{COOH}$$

在酸性溶液中，以钯为电极，可以将对硝基苄氧基谷氨酸上的硝基电还原成氨基，而其他结构保持不变。利用蛋白质及其分解产物进行有机电合成，以制取各种生化试剂、药物及营养品是今后有机电合成的重要发展方向之一。

(4) 木质素的化学变换

从木本植物中提取的木质素是复杂的网状高分子化合物，通过电解氧化，可分解成多种化学品。如可溶性木质素在碱性电解液中电氧化，可制得甲基乙基酮、丙酮、醋酸等低分子化合物；可溶性木质素磺酸盐在 NaOH 溶液中可电氧化成丁香醛、香草酸、香草醛、愈创木酚和其他芳香化合物。

(5) 仿生电合成

有机电合成技术可以通过模拟生物机体将低分子化合物转变成高分子化合物。如奥柯乃尔等实现了用电合成的方法制造维生素 C，其中主要的电化学步骤是用 $Ni(OH)_2/NiOOH$ 氧化二丙酮-L-山梨糖为双丙酮-2-酮基-L-古洛糖酸。

5.6.5 自发电化学合成

电解是由电能转变为化学能的过程，即通电使本来不能自发进行的化学反应得以进行，一般的有机电合成过程均属于这种情况。如果在一定的温度和压力下，生成某种有机化合物的化学反应的 $\Delta G<0$，那么，此反应就可以自发进行。将自发进行的化学反应安排在电化学反应器中进行时，不仅可合成所需的产物，而且可以提供电能，这种电合成方法称为自发电合成。

常温、常压下乙烯的氯化反应就是一个可自发进行的反应。可以将此反应安排成如下的电池：

$$Pt|Cl_2|Cl^-|C_2H_4|Pt$$

该电池会发生以下反应：

阴极反应　$Cl_2+2e^- \longrightarrow 2Cl^-$

阳极反应　$CH_2=CH_2+2Cl^- \longrightarrow CH_2ClCH_2Cl+2e^-$

电池反应　$Cl_2+CH_2=CH_2 = CH_2ClCH_2Cl$

因此这种电池不仅能释放电能，而且能生成有机产品二氯乙烯。与通常的乙烯氯化反应相比，自发电合成得到的二氯乙烯纯度很高，基本上无乙烯基乙二醇副产品产生。

乙烯氧化制乙醛，1-丁烯氧化制甲基乙基酮等都是自发电合成过程。

5.6.6 C1 化合物的电化学合成

近年来，利用电解反应从 C1 化合物合成碳原子数较多的有机化合物的研究有了很大的发展，特别是以 CO 和 CO_2 为原料的电合成。以 CO 和 CO_2 为原料的电合成也称为 CO 和 CO_2 的电解固定。

CO 和 CO_2 的电解固定主要有两种方法。

(1) 仅从 CO、CO_2 出发，衍生出碳原子数较多的化合物

用这种方法合成的化合物的碳数不是很大。

CO_2 的电还原研究从 1914 年就已开始。但是支持电解质的种类和电极材料的不同会显著地影响 CO_2 电解反应的方向和产物的组成（见表 5.3）。

(2) CO 或 CO_2 与其他有机化合物交错二聚或加成

该方法，一般由添加的有机化合物通过电解生成的阴离子中间体与 CO_2 和 CO 进行亲核加成。在多数情况下，生成物是多官能性、附加值较高的化学品，这在精细化工生产中十分重要。

CO 与有机化合物电解合成还可以实现有机物的羰基化。

表 5.3 电解质的种类和电极材料对 CO_2 电解反应的影响

电解质	阴极材料	产物
硫酸钾	锌汞齐	甲酸
烷基季铵盐水溶液	汞	甲酸和羟基丁二酸
烷基季铵盐水溶液	铅	乙二酸

5.6.7 特殊有机电合成技术应用实例

尿囊素是一种重要的精细化工产品，常用乙二醛的硝酸氧化法制得，但这种化学合成法污染严重，而且工艺要求非常严格。重庆大学张苏洪[80]采用成对电解合成技术，在阴、阳极分别还原草酸和氧化乙二醛制得乙醛酸，然后与尿素缩合生成尿囊素。该双极室成对电解反应在离子交换膜电解槽中进行，具体反应过程如下。

阴极液为草酸水溶液，有效的阴极反应为：

$$2H^+ + 2e^- \longrightarrow H_2$$

$$\begin{matrix} COOH \\ | \\ COOH \end{matrix} + H_2 \longrightarrow \begin{matrix} CHO \\ | \\ COOH \end{matrix} + H_2O$$

阴极反应实际上是一个间接电还原反应，因为该还原反应首先是 H^+ 在阴极上得到电子，生成氢原子，两个氢原子结合成 H_2，H_2 再与草酸反应生成乙醛酸。

阳极液是乙二醛与盐酸的溶液。此处盐酸所起的作用为：①作为支持电解质，增强溶液的导电能力；②通过离子交换膜，向阴极反应提供所必需的氢离子；③起到类似催化剂的作用，使乙二醛的阳极氧化反应转变为选择性更好的间接电氧化反应。

阳极上首先发生的是 Cl^- 失去电子生成 Cl_2，Cl_2 再与乙二醛在液相中发生亲核加成和脱氯化氢反应：

$$2Cl^- - 2e^- \longrightarrow Cl_2$$

$$\begin{matrix} CHO \\ | \\ CHO \end{matrix} + Cl_2 + H_2O \longrightarrow \begin{matrix} CHO \\ | \\ COOH \end{matrix} + 2H^+ + 2Cl^-$$

电解槽接通直流电源后，控制槽电压为 4.5V，阳极 pH=7，6%的盐酸分批加入，阴极加入缓蚀剂，电解温度 25℃，阴、阳极室内同步发生反应，两极室均生成乙醛酸。整个电解过程总反应如下：

$$\begin{matrix} CHO \\ | \\ CHO \end{matrix} + \begin{matrix} COOH \\ | \\ COOH \end{matrix} \longrightarrow 2 \begin{matrix} CHO \\ | \\ COOH \end{matrix}$$

该法具有设备利用率、转化率和选择性高等优点。其装置示意图如图 5.13。

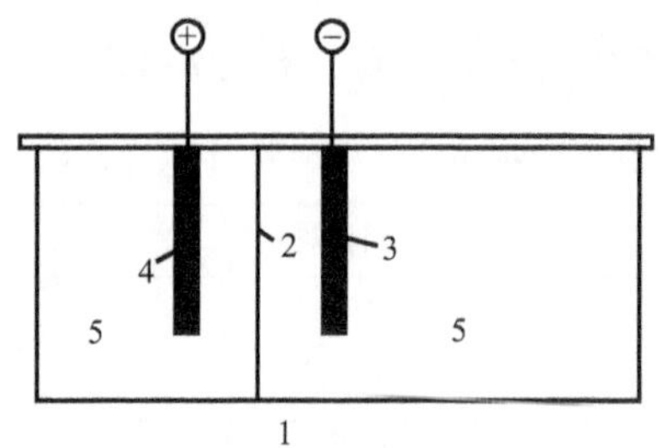

图 5.13 双极室成对电合成乙醛酸装置示意图
1—电解槽；2—离子交换膜；3—阴极；4—阳极；5—电解液

参考文献

[1] 马淳安. 有机电化学合成导论. 北京：科学出版社，2002.
[2] 陈松茂. 有机化工产品电解合成. 上海：上海科学技术文献出版社，1994：103.
[3] Torii S，Uneyama K，Nokami J，et al. J. Appl. Electrochem.，1986，16：304.
[4] So Y H. J. Org. Chem.，1985，26（5）：895.
[5] Sugai Kahaku Kogyo. JP 57051272，1982.
[6] Mitsui Petrochem Ind. JP 55034617，1980.
[7] Klabunde U. DE 2436111，1975.
[8] Markó I E. Novel Trends in Electroorganic Synthesis（Edit by S. Torii），1998：7.
[9] Robertson P M，Berg P，Reimann H，Schleich K，Seiler P. J . Electrochem . Soc.，1983，130：591.
[10] Cutler L H. DE2701453，1977.
[11] 杨明. 我国有机电解合成的现状与前景. 精细化工，1996，1：40.
[12] Steckhan E. Topics in Current Chemistry：Electrochemistry Ⅲ.，Springer-Verlag Berlin Heidelgerg，1988.
[13] Degner D. Technique of electroorg. Synthesis，Techn. Of Chemistry V，P Ⅱ.，J. Wiley & Sons，1982.
[14] 马淳安等. 有机化学，1998，4：334.
[15] 童少平. 浙江工业大学硕士学位论文，1998.
[16] Misono A，Naga T，Yamagishi T. JP77045707，1978.
[17] Skaletz D H. DE26182766，1978.
[18] Ginsburg D，Mayer W J W. USP4251332，1981.
[19] Collange E，Paris M，Autissier N. EP93653，1984.
[20] Asahi Chem. JP56112488，1982.
[21] Kormachev，V V，et al. SU844616，1981.
[22] Nohe H，Hannebaum H. DE2658951，1978.
[23] Wehinger E，Kazda S，Knorr A. DE3239273，1984.
[24] Berntsson P，Vastra F，Gaarder J，Lamm B. DE2243665，1973.
[25] Kyriacou D. EP18069，1981.
[26] Bon C K，Kamp A J，Sobieralski T J. USP4592810，1981.
[27] Seiber J N. USP3687827，1972.
[28] 郑勤安. 精细化工，1996，13（增刊）：73.
[29] 马淳安等. 电化学，1997，3（4）：438.
[30] 马淳安等. 高等学校化学学报，2000，21（增刊）：48.
[31] Andosov V V. SU968032，1983.
[32] Toomey J E. USP4482437，1985.
[33] Sumitomo Chem. JP56072188，1981.
[34] Lund H. WO8603194，1986.

[35] Fujimoto Y，Teranishi M. DE1695341；DE1695342；DE1695343，1964.
[36] 马淳安等. 浙江工学院学报，1992，20（1）：1；20（2）：1；20（3）：1.
[37] 马淳安等. 精细化工，1996，13（增刊）：26.
[38] 马淳安等. 高校化学工程学报，2001，15（5）：453.
[39] 马淳安等. 精细化工，1995，12（1）：39.
[40] 马淳安等. 中国发明专利，ZL93119242. 0，1999.
[41] 马淳安等. 中国实用新型专利，ZL93242517. 8，1994.
[42] 马淳安等. 精细化工，2000，17（增刊）：17.
[43] 马淳安等. 电化学，1999，5（4）：395.
[44] 马淳安等. 浙江工业大学学报，1996，24（2）：138.
[45] 邓为玲. 青岛化工学院硕士学位论文，1999.
[46] Millington J P，et al. UK PAT. GB2140340A，1984.
[47] Platen M，etc. Tetrahedron Lett.，1979：511.
[48] Karl-Heinz G B，Eberhard S，Werner S. Acta Chemica Scandinavia，1983，B37：499.
[49] Simons J H. J Electrochem Soc，1949，95：47.
[50] Simons J H，Francis H T，Hogg J A. J. Electrochem. Soc.，1949，95：53.
[51] Simons J H，Harland W J. J. Electrochem. Soc.，1949，95：55.
[52] Simons J H，Pearlson W H，Brice T J，etc. J. Electrochem. Soc.，1949，95：95.
[53] Simons J H，Dresuder R D. J. Electrochem. Soc.，1949，95：64.
[54] Simons J H. USP2519983.
[55] Tomilov A P，Smirnov Y D，Varshavskii S L. J Gen Chem USSR，1965，35：390.
[56] Tomilov A P，Smirnov Y D. Zh Vses Khim Obshch D I Mendeleeva，1965，10：101.
[57] Tafel J，Schmitz K. Z Electrochem，1902，8：281.
[58] Tedoradze G A. J. Organometallic Chem.，1975，88：1.
[59] Mckinney P S，Rosenthal S. J. Electroanal. Chem.，1968，16：261.
[60] Ziegler K. Brennst. Chemie，1959，40：209.
[61] 马淳安. 有机电化学合成导论. 北京：科学出版社，2002：305.
[62] Ogumi Z，et al. Electrochim. Acta.，1981，26：1779.
[63] Ogumi Z，et al. Electrochim. Acta.，1983，28：1687.
[64] Ogumi Z，Mizoe T，Yoshida N，et al. Bull. Chem. Soc. Jpn.，1987，60：4233.
[65] Ogumi Z，Mizoe T，Zen-ichiro T. Bull. Chem. Soc. Jpn.，1988，61：4183.
[66] Chen Z，Mizoe T，Ogumi Z，et al. Bull. Chem. Soc. Jpn.，1991，64：537.
[67] Ogumi Z，Nishio K，Yoshizawa S. Electrochim. Acta.，1981，26（12）：1779.
[68] Ogumi Z，Inaba M，Shinichi O. Electrochim. Acta.，1988，33：365.
[69] Inaba M，Ogumi Z，Ion-ichiro T. J. Electrochem. Soc.，1993，140：19.
[70] Inaba M，James T，Ogumi Z，et al. J. Electrochem. Soc.，1993，140：706.
[71] Fuchigami T，Shimojo M，et al. J. Org. Chem.，1990，55：6074.
[72] Genders J D，Weinberg N L，Zawodzinski C. Electroorg. Synth. New York：Marcel Dekker，1991：273.
[73] Genders J D，Weinberg N L，Mazur D J. US Pat.，1992，5106463.
[74] Martin C，Menon V，et al. Proceedings-Tenth International Forum on Electrolysis in the Chemical Industry，1996，11.
[75] Chemical Marketing Reporter，1995，9：18.
[76] Amundsen A R，Balko E N. J Appl Electrochem，1992，22：810.
[77] Mazur D J，Kendall P M，et al. J Org Chem，1996，61：405.
[78] Utley J H P，Gullu M，Motevalli M. J Chem Soc Perkin I，1995：1961.
[79] Steckhan E. Topics in Current Chemistry，1990，170：84.
[80] 张苏洪. 重庆大学硕士学位论文，2001.

第6章

电化学聚合反应

6.1 概述

导电聚合物是指具有共轭大π键的聚合物经电化学或化学掺杂后由绝缘体转变为导体的一类高分子材料。1977年，美国的MacDiarmid A.G.、Heeger A.J.和日本的Shirakawa H.等发现聚乙炔经碘掺杂后，其电导率从10^{-9}S/cm提高到10^3S/cm，即从绝缘体转变为具有导电能力的导电聚合物[1]。从此导电聚合物成为一类新材料而引起各国科学家的广泛兴趣和高度重视。这些导电聚合物既具有聚合物的化学、力学性能，又具有金属、半导体的电性能和光电性能，在电池、传感器、电催化、腐蚀防护、发光材料和电磁屏蔽等领域得到了研究和应用[2~4]。2000年，MacDiarmid A.G.，Heeger A.J.和Shirakawa H.因合成了导电聚合物而获得了诺贝尔化学奖。

具有代表性的导电聚合物有：聚吡咯[5]、聚苯胺[6]、聚噻吩[7]、聚乙炔[8]、聚对亚苯基乙烯[9]、聚对苯[10]等，如图6.1所示。它们有一共同的特征，即聚合物中单体单元之间存在π电子体系的相互作用，其本征导电性起源于离域的共轭π电子轨道的存在，经化学或电化学掺杂，使其由电绝缘体转变为导电高分子聚合物。这类聚合物从量子化学角度来分析，位于共轭链上的每一个碳原子为sp^2杂化，3个杂化过的δ键同相邻的原子相连，与其p_z轨道相互交叠，使电子在共轭链方向上形成离域，从而为电子的移动提供了有效的通道。因此导电聚合物的电子结构强烈依赖于链的对称性（即重复单元内的原子种类和数量），这一因素决定了聚合物是半导体或导体。

导电聚合物的合成方法主要有化学氧化法和电化学氧化法。化学氧化法采用氧化剂为引发剂，通过氧化反应合成导电聚合物[11~13]。而电化学聚合是指直接采用电化学方法，如循环伏安法、恒电流法和恒电位法等，在电极表面合成导电聚合物。电化学聚合可以方便地控制导电聚合物膜的厚度，产品纯度高，后处理简单，不需提纯，且可直接用于电池、传感器等领域中，是一绿色合成的新技术[13]。

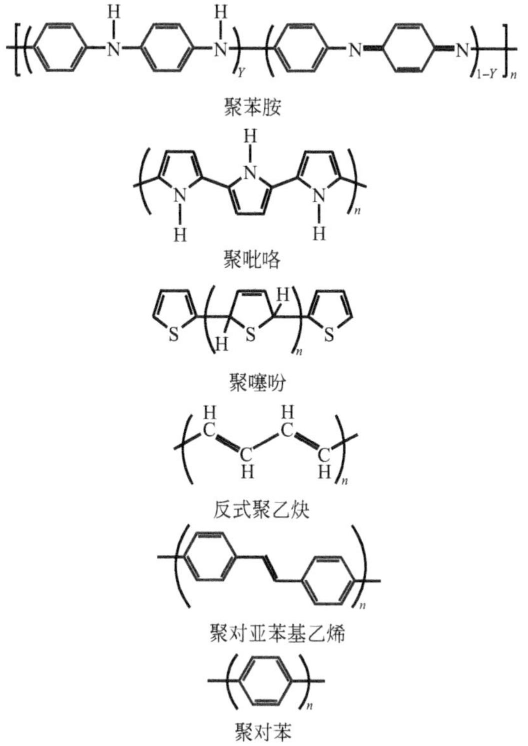

聚苯胺

聚吡咯

聚噻吩

反式聚乙炔

聚对亚苯基乙烯

聚对苯

图 6.1 常见的导电聚合物

6.2 聚吡咯的电化学聚合

聚吡咯（Polypyrrole，PPy）一般通过吡咯单体的氧化而生成。1973 年，Gardini 合成了黑色粉末形式的导电聚吡咯[14]，随后，Diaz 等人首次报道了以电化学方法合成优质导电聚吡咯膜，并对其电化学性质进行了研究[1]。近 20 年来，人们对聚吡咯的合成、结构、性能及应用等不断地进行研究，已初步显示出它的理论价值和实际应用前景。在诸多的导电聚合物中，聚吡咯因具有相对较高的电导率、良好的环境稳定性以及易于电化学聚合成膜和无毒等优点，被认为是最有商业前景的导电高分子材料之一。

6.2.1 聚吡咯的制备方法

目前，聚吡咯的制备方法主要有两大类：一是用化学氧化法制备聚吡咯粉末；二是用电化学方法制备聚吡咯导电薄膜，并采用效果较好的掺杂剂以提高离子掺杂水平，从而提高其电导率。

(1) 化学氧化法

吡咯的氧化电位较低，在氧化剂存在下可以很容易聚合成聚吡咯。许多氧化剂如 $FeCl_3$、$Fe_2(SO_4)_3$、H_2O_2、I_2、Br_2、Cl_2、$K_2S_2O_8$、$(NH_4)_2S_2O_8$ 等都可以用于制备聚吡咯[15~17]，其中铁盐是最常用的氧化剂。化学氧化法通常得到的聚吡咯是黑色粉末（俗称吡咯黑）。具有不溶不熔的特点，采用一般高分子加工方法很难成型，机械延展性较差，在实际应用中受到一定的限制。

(2) 电化学氧化法

电化学氧化法以电子为氧化剂，以电极电位作为聚合反应的引发和反应驱动力，可用三电极体系进行聚合反应制备聚吡咯。所用的介质为水相溶液、有机相溶液或离子液体。通常可采用恒电流、恒电位或循环伏安法进行电聚合反应，在电极表面可直接生成聚吡咯膜。电极材料可使用不同的惰性金属（如 Pt、Au）、石墨或玻碳电极等。

图 6.2 为吡咯单体在硫酸溶液中电化学聚合的循环伏安曲线。从图中可以看出，当电极电位低于 0.6V 时，基本观察不到阳极氧化电流，只是出现了比较宽的双电层电流，表明在较低电位下吡咯在硫酸溶液中不易发生电化学氧化聚合反应；当电极电位高于 0.6V 时，阳极氧化电流迅速增大，对应于吡咯在铂基底电极上开始发生电化学氧化聚合反应，表明当电位较高时吡咯在硫酸溶液中才可发生电化学氧化聚合反应，最后在电极表面生成一层黑色薄膜（俗称吡咯黑）[18]。随着聚合周数的增加，吡咯在硫酸溶液中电化学聚合的阳极氧化电流逐渐降低，这是因为经硫酸掺杂的聚吡咯膜虽然能导电，但是其本身仍具有一定的电阻，随着聚合周数的增加，聚吡咯膜的厚度逐渐增加，导致其电导率逐渐下降，从而影响其聚合速率。

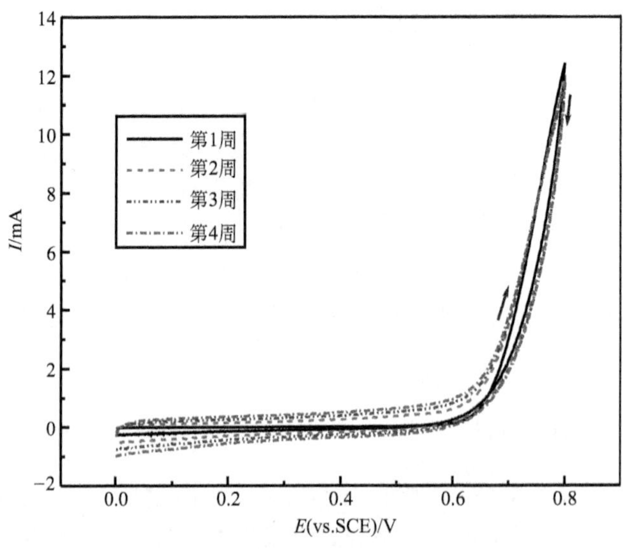

图 6.2　吡咯在硫酸溶液中电化学聚合的循环伏安曲线

6.2.2 电聚合机理

关于聚吡咯的电化学氧化聚合机理的研究虽然报道较多，但由于反应的复杂性，至今对机理认识尚无定论。对于反应机理的研究，目前已提出的聚合机理主要有阳离子自由基聚合机理、锂离子嵌入机理[19]、阴离子嵌入机理[20]和极化子理论[21]等机理，目前最受认可的是阳离子自由基聚合机理，如图6.3所示。阳离子自由基聚合过程即吡咯单体首先被氧化成阳离子自由基，吡咯单体 α-C 位置的反应活性最高，α-位取代的概率最大，一般认为聚吡咯具有 α-α 位相连的链结构。自由基阳离子通过其 α-位的自由基耦联形成二聚体，释放出2个质子。二聚体再被氧化成阳离子自由基，这个阳离子自由基进一步与阳离子自由基耦合，使聚合链增长，最后形成聚吡咯共轭链。吡咯单体在电极表面氧化为自由基时，自由基之间偶合成二聚体的同时，由于电负性较强的氮原子上存在孤对电子，因而部分吡咯单体将结合成质子，为了维持电中性，将阴离子也掺入到聚吡咯链中，形成掺杂了质子和阴离子的聚吡咯膜[22]。

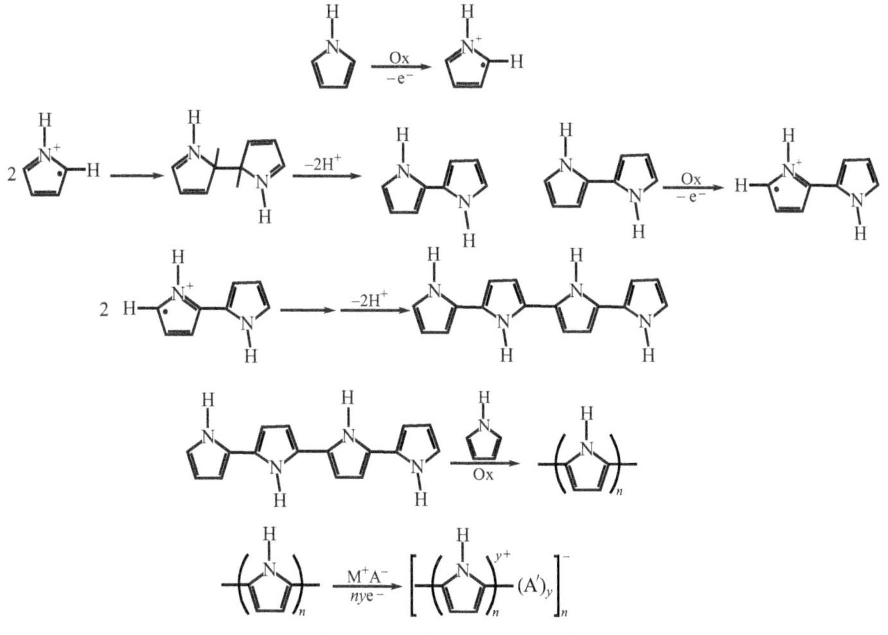

图 6.3 吡咯的电聚合过程

李永舫、钱人元等人发现阳离子自由基机理虽然可以解释一些实验现象，但不能很好解释水溶液 pH 值对聚吡咯合成的影响，并发现在电解液中加入 H^+ 捕捉剂（2,5-二叔丁基吡啶）就能抑止聚合反应进行，因此他们认为吡咯在发生电化学聚合步骤前经历了质子化步骤，并在此基础上提出了阴离子参与吡咯电化学聚合过程的机理[23~25]。这一机理可以很好地解释电解液中的阴离子对吡咯电化学聚合过程的影响，还可以解释聚吡咯链上普遍存在的过剩氢问题，并且解决了阳离子自由基机理存在的相互耦合时的静电排斥问题。

与化学氧化法相比，电化学氧化法制备的聚吡咯具有许多优点[26~29]。①电化学聚合采用“电子”作反应试剂，大都不需加入氧化剂和还原剂，反应体系中包含的物质种类比较少，产物易分离和精制，产品纯度高，对环境污染小，有时甚至完全无公害，是“绿色化学合成工业”的重要发展方向。②电聚合生成的聚吡咯已经被反应时施加的电极电位氧化或者还原，即聚合过程中同时完成掺杂过程，具有很高的电导率。③在电聚合过程中，可以通过改变电极电位、电流和时间等参数控制反应的进行方向，并且还可以控制聚吡咯的质量和厚度。④电化学合成反应一般在常温、常压进行，无需特殊的加热和加压设备，工艺流程短，设备投资、噪声和环境污染少。

6.2.3 影响电聚合的因素分析

大量的研究结果表明，吡咯的电化学氧化聚合过程是相当复杂的，聚吡咯电导率的高低和电化学性能的优劣受到支持电解质、溶剂、聚合方法和电极电位等多种因素的影响[30,31]。

(1) 溶剂的影响

一般来说，只要有一定的电导率、给电子性不强的溶剂均能作为吡咯电聚合反应的溶剂，例如水、离子液体等。溶剂的给电子性对聚吡咯膜有重要影响，溶剂的给电子性越低，聚吡咯的机械强度和电导率越高[32]。

图 6.4 为吡咯单体在离子液体 1-乙基咪唑三氟乙酸盐（HEImTfa）中电化学聚合的循环伏安曲线。由图可知，当正向扫描至约 0.5V 时，氧化电流增加较快，此时电流的增大是由于吡咯单体的氧化引起的，表明吡咯开始在铂基底电极上形成

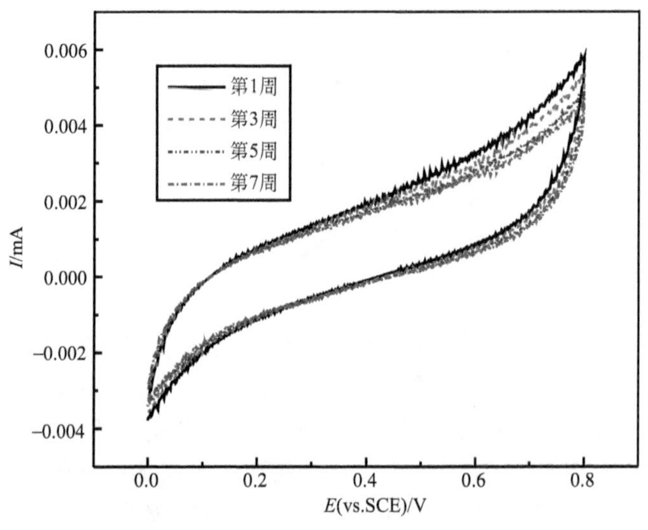

图 6.4　Pt 电极在纯离子液体 HEImTfa 中的循环伏安曲线

PPy-HEImTfa 膜，最后在电极表面生成一层墨绿色的膜。但是与传统的硫酸/水溶液体系相比，吡咯在离子液体 HEImTfa 中电化学聚合的氧化电流整体上降低了一个数量级[33]。

（2）电极电位的影响

一般情况下，具备良好的环境稳定性是导电聚合物能得到广泛应用的前提。但是在较高电位下，聚吡咯会因“过氧化”发生不可逆转的电化学氧化降解[34,35]，使得聚吡咯的共轭长链结构被破坏，致使其电导率迅速降低、电化学活性丧失、力学性能变差，这直接制约着聚吡咯的实际应用。研究发现，聚合电位对聚吡咯的性质有非常大的影响，膜的氧化掺杂程度依赖于聚合电位。当合成电位高于 0.8V（vs. SCE）时，部分聚吡咯膜就会发生不可逆氧化降解，使其共轭链结构遭到破坏，电导率和电化学活性迅速下降[36]。

吡咯单体在硫酸/水溶液中电化学聚合当电位扫描上限增大到 1.20V 时，见图 6.5。在约 0.86V 和 1.02V 处出现了两个氧化电流峰，分别对应于吡咯的电化学氧化聚合和聚吡咯的过氧化降解[37]。当电位较高时不利于吡咯的电化学聚合，氧化峰电流迅速降低，生成的聚吡咯在高电位下进一步被氧化降解，导致聚吡咯的共轭结构产生缺陷，电子在长链上的迁移受阻，电导率迅速下降。而在高氯酸锂/乙腈溶液中，如图 6.6，当聚合电位上限增大到 1.70V 时，在约 1.27V 和 1.44V 处出现了两个氧化电流峰，分别对应于吡咯的电化学氧化聚合和聚吡咯的过氧化。不同的是，随着循环周数的增加，氧化峰电流并没有因为聚吡咯的过氧化而降低，反而逐渐增大。因此，在乙腈溶剂中电聚合制备的聚吡咯的稳定性得到了明显的提高。这主要与乙腈为有机溶剂有关，在电氧化聚合过程中不产生羟基自由基，因此，与硫酸/水电解质溶液相比，在高氯酸锂/乙腈中制备的聚吡咯具有更好的抗过氧化能力。

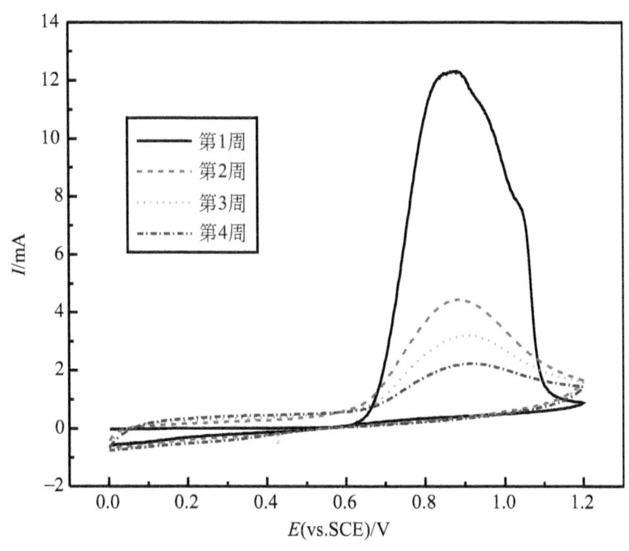

图 6.5　吡咯在硫酸溶液中电化学聚合的循环伏安曲线

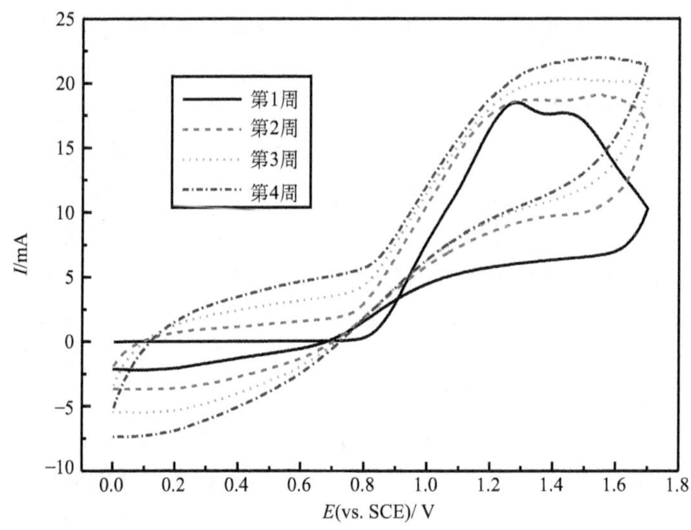

图 6.6　吡咯在高氯酸锂/乙腈溶液中电化学聚合的循环伏安曲线

(3) 电解质的影响

电解液中支持电解质的类型和性质对聚吡咯的致密性和均匀性都有重要影响。支持电解质的阴离子直接参与吡咯的电化学氧化聚合过程且以对阴离子的形式掺杂到聚吡咯膜中。在含强酸性阴离子并且是体积较大的一价阴离子或表面活性剂阴离子电解液中，制备的聚吡咯膜导电性较高[38]，因此通常采用强酸性大阴离子的支持电解质来制备聚吡咯膜。

(4) 聚合方法的影响

可采用恒电位法、恒电流法和循环伏安法等方法制备聚合物。恒电位法可以得到比较均一的薄膜，恒电流法则便于控制膜层的厚度，用循环伏安法制备得到的膜具有质地均匀、电化学活性高、氧化还原可逆性好等优点[39]。

(5) 溶液 pH 值的影响

研究发现，聚吡咯发生氧化降解反应的电位会随溶液 pH 值的增加（碱性增强）而降解反应。因此一般都在酸性电解液中制备聚吡咯。但是如果溶液 pH 值太低，即酸性太强，则易生成吡咯的低聚物，制得的聚吡咯膜电导率也会下降[40]。电解液合适的 pH 范围为 2～3.5。

(6) 基底金属的影响

基底金属的种类也影响聚吡咯的性质。一般聚吡咯膜采用阳极氧化聚合，因此，在吡咯氧化聚合时，基底金属可能发生阳极溶解，从而影响聚吡咯膜的性质和聚合的电流效率。所以在聚合时应尽量避免基底金属的阳极溶解。聚吡咯膜在惰性金属如 Pt 和 Au 等表面上比较容易聚合，在 Fe 和 Cu 等金属表面上较难聚合[41,42]。

6.3 聚苯胺的电化学聚合

聚苯胺（Polyaniline，PAN）由于其良好的空气稳定性、导电性等特点，目前已成为最有实际应用价值的导电聚合物，是导电聚合物领域的研究热点之一，它在二次电池、电致变色材料、传感器和电催化等方面都有极其广泛的应用。

6.3.1 聚苯胺的制备方法

常用的聚苯胺合成方法可以分为两大类：化学氧化法和电化学聚合法。

(1) 化学氧化法

化学氧化法是苯胺单体在适当的条件下，用氧化剂使苯胺发生氧化聚合[43]。反应可以大致分为三个阶段：链引发期；链增长期；链终止期。在酸性苯胺的溶液中加入氧化剂，苯胺单体将被氧化为聚苯胺。常用的氧化剂有过硫酸铵[$(NH_4)_2S_2O_8$]、重铬酸钾（$K_2Cr_2O_7$）、过氧化氢（H_2O_2）、碘酸钾（KIO_3）和高锰酸钾（$KMnO_4$）等。$(NH_4)_2S_2O_8$ 由于不含金属离子、氧化能力强，所以在实际反应体系中应用较多。在引发第二阶段将生成二聚物，反应发生自加速，放出大量的热，进一步加速至反应终止。整个聚合反应在聚苯胺沉淀物与水溶液两相界面之间进行，制备得到的聚苯胺高聚物不溶于水。

(2) 电化学聚合反应

电化学聚合是在酸性电解液、苯胺单体存在的条件下，设定电化学参数，使苯胺在阳极发生氧化聚合反应，生成黏附于电极表面的聚苯胺膜或粉末。

图 6.7 为苯胺在铂电极上发生电化学聚合时前四周的循环伏安曲线。第 1 周的电流较大，从第 2 周开始出现两对可逆的氧化还原峰。

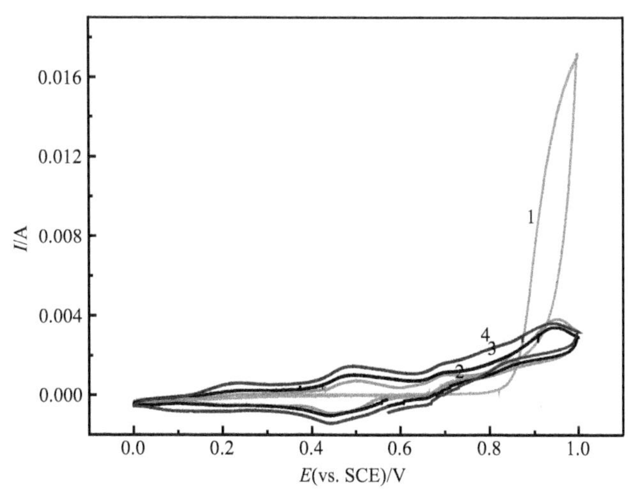

图 6.7　苯胺在硫酸溶液中电化学聚合的循环伏安曲线

聚苯胺存在三种状态：完全还原态（Leucoemeraldine，L），半氧化态（Emeraldine，E）和完全氧化态（Pemigraniline，P）。质子化后分别可获得 LH、EH 和 PH，而完全氧化态的质子化活化能最高[44,45]，它们的结构分别见图 6.8。第一对峰的半波电位与溶液的 pH 值无关，对应于 L 态的聚苯胺氧化为自由基阳离子，而第二对峰的半波电位与溶液的 pH 值有关，因为在这个反应中，质子参加了反应，每失去一个电子，伴随着失去两个质子[46]。聚苯胺等可用质子酸方便可逆地进行掺杂和脱掺杂，使聚苯胺由绝缘体转变为导体。1987 年，MacDiamid 提出：聚苯胺结构中不仅含有“苯-醌”交替的氧化态，而且还含有“苯-苯”连续的还原态，这是目前人们所能普遍接受的聚苯胺的结构。聚苯胺及其衍生物的电活性来源于质子酸掺杂和长链结构中苯环与氮原子上孤对电子形成的线形共轭 p 电子体系。共轭体系为自由电子提供离域迁移的条件，共轭体系越长，越有利于电子的迁移，聚合物的导电性和电活性也会相应提高。另外，聚苯胺的导电性与温度和溶液的 pH 值相关，随着温度升高，其电导率也升高；电导率随溶液 pH 值的降低而迅速增加，当 pH<2 时，呈金属特性，而当 pH>4 时，呈绝缘体性质。

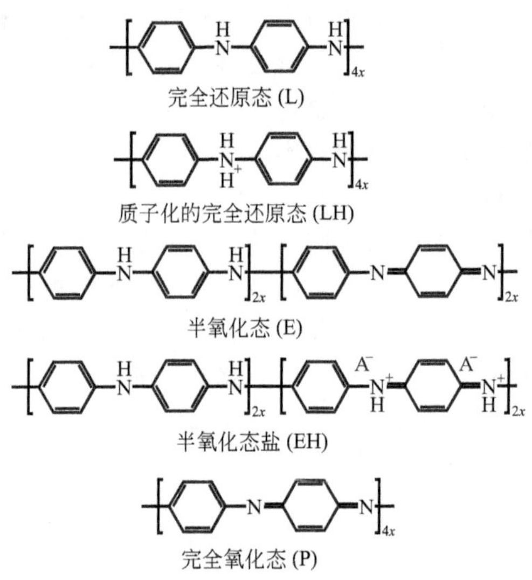

图 6.8　聚苯胺的各种状态的结构

观察铂电极表面可发现，在开始几周的扫描中，在低电位下生成的聚苯胺为浅黄色，随着电位的升高颜色不断加深，并转化为墨绿色。而在还原时，颜色发生可逆转化。因此，聚苯胺也是一种非常优秀的电致变色材料。

6.3.2 电聚合机理

通常，聚苯胺的电化学聚合是一种自催化过程，第一周循环伏安扫描时，随着电位升高，苯胺首先氧化生成苯胺自由基阳离子，如式(6.1) 所示：

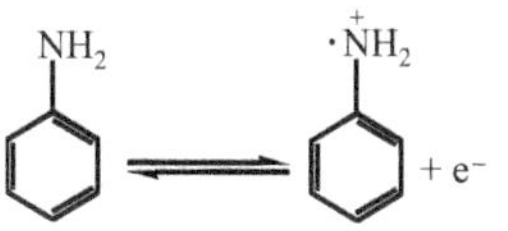

$$C_6H_5NH_2 \rightleftharpoons C_6H_5\dot{N}H_2^{+} + e^- \tag{6.1}$$

此反应是苯胺电聚合的速率控制步骤。随后，生成的自由基阳离子经尾尾相聚或头尾相聚发生二聚物、四聚物，聚合物链不断增长直到终止。孙东豪[47]等利用环-盘电极研究了酸性溶液中苯胺的电化学聚合行为，提出了聚苯胺聚合机理：首先苯胺单体被氧化成阳离子自由基，之后大部分阳离子自由基在电极上聚合形成二聚产物，由 N 原子和芳环上 C-4 的碳原子头-尾偶合连接，该过程重复进行，聚苯胺链不断生长，如图 6.9 所示：

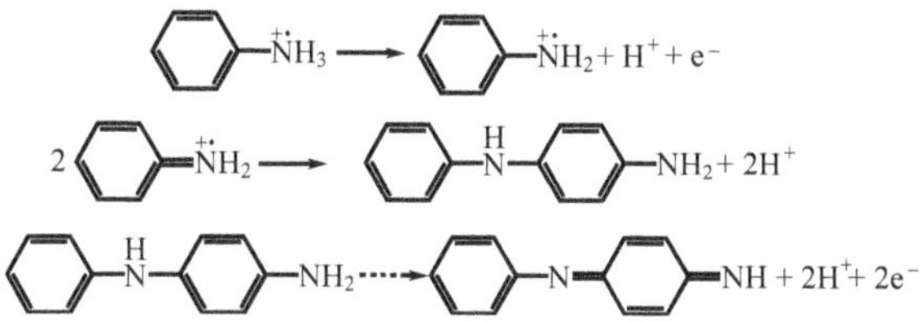

$\dot{N}H_3^{+}$ → $\dot{N}H_2^{+}$ + H^+ + e^-

2 $\dot{N}H_2^{+}$ → H N NH_2 + $2H^+$

H N NH_2 ┈→ N NH + $2H^+$ + $2e^-$

图 6.9　聚苯胺的电化学法聚合机理

Wei 等[48~50]对苯胺的电化学聚合进行动力学研究，提出了苯胺电化学聚合的机理，后来被大多数人所接受，如图 6.10。他们认为在慢速条件下苯胺先被氧化为阳离子自由基，再按头-尾连接的方式，两个阳离子自由基形成二聚体。之后，二聚体被快速氧化为醌式结构，再直接与苯胺单体发生聚合反应而形成三聚体。

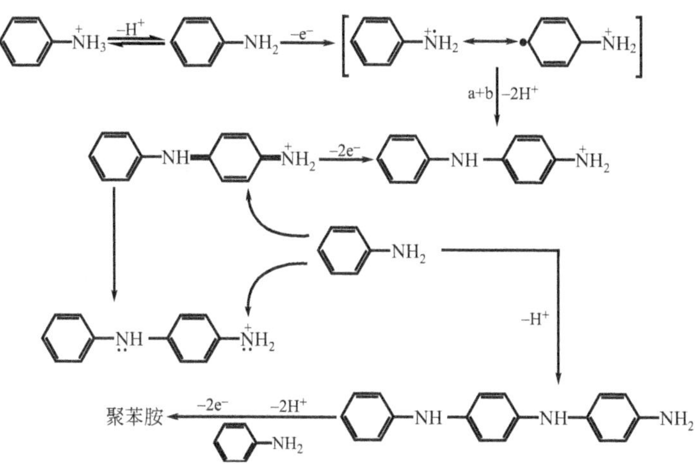

图 6.10　聚苯胺的电化学法聚合机理

6.3.3　电聚合影响因素

苯胺的电化学氧化聚合过程受电极材料、电解液、苯胺单体浓度等条件的影响。苯胺的电化学聚合主要采用恒电位法、恒电流法、动电位扫描法以及脉冲极化法等手段进行。在酸性溶液中制得的聚苯胺大多为墨绿色，具有良好的电化学活性、稳定性和导电性。其中电聚合介质对聚苯胺结构和性能的影响较大。

图 6.11 为聚苯胺在 HEImTfa 离子液体（聚苯胺-HEImTfa）中电化学聚合的循环伏安图。其形状与在硫酸中基本相同。第 1 周时，苯胺约在 0.58V 开始氧化，出现一个较大的氧化峰，从第 2 周开始，随着扫描周数的增加，反应峰电流不断增大。虽然 HEImTfa 为弱酸性介质，苯胺在 HEImTfa 中仍能经氧化生成自由基阳离子。随后的二聚反应与介质和苯胺单体的浓度均有关，经尾-尾二聚可产生联苯胺，经头-尾二聚可产生对氨基二苯胺，在离子液体中可能会生成偶氮苯[51]。同时，聚苯胺中掺杂的离子与水溶液中也不同，其可能的掺杂机理见图 6.12。随着反应电位的上升，Tfa^- 进入到聚苯胺的链中，而在电位下降时，由于 Tfa^- 体积较大，难以从聚合物链中脱出，为了平衡电荷，此时，溶液中的 $HEIm^+$ 进入到聚合物链内。

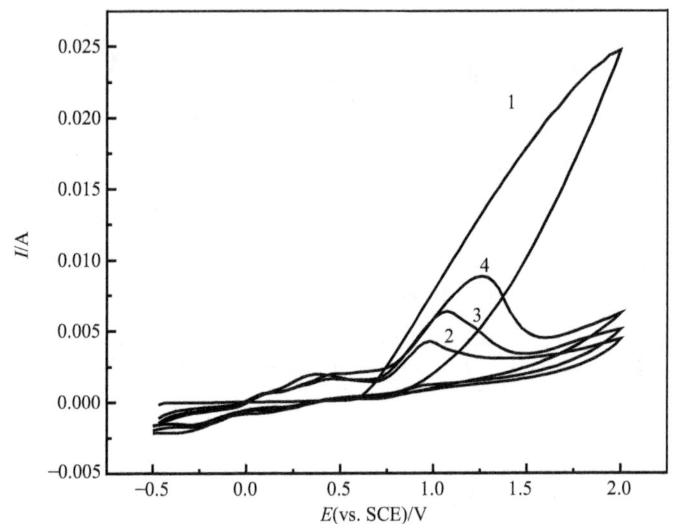

图 6.11　苯胺在 HEImTfa 离子液体中的电化学聚合循环伏安曲线

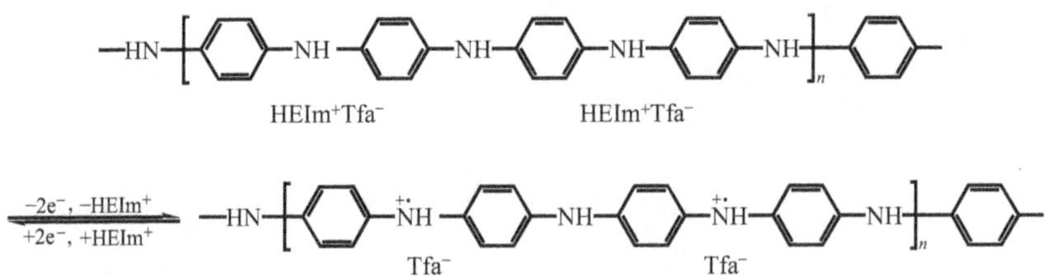

图 6.12　HEImTfa 离子液体在聚苯胺中的掺杂和脱掺杂

观察铂电极表面可发现，在开始几周的扫描中，在低电位下生成的 PAN-HEImTfa 为浅黄色，并随着电位的增加不断加深转化为墨绿色，该特征与在硫酸中合成时的相同。而在以后的扫描过程中，PAN-HEImTfa 逐渐转变为黑色，颜色不再随电位的变化而改变。

图 6.13 为聚苯胺在 HEImTfa 中（PAN-HEImTfa）和硫酸溶液中合成的聚苯胺（PAN-H_2SO_4）的扫描电镜照片。PAN-H_2SO_4 为网状结构和颗粒状等组成，而 PAN-HEImTfa 由断裂状的纳米结构组成，约 30～60nm，该结构规则，且平整。同时与基底电极铂的结合力很强，在实验过程中，未见其从电极表面脱落。因此，这一特性有助于改善聚苯胺的防腐蚀功能。

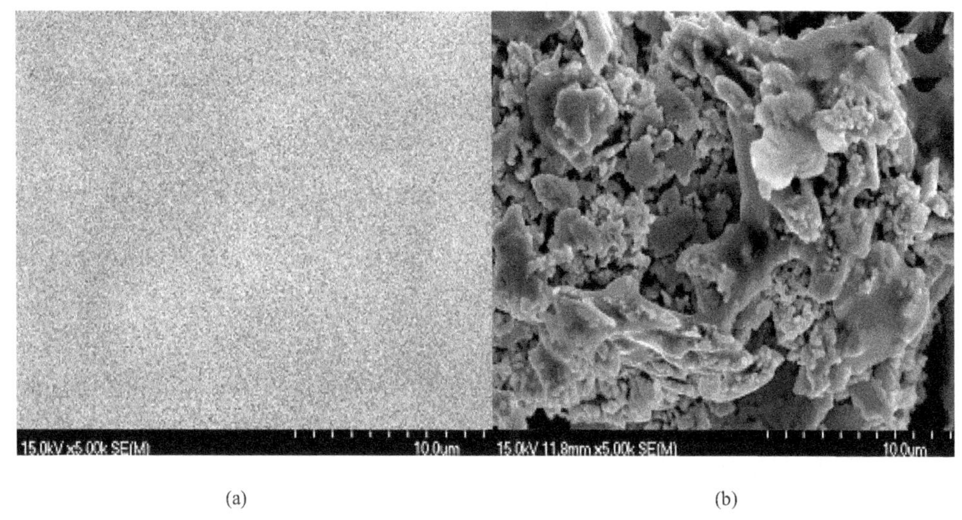

(a)　　　(b)

图 6.13　PAN-HEImTfa（a）和 PAN-H_2SO_4（b）的 SEM 照片

6.4 聚噻吩的电化学合成

聚噻吩（Polythiophene，PTh）是一种重要的导电聚合物，它是一种最具多样性的共轭聚合物体系，与其他几种导电高分子相比，聚噻吩及其衍生物可溶解，易于制备。聚噻吩具有很好的环境热稳定性，掺杂后具有很高的电导性，聚噻吩的导电率可达到 10^{-6}～10^{2}S/cm，故在太阳能电池、电致发光显示材料、人造肌肉组织、非线性光学材料等领域中，都有较深入的研究和探讨，并在现代光电子、微电子、医学、传感器、抗静电剂、场效应晶体管、高性能新型有机芯片、分子导线等领域中展现了诱人的应用前景，备受学术界和产业界的关注[52]。

聚噻吩可以通过化学或电化学的方法制备，其结构如图 6.14 所示。

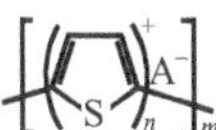

图 6.14　聚噻吩的结构式

其中 A 是反离子，是在聚合物生成过程中掺杂进去的，用以平衡聚合物骨架上的电荷。

6.4.1 聚噻吩的制备方法

聚噻吩化学制备方法起步于 20 世纪 80 年代初，最初由 Yamamoto 等[53]于 1980 年采用金属催化剂首先制备得到。他们将金属 Mg 与 2,5-二溴代噻吩在四氢呋喃（THF）的溶液中作用制成 Grignard 试剂后，再以 Ni(Ⅱ) 化合物为催化剂聚合得到了聚合度约 15 个重复单元的聚噻吩。

之后，Nalwa 用这种方法获得了聚（3-十二烷基）噻吩[54]。

$C_{12}H_{25}$ $C_{12}H_{25}$ Mg, ether 回流, 6h Br Mg $NiCl_2(dppp)$ $C_{12}H_{25}$ n

Masuda 等人利用选择性更好的锌试剂，合成了聚（3-噻吩甲酸甲酯），通过水解反应得到了聚（3-噻吩甲酸）[55]。

CO_2CH_3 Cl S Cl Zn $NiBr_2$; PPh_3 CO_2CH_3 n NaOH COONa n

Sugimoto 等[56]于 1986 年发现的 $FeCl_3$ 作为氧化催化剂聚合噻吩。他们将 0.4mol 的无水 $FeCl_3$ 溶于氯仿中，再加入 0.1mol 3-正己基噻吩，在 30℃下反应 2h，获得了聚 3-正己基噻吩。

聚噻吩自身水溶性比较差，如果引入亲水基团（磺酸基、羧基）会改变聚合物的亲水性能。1987 年，Heeger 等[57]合成了具有导电性能的水溶性共轭聚噻吩，引入羧基取代基改变聚噻吩水溶性也已有报道。例如，Masuda 等[55]利用选择性更好的锌试剂合成了聚（3-噻吩甲酸甲酯），并通过水解反应得到了聚（3-噻吩甲酸），Osada 等[58]选用 $FeCl_3$ 氧化 3-噻吩乙酸甲酯，同样通过水解达到水溶性的聚噻吩乙酸。

最近，采用 McCullough[59]方法制备的具有立体特征光学活性的聚噻吩单体，(如下图所示)，合成的聚合物在和 DNA 相结合之后成为光学活性的产物[60]，实现了将手性部分引入非手性聚噻吩的研究。

$NHCH_3$ n

此外，还有高氯酸铜、高氯酸铁、氯化铝-氯化亚铜-氧气等体系为氧化剂进行聚噻吩的化学合成。自 1979 年 Diaz 通过电聚合吡咯，这种方法很快就推广到噻吩的聚合。1982 年，G. Tourillon 和 F. Garnier 用电化学方法合成聚噻吩。目前噻吩主要在有机体系中电聚合得到聚噻吩。而在酸性水溶液中，噻吩中不能通过阳极电氧化聚合。如果提高聚合电位，则发生水的分解。陈衍珍等采用在高酸度高氯酸水溶液中噻吩先经历化学低聚反应，得到的噻吩低聚合物就可在较负的电位通过阳极氧化成膜[61]。

具有光学活性的聚噻吩可以通过将手性取代基与聚噻吩单体结合，再经过化学或电化学方法合成。例如，瑞典的 Nilsson 等[62]设计、合成了具有手性的聚噻吩

POWT，其结构如下图所示：

6.4.2 电聚合机理

目前，人们所公认的噻吩聚合机理是自由基机理。和聚吡咯一样，其聚合机制符合阳离子自由基聚合规律，然后相互反应或起始单体反应，使聚合物结构得以逐步形成。

噻吩聚合过程大致可以分为以下几个步骤[63,64]：①成核；②形成最初单分子层；③层层沉积成纤维状的膜；④颗粒结构的形成。Buttry 等观察到了起始态时核的形成[65]。在发生氧化聚合反应时，噻吩单体在阳极附近先失去电子形成自由基阳离子，随后自由基阳离子发生二聚化形成二聚体。二聚体会重新被氧化生成二聚体自由基阳离子，再与另一个自由基阳离子结合生成三聚体，再重复上述过程，最终形成聚合物（图 6.15）。

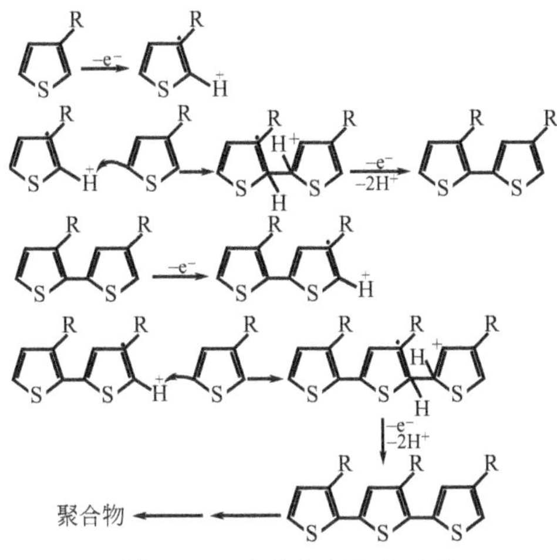

图 6.15　噻吩的电聚合过程

动力学研究也表明，最初的聚合物主要在二维方向生长，主要形成了一层致密的单分子膜。由于聚合物形成的同时将被氧化成掺杂态聚合物，使得具有较高的导电性能，起到电极的作用，之后便以这层膜为基础在三维方向上进行生长，使聚合物的膜变得粗糙[66,67]。

6.4.3 影响因素

噻吩的电化学聚合条件主要包括溶剂、电极材料、支持电解质、单体种类、电学条件等方面。溶剂要求有较高的介电常数和在高电位下不分解，另外考虑到噻吩单体的溶解性，其聚合反应通常需在无水介质中进行，主要有乙腈、苯腈、硝基苯、碳酸丙二酯等。理想的聚合物是在碳酸丙二酯[68]中制备。虽然噻吩在水溶液中也可发生聚合，但是需要在高氯酸等强酸性[61]条件下才能发生聚合，并且水会参与噻吩聚合过程而影响到聚合物的结构及性质。并且水可以终止自由基阳离子之间的偶合反应，即溶剂中水的含量越高，聚合反应的速率越慢，电流效率越低。在水含量低于1%时，就会引起“错装”导致材料性质的劣化[69]。

在单体氧化所需的电位下，噻吩聚合容易发生过氧化[70]，如下式所示：

$$\left[\left(\text{C}_4\text{H}_2\text{S}\right)_n^{+}\text{A}^-\right]_m + 2H_2O \longrightarrow \left[\left(\text{C}_4\text{H}_2\text{SO}_2\right)_n\right]_m + 4H^+ + 4e^-$$

不论采用恒电流法还是恒电压法聚合，最终产物是聚噻吩和过氧化聚噻吩的混合物，并影响到聚合物的化学和物理性质。

在噻吩的聚合过程中经常使用的电极材料主要有Pt、Au、Ag、Ni、ITO玻璃、不锈钢、SnO_2 等[71]，每种电极材料都有自己的应用范围，Pt电极的稳定性最好，应用较多[72,73]。

支持电解质阴离子的种类对聚合过程中的电化学曲线没有多大影响[74]，但是合适的支持电解质能降低单体的氧化电位，对于聚噻吩膜的致密性和均匀性有很大的影响。

聚合物单体不同，反应条件也会发生改变，这是由于取代基电子效应的影响，强吸电子基团（如硝基等）会提高单体的聚合电位，在中性溶剂中不发生聚合或形成低聚物，并且聚合物的性能很差；而给电子基团（如烷基，烷氧基等）会促进阳离子自由基的生成，从而降低单体的聚合电位，聚合物的性能也得到很大提高。

单体浓度也会影响聚合反应，单体浓度较低时，聚合反应进行得比较缓慢，并且所得聚合物的电导率较低。

电学条件对聚合物也有较大影响。动力学研究表明，高的聚合电位有利于聚合物的生成[75]。但伴随的副反应也随之增多。在聚合反应中，噻吩的 β 位虽然活性较差，但是仍可以进行 α-β' 偶联，而且聚合电位越高这种现象越明显，一旦生成 α-β' 偶联，主链的有效共轭程度就会减小，而所得到的聚合物导电性较差[76]。

参 考 文 献

[1] Diaz A F, Kanazawa K K, Gardini G P. Electrochemical polymerization of pyrrole. Chem. Commun., 1979, 14: 635-636.

[2] Shaikh, S F, Lim J Y, Joo O-S. Electrochemical supercapacitors of electrodeposited PANI/H-RuO_2 hybrid nanostructure. Curr. Appl. Phys., 2013, 13 (4): 758-761.

[3] Hosseini M G, Sabouri M, Shahrabi T. Corrosion protection of mild steel by polypyrrole phosphate composite coating. Prog. Ogan. Coat., 2007, 60 (3): 178-185.

[4] Mourato A, Cabrita J F, Ferraria A M, do Rego A M B, Abrantes L M. Electrocatalytic activity of polypyrrole films incorporating palladium particles. Catal. Today, 2010, 158 (1-2): 2-11.

[5] Qi G J, Huang L Y, Wang H L. Highly conductive free standing polypyrrole films prepared by freezing interfacial polymerization. Chem. Commun., 2012, 48 (66): 8246-8248.

[6] Casanovas J, Canales M, Fabregat G. Water absorbed by polyaniline emeraldine tends to organize, forming nanodrops. J. Phys. Chem. B, 2012, 116 (24): 7342-7350.

[7] Kamat S V, Tamboli S H, Puri V, Puri R K, Yadav J B, Joo O S. Optical and electrical properties of polythiophene thin films: Effect of post deposition heating. J. Optoelectro. Adv Mater., 2010, 12 (11): 2301-2305.

[8] Hudson B S, Allis D G. Bond alternation in infinite periodic polyacetylene: dynamical treatment of the anharmonic potential. J. Molecul. Struct., 2012, 1032: 78-82.

[9] Krebs F C, Nyberg R B, Jorgensen M. Influence of residual catalyst on the properties of conjugated polyphenylenevinylene materials: palladium nanoparticles and poor electrical performance. Chem. Mater., 2004, 16 (7): 1313-1318.

[10] Le Ninivin C, Balland-Longeau A, Demattei D, Coutanceau C, Lamy C, Leger J M. Sulfonated derivatives of polyparaphenylene as proton conducting membranes for direct methanol fuel cell application. J. Appl. Electrochem., 2004, 34 (11): 1159-1170.

[11] Moon D K, Maruyama T, Osakada K, Yamamoto T. Chemical oxidation of polyaniline by radical generating reagents, O_2, H_2O_2-$FeCl_3$ catalyst, and dibenzoyl peroxide. Chem. Lett., 1991, 20 (9): 1633-1636.

[12] Lee H S, Hong J. Chemical synthesis and characterization of polypyrrole coated on porous membranes and its electrochemical stability. Synth. Metal., 2000, 113 (1-2): 115-119.

[13] Diaz A F, Felix-Navarro R M. Contact charging of coatings of ionomer/polymer blends, J. Electrostat., 2006, 64 (1): 62-68.

[14] Evans G P. The Electrochemistry of Conducting Polymers. Adv. Electrochem. Sci. Eng., 1990, 1: 1.

[15] Gaihre B, Ashraf S, Spinks G M, Innis P C, Wallace G G. Comparative displacement study of bilayer actuators comprising of conducting polymers, fabricated from polypyrrole, poly (3,4-ethylenedioxythiophene) or poly (3,4-propylenedioxy -thiophene), Sensor. Actuat. A-Phys., 2013, 193: 48-53.

[16] Gong W J, Neoh K G, Kang E T. Comparative study of chemically synthesized and plasma polymerized pyrrole and thiophene thin films. Thin Solid Films., 2004, 446 (2): 205-217.

[17] Shirakawa H, Okada S, Aizawa M, Yoshitake J. Polyacetylene film: A new electrode material for photoenergy conversion. Synth. Met., 1981, 49 (1): 43-49.

[18] Das I, Goel N, Gupta S K, Agrawal N/R. Electropolymerization of pyrrole: Dendrimers, nano-sized patterns and oscillations in potential in presence of aromatic and aliphatic surfactants. J. Electroanal. Chem., 2012, 670 (1): 1-10.

[19] Liang Y P, Li C C, Chen W J. Hydrothermal synthesis of lithium iron phosphate using pyrrole as an efficient reducing agent. J. Elect. Acta., 2013, 87 (1): 763-769.

[20] Zhou M, Xiong Y, Cao Y L. Electroactive organic anion-doped polypyrrole as a low cost and renewable cathode for sodium-ion batteries. J. Polym. Sci. Pol. Phys., 2013, 51 (2): 114-118.

[21] Zhang P, Yang Z H, Wang D J. Electrochemical deposition and photovoltaic properties of Nano-Fe_2O_3-incorporated polypyrrole films. Syn. Met. , 1996, 84 (1-3): 165-166.

[22] Diaz A F, Crowley J, Bargon J. Electrooxidation of aromatic oligomers and conducting polymers. J. electroanal. Chem., 1981, 121: 355-361.

[23] Li Y, Fan Y. Doping competition of anions during the electropolymerization of pyrrole in aqueous solutions. Syn. Met., 1996, 79 (3): 225-227.

[24] Li Y, Yang J. Effect of electrolyte concentration on the properties of the electropolymezed polypyrrole films. J Appl Polym. Sci., 1997, 65 (13): 2739-2744.

[25] Li Y. Effect of anion concentration on the kinetics of electrochemical polymerization of pyrrole. J. Electroanal. Chem., 1997, 433 (1-2): 181-186.

[26] 杨绮琴，方北龙，童叶翔. 应用电化学. 广州：中山大学出版社，2001：80.

[27] 蒋永锋，郭兴伍，翟春泉，导电高分子在金属防腐领域的研究进展. 功能高分子学报，2002，15 (4)：473-479.

[28] 吴辉煌. 电化学. 北京：化学工业出版社，2004：80-226.

[29] 李永舫. 导电聚吡咯的研究. 高分子通报，2005，(4)：51-57.

[30] 王杰，徐友龙，陈曦. 电化学法制备高密度导电聚吡咯的性能研究. 物理学报，2007，56 (7)：4256-4261.

[31] 李永舫. 导电聚合物的电化学制备和电化学性质研究，电化学，2004，10 (4)：369-378.

[32] 李永舫. 导电聚合物. 化学进展，2002，14 (3)：207-211.

[33] Li M C, Wang W Y, Ma C A, Zhu W X. Enhanced electrocatalytic activity of Pt nanoparticles modified with PPy-HEImTfa for electrooxidation of formaldehyde, J. Electroanal. Chem., 2011, 661 (2): 317-321.

[34] Li B S, Qi H X, Zhai W T. Electrosynthsis of large polypyrrole films by multi-potential steps method. Sci. China. Technol. Sc., 2011, 54 (4): 1697-1702.

[35] Pud A A. Stability and degradation of conducting polymers in electrochemical systems. Syn. Met., 1994, 66 (1): 1-18.

[36] Zhu R, Li G, Huang G. Two-step electrosynthesis of polypyrrole for corrosion protection of stainless steel. Mater. Corros., 2009, 60 (1): 34-39.

[37] Li M C, Wang W Y, Ma C A. Simple method to improve electrocatalytic activity of Pt for formic acid oxidation. 催化学报，2009，30 (11)：1073-1075.

[38] Bazzaoui M, Bazzaoui E A, Martins L. Electrochemical synthesis of adherent polypyrrole films on zinc electrodes in acidic and neutral organic media. Syn. Met., 2002, 128 (1): 103-114.

[39] Yang X M, Dai T Y, Zhu Z X. Electrochemical synthesis of functional polypyrrole nanotubes via a self-assembly process. Polymer, 2007, 48 (14): 4021-4027.

[40] Qian R Y, Qiu J J. Electrochemical prepared polypyrrole from aqueous solutions. Polymer J., 1987, 19 (1): 157-172.

[41] Ferreira C A, Aeiyach S, Aaron J J. Electrosynthesis of strongly adherent polypyrrole coatings on iron and mild steel in aqueous media. Electrochim. Acta, 1996, 41 (11-12): 1801-1809.

[42] dos Santos L M M, Lacroix J C, Chane-Ching K I. Electrochemical synthesis of polypyrrole films on copper electrodes in acidic and neutral aqueous media. J. Electroanal. Chem., 2006, 587 (1): 67-78.

[43] Yasuda A, Shimidzu T. Chemical and electrochemical analyses of polyaniline prepared with $FeCl_3$, Syn. Met., 1993, 61 (3): 239-245.

[44] 许一婷，何云游，戴李宗等. 功能化聚（2,5-二甲氧基苯胺）膜的电化学和电催化性质研究. 高等学校化学学报，2003，24 (10)：1915-1919.

[45] Tawde S, Mukesh D, Yakhmi J V. Redox behavior of polyaniline as influenced by aromatic sulphonate anions: cyclic voltammetry and molecular modeling. Synth. Met., 2002, 125: 401-413.

[46] Genies E M, Lapkowski M, Penneau J F. Cyclic voltammetry of polyaniline: interpretation of the middle peak. J. Electroanal. Chem., 1988, 249: 97-107.

[47] 孙东豪，穆绍林. 苯胺的电聚合研究. 苏州丝绸工学院学报，1999，19 (3)：21-25.

[48] Wei Y, Jang G W, Chan C C, Hsueh K F, Hariharan R, Patel S A, Whitecar C K. Polymerization of aniline and alkyl ring-substituted anilines in the presence of aromatic assitives. J. Phys. Chem., 1990, 94 (19): 7716-7721.

[49] Gospodinova N, Terlemezyan L, Mokreva P, Kossev K. On the mechanism of oxidative polymerization of aniline. Polymer, 1993, 34 (11): 2432-2437.

[50] Wei Y, Hariharan R, Patel S A. Chemical and electrochemical copolymerization of aniline with alkyl ring-substituted anilines. Macromolecules, 1990 (23): 758-764.

[51] Genies E M, Penneau J F, Lapkowski M, Boylen A. Electropolymerisation reaction mechanism of para-aminodiphenylamine. J. Electroanal. Chem., 1989, 269: 63-75.

[52] 雀部博之著. 导电高分子材料. 曹墉译. 北京：科学出版社，1989：387-394.

[53] Yamamoto T, Sanechika K, Yamamoto A. Preparat ion of thermostable and electric conducting poly (2, 5-thienylene). J Polym Sci: Polym. Lett. Ed., 1980, 18 (1): 9-15.

[54] Nalwa H S. Chemical synthesis of processible electrically conducting poly (3-dodecylthiophene). Angew. Makromol. Chem. 1991, 188: 105-111.

[55] Masuda H, Kariyama K. Preparation of poly (methyl thiophene-3-carboxylate) and poly (sodium thiophene-3-carboxylate). Makromol. Chem, Rapid Commun., 1992, 13: 461-465.

[56] Sugimoto R, Takeda S, Gu H B, Yoshino K. Synthesis and properties of polythiophenes. Chemistry Express., 1986, 1: 635-640.

[57] Patil A O, Ikenoue Y, Wudl F, Heeger A J. Water soluble conducting polymers. J . Am. Chem. Soc., 1987, 109: 1858-1859.

[58] Kim B S, Chen L, Gong J, OsadaY. Titration behavior and spectral transitions of water-soluble polythiophene carboxylic acids. Macromolecules., 1999, 32: 3964-3968.

[59] McCullough R D, Lowe R D. Enhanced electrical-conductivity in regioselectivell synthesized poly (3-alkylthiophenes). Chem. Commun., 1992, 70-71.

[60] Ewbank P C, Nuding G, Suenaga H, McCullough R D, Shinkai S. Amine Functionalized Polythiophenes: Synthesis and Formation of Chiral, Ordered Structures on DNA Substrates. Tetrahedron Lett., 2001, 42: 155-160.

[61] 陈衍珍，黄海涛，田昭武．水溶液中噻吩的电化学成膜. 高等学校化学，1986，7 (10)：917-922.

[62] Nilsson K P R, Inganäs O. Optical emission of a conjugated polyelectrolyte: Calcium-induced conformational changes in calmodulin and calmodulin-calcineurin interactions. Macromolecules., 2004, 37 (24): 9109-9113.

[63] Lukkari J, Alanko M, Heikkila L. Nucleation and growth of poly (3-methylthiophene) on indium-tin oxide glass by scanning tunneling microscopy. Chem. Mater., 1993, 5: 289-296.

[64] Barsch U, Beck F, Hambitzer G, et al. Reproducibility in the electrodeposition of conducting polymers - a parametric study of poly- (3-methylthiophene). J. Electroanal. Chem., 1994, 369: 97-101.

[65] Borjas R, Buttry D A. EQCM studies of film growth, redox cycling, and charge trapping of n-doped and p-doped poly (thiophene), Chem. Mater., 1991, 3: 872-878.

[66] Li F B, Albery W J. Electrochemical deposition of a conducting polymer, poly (thiophene-3-acetic acid): the first observation of individual events of polymer nucleation and two-dimensional layer-by-layer growth, Langmuir., 1992, 8: 1645-1653.

[67] Lukkari J, Alanko M, Pitkaenen V, et al. Photocurrent spectroscopic study of the initiation and growth of poly (3-methylthiophene) films on electrode surfaces with different adsorption properties. J. Phys. Chem., 1994, 98: 8525-8535.

[68] Sato M A, Tanaka S, Ama K. Effects of processing time and moisture content on amino acid composition and nitrogen characteristics of feather meal. J. Synth. Met., 1986, 14: 279-285.

[69] Beck F, Barsch U. The role of water in the electrodeposition and doping of polythiophene and its derivatives. Makromol. Chem., 1993, 194: 2725-2732.

[70] Beck F, Barsch U, Michaelis R. Corrosion of conducting polymers in aqueous media. J. Electroanal. Chem., 1993, 351: 169-175.

[71] Tanaka K, Schichiri T, Wang S, Yamabe T. Advances in electrochemical Science and Engineering. Synth. Met., 1988, 24: 203-208.

[72] Zerbino J, Plieth W J. Ellipsometric examination of electrically conductive films of poly (2,5-thiophenediyl). J. Electroanal. Chem., 1989, 260: 361-372.

[73] Bazzaoui E A, Aeiyach S, Lacaze P C. Low potential electropolymerization of thiophene in aqueous perchloric-acid. J. Electroanal. Chem., 1994, 364: 63-69.

[74] Plieth W J, Zerbino J, Lahmann C. Examination of electrically conducting films of poly (2,5-thiophenediyl) by cyclic voltammetry and ellipsometry. J. Electroanal. Chem., 1989, 274: 213-224.

[75] Wang S, Takahashi H, Yoshino K. Dependence of poly (3-alkylthiophene) properties on electrochemical polymerization conditions andalkyl chain length. J. Appl. Phys. Part 1 1990, 29: 772-775.

[76] Sankaran B, Reynolds J R. High-contrast electrochromic polymers from alkyl-derivatized poly (3,4-ethylenedioxythiophenes). Macromolecules., 1997, 30: 2582-2588.

第7章 离子液体中的电化学合成

离子液体（Ionic Liquids），又称室温离子液体（RoomTemperature Ionic Liquids）或室温熔融盐，具有优异的化学和热力学稳定性，有较宽的温度范围，对有机及无机化合物有良好的溶解性，室温下几乎没有蒸气压，可用于高真空条件下的反应，具有良好的导电性，较高的离子迁移和扩散速度，不燃烧，无味，是一种强极性、低配位能力的溶剂。与传统的工业有机溶剂相比，其具有常规溶液所不能比拟的优点[1]：①蒸气压极低；②对无机和有机材料具有良好的溶解能力；③不挥发、不可燃、毒性小；④可以通过改变组成调节 Lewis 酸性和其他物化性质；⑤导电性好，具有较宽的电化学窗口[2]，因此近年来作为“绿色溶剂”被广泛应用于电化学合成领域。

本章节主要介绍离子液体在电化学合成（电化学氧化、电化学还原、电化学氟化和电化学聚合）中的一些应用实例。

7.1 离子液体在电化学氧化体系中的应用

离子液体由于自身特殊的性质而被广泛应用于醇、卤素等单质、醛及醚等物质的电化学氧化研究中。

7.1.1 醇的电化学氧化

Zhao 等[3]在超临界 CO_2 和离子液体（IL/SC CO_2）两相体系、无隔膜电解槽中进行苄醇的电氧化反应，选用了两种离子液体 [Bmim]PF_6 和 [Bmim]BF_4 作为溶剂和电解质。实验结果表明苄醇可以被高效地氧化为苯甲醛，在 [Bmim]BF_4 中反应具有更高的选择性，且反应后的离子液体可以回收重复利用。

Ejigu 等[4]报道了离子液体 [Dema]TfO 中甲醇和一氧化碳的电化学氧化，结果发现在这个离子液体中催化剂容易失活。而 Sun 等[5]人报道了在超临界 CO_2 中以离子液体为支持电解质，乙腈为共溶剂，电化学氧化苯甲醇到苯甲醛，产率和选择性都可以达到98%以上。

7.1.2 单质的电化学氧化

Allen 等[6]分别研究了溴在乙腈和离子液体 $[C_4mim]NTF_2$ 中的电氧化机理，结果发现，尽管它们的黏度相差一个数量级以上，但它们具有相似的循环伏安行为。采用 Digisim 数学模拟方法对相应的电氧化机理进行了模拟，结果表明电氧化反应过程中存在异构现象，即溴化物中的溴离子先被氧化为溴，接着发生均相反应形成三溴阴离子：

$$2Br^- \longrightarrow Br_2 + 2e^-$$

$$Br_2 + Br^- \underset{k_b}{\overset{k_f}{\longrightarrow}} Br_3^- \quad K_{eq}$$

在高电位下，三溴阴离子被分解为 Br_2 和 Br^-，并且被迅速氧化产生第二个氧化峰。由 Tafel 曲线分析可知其为不可逆电极动力学过程，并确定去除的第一个电子为反应的速率决定步骤，通过以下公式：

$$K_{eq} = \frac{[Br_3^-]}{[Br_2][Br^-]}$$

计算得出，在离子液体和乙腈中的平衡常数分别为 3×10^3 $(mol/L)^{-1}$、9×10^6 $(mol/L)^{-1}$，在离子液体与乙腈混合液中则为 35.1 $(mol/L)^{-1}$。

Zhang 等[7]在室温离子液体 $[C_4mim]BF_4$ 中，采用线性扫描和循环伏安法研究了碘的氧化行为。实验发现产生了两个氧化峰 Pa_1 和 Pa_2，且都受扩散控制。0.58V (vs. Ag) 的峰为碘-三碘化过程中的两电子氧化峰，1.00V (vs. Ag) 为三碘化-碘的单电子氧化峰。碘的浓度在 0.45～0.72mmol/L 之间，可以使用检测限为 0.3mmol/L 的线性扫描伏安法；在 0.30～7.8mmol/L 之间，可以使用检测限为 0.2mmol/L 的不同差分脉伏安法，来建立 I_{pa_1} 与碘化物浓度之间的线性关系。该方法可以简单、快速地测定原油中的碘化物，也可以快速地测定未纯化离子液体 $[C_4mim]BF_4$ 中的碘化物。

Bozzini 等[8]研究了一种新型的方法来制造二氧化锰，即在氯化胆碱/尿素的共熔离子液体中进行锰沉积，然后在水溶液中通过电氧化得到二氧化锰。同时还通过电化学和原位光谱电化学方法，对电沉积和电氧化过程进行了研究；使用同步 X 射线扫描显微镜和吸收光谱仪来测量原位 Mn 在电极上和单元内的价态分布；并用循环伏安和电化学阻抗法测量了电化学合成薄膜的电容。

Compton 等[9～11]报道了在 $[C_2mim]NTf_2$ 等 10 种离子液体中氢气的电化学氧化，研究结果表明氢气在每种离子液体中的扩散系数和溶解度存在差异，且扩散系数 D 和黏度之间没有明显的关系。同时还研究了邻苯二酚、多巴胺和二茂钌在 $[C_4mim]NTf_2$ 等一系列离子液体中的电化学氧化。

7.1.3 醛、醚等电化学氧化

Zhong 等[12]报道了在离子液体 [C_4mim]PF_6、[C_4mim]BF_4 和 [C_8mim]PF_6 中，GC 电极上羟基新戊醛的电化学氧化行为，结果表明羟基新戊醛在 GC 电极上氧化产物为羟基新戊酸，是两个连续的单电子不可逆过程。马淳安等[13]以离子液体 [Bmim] BF_4 为电解质，采用原位傅里叶变换红外光谱（*in situ* FTIRS）法研究了对甲氧基甲苯（*p*-MT）在铂电极上的电氧化行为。实验表明：对甲氧基甲苯在离子液体中的电化学氧化反应是受扩散控制的四电子不可逆过程，其主要电氧化产物为茴香醛，选择性达到 90%以上。

7.1.4 其他一些物质的电化学氧化

Palombi 等[14]报道了 BF_4 型离子液体中，在 UHP（过氧化氢脲）存在下通过恒电流电解实现硫化物的电氧化。

$$R-S-Me \xrightarrow[\text{UHP/IL}]{\text{电解}} R-S(=O)-Me$$

褚道葆等[15]研究了离子液体 [Emim] BF_4 中在碳纳米管/纳米 TiO_2 膜载 Pt（CNT/nanoTiO_2-Pt）复合膜电极上葡萄糖的电催化氧化。结果表明，当反应在离子液体与水的体积比为 3∶1 的电解液中时，葡萄糖的电氧化效果最好，电极反应过程受扩散步骤控制。

Ghilane 等[16]报道了在离子液体 [Emim] TFSI 中电化学氧化 4-硝基苄胺和 2-氨基乙基二茂铁基甲基醚来修饰电极表面。

Reichert 等[17]提出了一种新的木质素电氧化裂解方法，即将木质素溶解在特殊的三乙基铵甲磺酸盐质子型离子液体中，使用特定的电催化活性阳极进行电化学氧化裂解。

Ji 等[18]报道了在直径为 10μm 的铂微盘电极上，在室温离子液体 [C_4mim] BF_4、[C_4mim]OTf、[C_2mim]NTf_2、[C_4mim]NTf_2 和 [C_4mim]PF_6 中氨的直接电氧化机理。实验结果显示在这几种离子液体中，HA 和 NH_4^+ 都在电极表面形成氢气，然后被氧化。同时讨论了离子液体中的阴离子对反应的影响，这可能会影响离子液体介质中 pK_a 的定义。

Martiz 等[19]研究了硅氧化，他们以 $Y(CH_2)_3(Me)SiX_2$ 和 Ph_2SiX_2（Y＝NH_2，CF_3，CN；X＝Cl，OEt，OMe）作为双官能团前体，在离子液体 $C_5H_5NC_8F_{18}Tf_2N$，$C_5H_5NC_{18}H_{38}Tf_2N$ 和 $Me_3BuN \cdot NTf_2$ 中，合成了一系列功能化的有机硅氧烷。实验结果表明用此方法合成有机硅氧烷具有很高的选择性和较高的产率，在最优化条件下，产率为 71%。他们还发现，R_2SiO 基团可插入到全甲基化的环状和直链硅氧烷中得到各种各样的产品。

$$Y_2SiX_2 \xrightarrow{O_2,\ +2e^-} \left[Y_2Si{=}O\right] \xrightarrow{-SiR_2-O-SiR_2-} -SiR_2-O-SiY_2-O-SiR_2-$$

7.2 离子液体在化学还原反应体系中的应用

离子液体在电化学还原中应用十分普遍，主要应用领域包括硝基化合物的电化学还原、二氧化碳的还原、脱卤、氧还原及 C—C 键形成等。

7.2.1 离子液体在硝基化合物电化学还原中的应用

由于硝基化合物在水溶液中溶解度较低，反应速率较慢以及有大量的支持电解质和副产物的存在，使硝基化合物电化学还原的工业化生产受到极大限制，而室温离子液体具有一系列独特的优点，可以较好地解决硝基化合物在其他溶剂-电解质体系中电还原所存在的问题，因此，离子液体在硝基化合物电还原绿色合成中受到关注。

Fry 等[20]在离子液体 [Rmim]BF_4（R=E，B，H，O）和乙酸酐共存下电还原硝基苯及二硝基苯异构体，得到乙酰胺基芳香化合物，反应中需要过量的乙酸酐并产生乙酸。王欢等[21]在 [Emim] Br 体系中，研究了玻碳电极上间硝基苯酚的循环伏安行为，电还原过程是不可逆的，并求得扩散系数 D 为 9.184×10^{-7} cm^2/s，说明在离子液体中电活性物质也能很好地扩散。Silvester 等[22]研究了在 [Bdmim]$N(Tf)_2$（1-丁基-2,3-二甲基-咪唑三氟甲基磺酰亚胺盐）中对硝基苯酚和硝基苯的电化学还原，说明两者进行着不同的电还原反应。Lagrost 等[23]研究了在离子液体中硝基化合物单电子转移形成负离子自由基的电化学动力学。

陈松等[24~27]在 [Emim]BF_4-水、[Bmim]BF_4-水组成的体系中，发现硝基苯具有很高的溶解度，体系具有良好的导电性。该体系中硝基苯在铂电极上电还原，电极过程经历三步电子转移，形成多个过渡态和中间体，通过电位的控制可以得到高转化率、高选择性的偶氮苯或氧化偶氮苯。该反应体系组成简单，副产物为氧气（阳极），产物通过乙醚萃取，很容易从电解液中分离，离子液体可以循环使用。同时还研究了水的浓度及温度等因素变化，影响硝基苯与离子液体及水之间的相互作用，从而调节硝基苯电还原的传递系数和扩散系数。

马淳安等[28,29]报道了在离子液体 [Bmim]BF_4、[Bmim]PF_6 中硝基甲烷的电化学还原。研究结果表明硝基甲烷在离子液体 [Bmim]BF_4 中的还原反应是一种受扩散控制的不可逆过程，其扩散活化能为 39.5kJ/mol；而在离子液体 [Bmim]PF_6 中的电还原反应也属受扩散控制的不可逆过程，但其扩散活化能降低为 22.28kJ/mol。

马淳安等[30]以铜盘电极为工作电极，采用循环伏安和原位红外反射光谱技术研究了硝基甲烷在离子液体［Bmim］BF_4 中的电还原行为，讨论了温度和扫描速度等因素对其电还原行为的影响。研究结果表明，硝基甲烷在离子液体［Bmim］BF_4 中的还原反应属受扩散控制的不可逆过程，其还原产物为亚硝基甲烷二聚体。

7.2.2 离子液体在 CO_2 电化学还原反应中的应用

离子液体对 CO_2 具有很好的溶解度，且具有良好的热稳定性、无毒、不挥发、电导率高和电化学窗口宽等特性。

(1) 纯 CO_2 的电还原

Weinberg 等[31]人首次以熔盐对甲基苯磺酸四乙基铵为电解质，在 Hg 电极上把 CO_2 还原成 α-氨基酸。Zhao 等[32]把离子液体［Bmim］PF_6 作为溶剂和电解质，将超临界 CO_2 和水成功地电催化还原成 CO、H_2 和少量的蚁酸，并且离子液体［Bmim］PF_6 可再回收利用。Barrosse-Antle 等[33]研究得出 CO_2 在室温离子液体［C_4mim］Ac 中有很高的溶解性（1520mmol/L），且气体 CO_2 在此离子液体中的电化学还原反应是一种单电子不可逆过程。

Chu 等[34]在室温常压下，以离子液体［Emim］BF_4-H_2O 的混合物作为溶剂，于纳米 TiO_2 薄膜电极上将 CO_2 电催化合成了低浓度的聚乙烯（LDPE）。纳米 TiO_2 薄膜电极对 CO_2 的电催化还原有明显的选择性，LDPE 电流效率为 8%～14%。同时他们还讨论了可能的电还原反应机理。

$$CO_2 \xrightarrow[]{+e^-,\ Ti^{IV}/Ti^{III}} CO^-_{2ads} \xrightarrow{+H^+\ +e^-} CO_{ads} + OH^- \xrightarrow[-H_2O]{+4H^+\ +4e^-} CH_{2ads} \longrightarrow \left[CH_2 - CH_2 \right]_n$$

(2) 电活化 CO_2 合成有机化合物

Yang 等[35]首次将纯的室温离子液体作为反应介质，用活性 CO_2 制备环状碳酸酯，取得了很好的结果。在最优条件下，选择性 100%，转化率 92%。

$$\text{R-环氧化物} + CO_2(1atm) \xrightarrow[\text{离子液体室温}]{-2.4V\ vs.Ag/AgCl} \text{R-环状碳酸酯}$$

Wang 等[36]在 CO_2 饱和的室温离子液体［Bmim］BF_4 溶液中，对活化烯烃电羧化的可行性进行了研究。结果表明，其在玻碳电极上的电化学行为是一个受扩散控制的不可逆还原过程。合成过程中无需挥发性、有毒的溶剂，催化剂和支持电解质，一元羧酸的产率可达 35%～55%，离子液体可使用五次而不影响产率。

$$PhCH{=}CHR + CO_2 \xrightarrow[+e^-]{[Bmim]BF_4} PhCH_2CH(R)CO_2H + PhCH_2CH_2R$$

R=CO_2Et,CO_2Me,CN

Feroci 等[37]报道了在离子液体 [Bmim]BF_4 中加入碘乙烷，通过阴极选择性还原 CO_2，与氨反应生成氨基甲酸酯。

$$R_2NH + CO_2 \xrightarrow[2)\ +EtI]{[Bmim]BF_4,\ 1)\ +e^-} R_2N\text{-}C(=O)\text{-}O\text{-}Et$$

张丽等[38,39]在常温常压下研究了 CO_2 的电化学活化及其与环氧丙烷反应合成碳酸丙烯酯，考察了支持电解质对碳酸丙烯酯产率的影响。结果表明，含有 Br^- 的支持电解质对合成碳酸丙烯酯起到明显的催化作用。同时还在离子液体 [Bmim]BF_4 中研究了 CO_2 与醇的电化学反应。该法首先用电化学方法活化 CO_2，活化后的 CO_2 再与醇、碘烷基反应得到直链的有机碳酸酯。实验分别考察了反应温度、阴极材料、电解电位等对反应的影响，其产率在 33%～67%之间，且离子液体可以循环利用。

$$ROH + CO_2 \xrightarrow[2)\ R'I]{[Bmim]BF_4,\ 1)\ e^-} ROCO_2R'$$

$R=CH_3,C_2H_5,n\text{-}C_4H_9,sec\text{-}C_4H_9,tert\text{-}C_4H_9,PhCH_2,Ph(CH_2)_2,Ph$

$R'=CH_3,C_2H_5$

Liu 等[40]研究了在离子液体 [Bmim]BF_4 中镀银的纳米多孔铜电极上进行 CO_2 的电化学还原，并加入甲醇和碘甲烷，生成碳酸二甲酯，其产率可达 80%。Cai 等[41]报道了在室温和常压下，在离子液体 [Bmim]Br 中通过 CO_2、甲醇和环氧丙烷合成碳酸二甲酯，产率可达到 75.5%。

Snuffin 等[42]报道了 CO_2 在离子液体 [Emim]BF_3Cl 中的电化学还原，研究表明在 [Emim]BF_3Cl 中 CO_2 的还原电位为－1.8V (vs. Ag)，而其他离子液体中电位一般在－2.0～－2.4 (vs. Ag)，且还原的电流密度较高。

$$Cl \longrightarrow \overset{\ominus}{B}F_3 + CO_2 \longrightarrow F_3B\text{-}O\text{=}C\text{=}O$$

7.2.3 离子液体在电化学脱卤反应中的应用

芳香族有机卤化物化学性质稳定，具有较高的毒性和较强的致癌、致突变和致畸作用，相当一部分被列为美国 EPA 环境优先控制污染物。因此，对于多取代的芳香族卤化物，如果能够将其中部分卤素还原掉，将会大大减少对环境的污染。在有机溶剂和碱性水溶液中电化学还原芳香族卤化物已有报道，但由于水溶液中的电化学窗口比较窄，即在较低的电位下会产生析氢反应，因而，水溶液中芳香族卤化物的电化学还原具有局限性，所以人们把离子液体引入到电化学脱卤反应中的研究受到关注。

Jabbar 等[43]研究了在离子液体 [Bmim] BF_4 中 Ag 电极上 DDT 的电化学还原脱氯研究。结果表明离子液体的加入可以提高反应的活性。

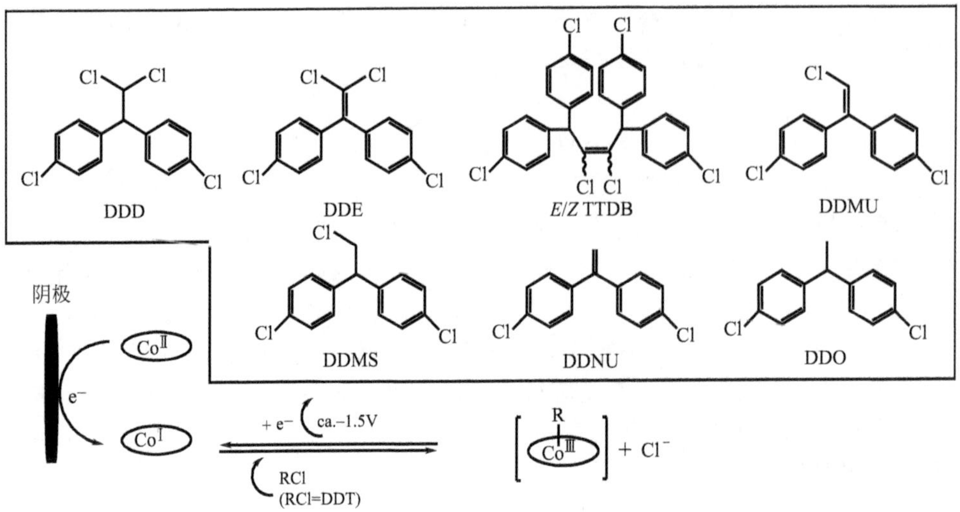

Bhat 等[44]研究了在离子液体 $[Bmim]BF_4$ 中 CCl_4 的电化学脱氯过程为：RX 可逆形成 RX·$^-$，然后生成 R·和 X^-。而在传统有机溶剂中是 RX 可逆形成 R·—X^-，然后再形成R·和 X^-，这是由于在离子液体中 CCl_4^- 和 $[BMIM]^+$ 相结合而变得稳定。

Qiu 等[45]研究了在离子液体 $[Bmim][BF_4]$ 中苯甲酰氯的电化学还原，得到联苯酰的产率为 51%。

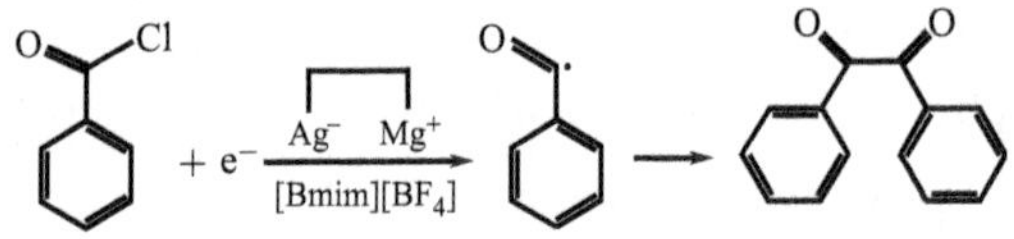

樊俊丽等[46]研究了在离子液体 $[Bmim]PF_6$ 中 Ag 电极上 2,4,6-三溴苯酚、2,4-二溴苯酚和 2-溴苯酚的电化学还原脱溴。

7.2.4 离子液体中氧气的电还原

离子液体也被应用到氧气的电化学还原中，在不同的离子液体中氧气的还原呈现出不同的反应过程。

Zheng 等[47]研究了 O_2/O_2^- 氧化还原电对在四种室温离子液体，三种电极（玻碳电极、金电极和铂电极）上的电还原过程。结果发现，在离子液体 $AMIBF_4$ 中，当存在高浓度（2.64mol/L）的水含量时，反应将从单电子的还原过程（O_2 到 O_2^-）变成双电子的还原过程（O_2 到 HO_2^-），热力学和动力学参数受电极材料的影响而不受离子液体种类的影响。Evans 等[48]报道了氧气在四种离子液体（由烷基季鎓阳离子和重氟化阴离子组成，中心原子可以是氮或磷）中的电化学还原。实验结果表明在季铵电解质中，氧的还原是可逆的，且得到稳定的超氧化物，在季鏻离子液体中，观察到更复杂的伏安现象，氧的还原行为类似于在酸化的有机介质中氧的还原行为。Huang 等[49]用循环伏安法和计时电流法研究了 O_2 在 6 种室温离子液体中，于不同温度（293～318K）下的还原。结果表明，对于所有的离子液体溶剂，不同温度下的氧扩散具有相似的活化能。

Ernst 等[50]研究了 O_2 在离子液体 $[C_2mim][NTf_2]$ 中于掺硼金刚石电极和玻碳电极上的还原。结果表明，两个电极上都涉及 O_2 超氧化物的单电子还原，但是玻碳电极上的还原过程是可逆的，而掺硼金刚石电极上的还原过程是不可逆的。Giorgio 等[51]通过循环伏安法研究了锂二酰亚胺（LiTFSI）在咪唑类离子液体中对氧化还原反应的影响，同时还考察了添加三（五氟苯基）硼烷（TPFPB）后的影响。结果表明在 0.1mol/L Li^+ 的浓度下，所有氧化还原类似，都降低了还原峰电位和使得电化学反应不可逆，而 TPFPB 可能对锂空气电池在离子液体中工作时的放电容量和充电-放电的可逆性产生积极影响。

7.2.5 离子液体中 C—C 键形成的还原反应

离子液体应用在电化学偶联反应中形成 C—C 键。Barhdadi[52]最先报道了在离子液体 [octyl-mim]BF_4 中通过牺牲阳极进行卤代烃和卤代芳烃的反应，且产率较高。

$$2RX + 2e^- \longrightarrow R—R + 2X$$

$$2ArX + 2e^- \xrightarrow[\text{阳极铁或不锈钢}]{\text{RTIL,cata NiBr}_2\text{bpy}} Ar—Ar + 2X^-$$

$$ArX + R—CH{=}CH—Z \xrightarrow[e^-\text{,不锈钢阳极}]{\text{RTIL,cata NiBr}_2\text{bpy}} \text{Ar–CH(R)–CH}_2\text{–Z}$$

Rothenberg 等[53]用离子液体 [omim] BF_4 作为支持电解质，使用 Pd 为阳极，Pt 为阴极，同时原位将 Pd 还原成纳米 Pd 阳极，从而实现了有机卤化物的偶联。其中最佳产率能达到 82%，且离子液体能够很好地循环使用。

$$2\ X\text{–C}_6\text{H}_4\text{–R} \xrightarrow[\text{[omim]BF}_4]{\text{Pd催化剂}} R\text{–C}_6\text{H}_4\text{–C}_6\text{H}_4\text{–}R + 2X^-$$

Mellah 等[54]研究了 [Bmim] NTf_2 离子液体中溴苯和溴苄的电化学聚合反应。该反应通过金属有机配合物 $NiCl_2$（bipy）电催化还原溴化物偶合得到对称的芳香族二聚物，条件温和，转化率几乎达到 100%，且催化剂易于从产物中分离和循环使用。

$$2\ \text{PhBr} \xrightarrow[\text{NiCl}_2\text{(bipy)}\ \text{[Bmim]NTf}_2]{\text{2F/mol}} \text{Ph–Ph}\quad 35\%$$

$$2\ \text{PhCH}_2\text{Br} \xrightarrow[\text{NiCl}_2\text{(bipy)}\ \text{[Bmim]NTf}_2]{\text{2F/mol}} \text{PhCH}_2\text{CH}_2\text{Ph}\quad 75\%$$

Lu 等[55]在离子液体 [Bmim] BF_4 中银电极上电催化溴苯和溴化苄，得到联苯的产率 12%～68%，离子液体可以循环使用多次。

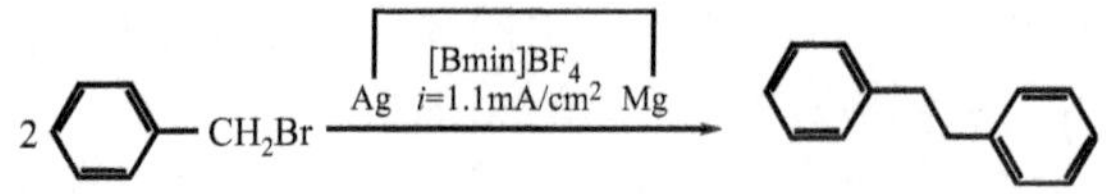

Speiser 等[56]在离子液体 [Bmim] BF_4 中利用恒电流电解在阴极上实现 α,β-不饱和酯和烯丙基溴的 C—C 键的形成。

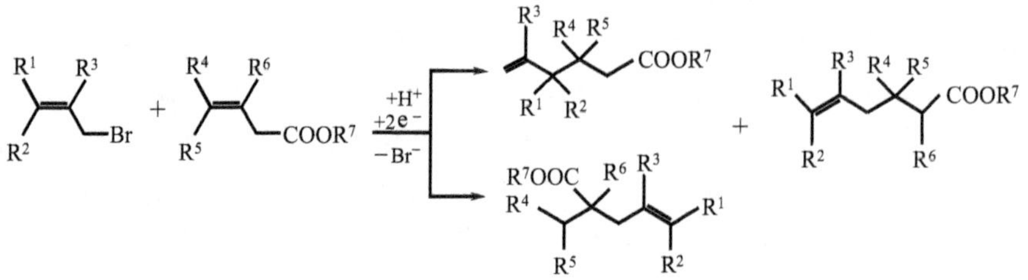

7.2.6 离子液体中其他一些物质的还原反应

Compton 等[57]对（Hemin）氯高铁血红素在离子液体 [Bmim][PF_6] 和 [omim][PF_6] 中的电化学还原行为进行了研究，发现氧化还原电对 Fe(Ⅲ)/Fe(Ⅱ) 在离子液体中的电位范围可随离子液体的极性发生改变而改变，氯高铁血红素和氯高铁血红素修饰的电极在离子液体中具有很好的应用价值，在无需电解质的条件下，可作为含蛋白质血红素的仿生等价物，用于一系列的生物电化学合成。

Villagra 等[58]在超声促进的条件下，研究了在离子液体 [C_2mim]NTf_2 中 *N*-甲基邻苯二甲酰亚胺电还原成 3-羟基-2-甲基-异二氢吲哚-1-酮的选择性。结果表明，超声活化使得电还原产率和电流效率都有了显著的提高。

Barrosse-Antle 等[59]用循环伏安法研究了在室温离子液体中 SO_2 的电还原机理，发现在离子液体 [C_4mim]NO_3 中 SO_2 的伏安行为与传统非质子溶剂相类似，但由于溶剂和还原物种之间的相互作用，使得与在传统溶剂中的反应机理不同，并对 SO_2 具有高选择性，因此 [C_4mim]NO_3 可作为气体传感应用中一个良好的溶剂。

Huang 等[60]使用循环伏安法研究了在不同离子液体中氯气的电化学还原。循环伏安法显示只有一个还原峰，同时还得到一个不同于在己腈溶液中的实验现象，即峰电流会随着扫描速率的增加而减小。离子液体虽然有较大的黏度，但对氯气的溶解度较大。

Zhang 等[61]在室温条件下，首次研究了 TiO_2 在路易斯酸类离子液体（$AlCl_3$-Bmic）中直接电化学还原到金属 Ti 的可行性。通过循环伏安法验证了 TiO_2 膜可在设定条件下还原成金属 Ti，同时还与电流伏安法一起说明了 TiO_2 的还原过程可能包含两个过程。

7.3 离子液体在电化学氟化反应中的应用

离子液体作为溶剂不仅对碱金属氟化物等氟化剂有较大的溶解能力，还能提高氟离子的反应活性，并可将离子液体与过渡金属或聚合物固载化。电化学氟化反应是一种直接氟化制备氟化物的技术，在常温常压下便可进行，污染小、能耗低、工艺流程短，是实现绿色合成的有效手段。

7.3.1 在含有离子液体的有机溶液中的电化学氟化

1970 年，Rozhkov 等[62]首次报道了在含有离子液体的乙腈溶液中可选择性地电化学氟化芳香化合物。

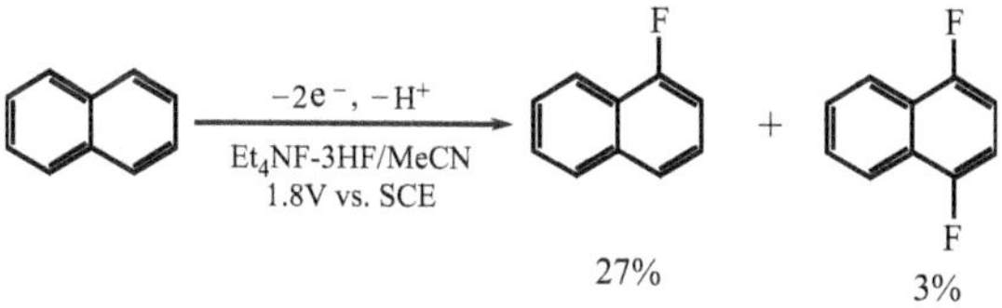

$-2e^-$, $-H^+$; Et_4NF-3HF/MeCN, 1.8V vs. SCE

27%　　3%

随后不同的芳香化合物和烯烃化合物在离子液体中的电化学选择性氟化被广泛报道。Laurent 和 Ventalon 等[63,64]用 α-乙酰氧基苯乙烯和 1-乙酰氧基-3,4-二氢萘在含有离子液体 Et_3N-3HF 的乙腈溶液中制备 α-氟酮。

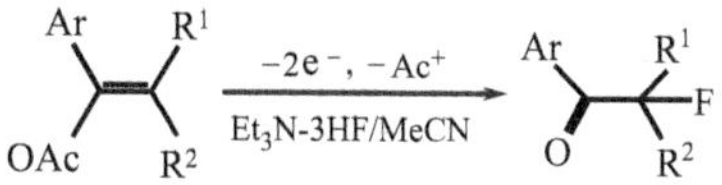

$-2e^-$, $-Ac^+$; Et_3N-3HF/MeCN

1990 年，Laurent 和 Fuchigami 等[65,66]分别报道了有机硫化物的选择性电氟化，例如苯基-2,2,2-三氟乙基硫醚，α-(苯硫基）乙酸乙酯和相应的有机硫在含有离子液体 Et_3N-3HF 的乙腈溶液中进行电氟化。

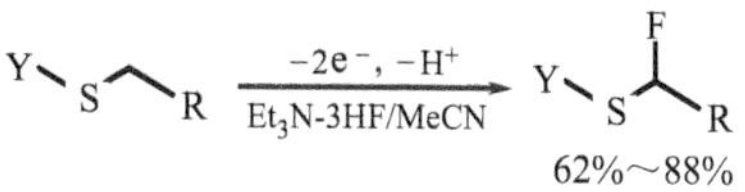

$-2e^-$, $-H^+$; Et_3N-3HF/MeCN

62%～88%

Y = Aryl, Heteroaryl, Bzl,Alkyl

R = CF_3, COOEt, COMe, COPh, $CONH_2$, $PO(OEt)_2$

Narizuka 等[67]在含有离子液体 Et_3N-3HF 的乙腈溶液中合成了具有显著生物活性的含氟杂环化合物。

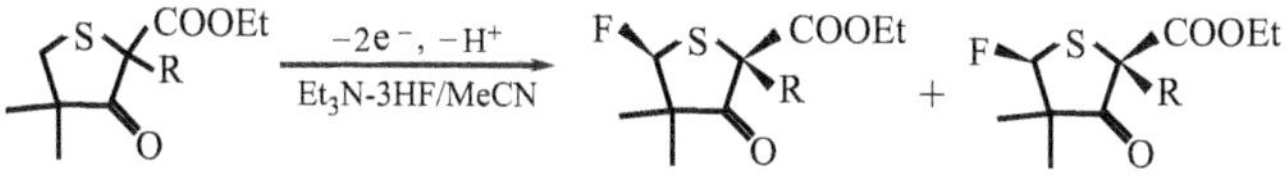

$-2e^-$, $-H^+$; Et_3N-3HF/MeCN

R = Me: 74%(*trans*/*cis* = 74/25)

R = Bzl: 71%(*trans*/*cis* = 61/39)

R = H: 60%

Fuchigami 等[68]通过阳极氟化 4-噻唑啉酮，成功制备了具有生物活性的含氟 β-内酰胺。

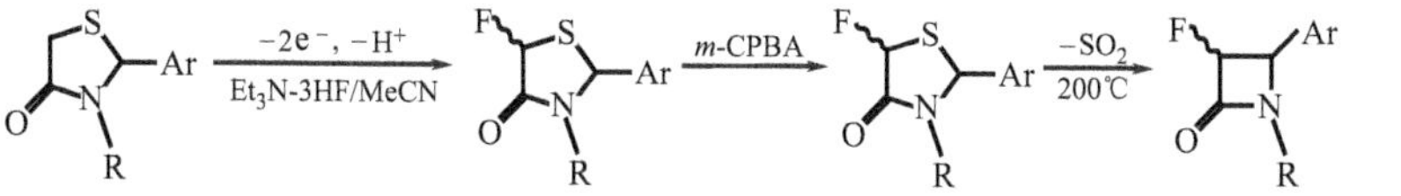

$-2e^-$, $-H^+$; Et_3N-3HF/MeCN → *m*-CPBA → $-SO_2$, 200℃

Ar = Ph, 2-Naphthyl

R = H, Me, *i*-Pr, Ph, Bzl

收率:约84%

Ar = Ph

R = H, Me, *i*-Pr, Bzl

收率: 80%～86%

通过电氟化含苯硫基的化合物可以制备含氟的 β-内酰胺。Narizuka 等[69]将苯硫基的 β-内酰胺经过电氟化制得含氟 β-内酰胺。

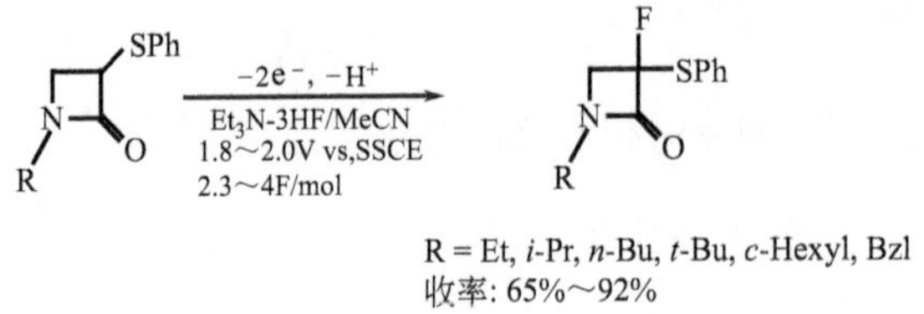

R = Et, *i*-Pr, *n*-Bu, *t*-Bu, *c*-Hexyl, Bzl
收率: 65%～92%

Hou 等[70]研究还发现，电氟化的选择性受离子液体氟化盐的影响较大。

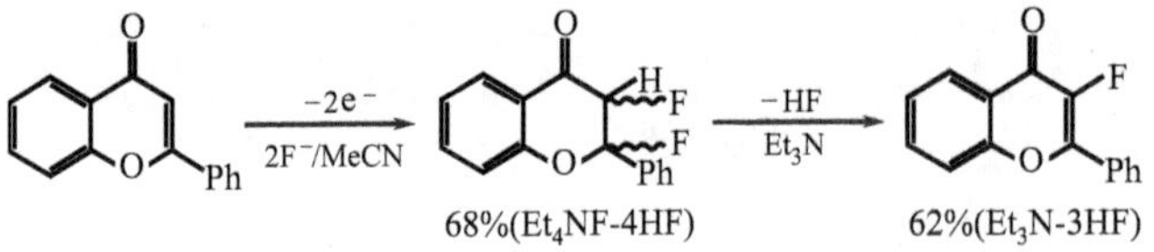

Fuchigami 等[71～73]报道了各种杂环化合物的非对映选择性电化学氟化。

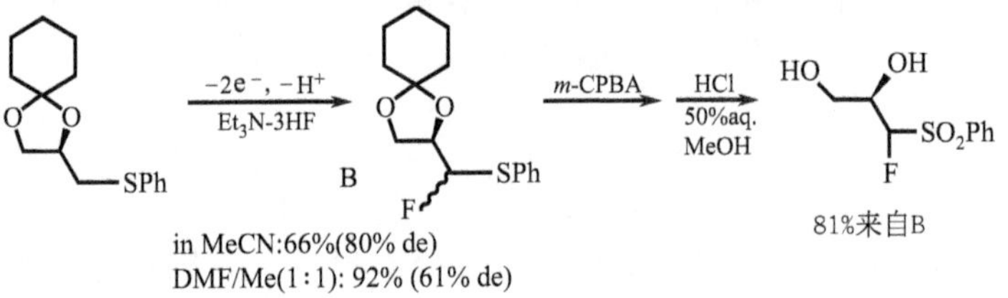

Tajima 等[74]报道了电化学氟化 *N*-取代吡咯及二氟稠环化合物的合成和应用。

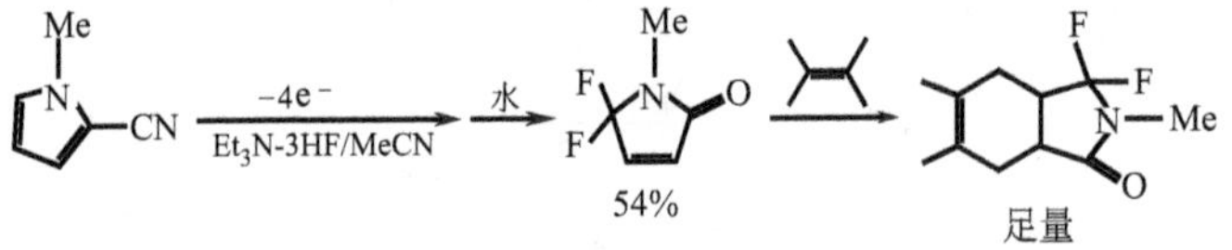

Shaaban 等[75]报道了在含离子液体的 DME 溶剂中，由苯并噻嗪衍生而来的去氢二聚体电化学氟化，在这个过程中 C—C 双键发生断裂，继而得到特别的双氟苯并噻嗪衍生物。

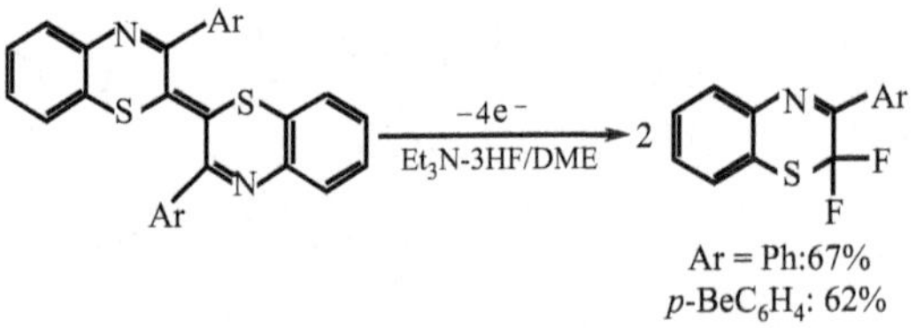

同时，Fuchigami 等[76]发现醚类溶剂，如 1,2-二甲氧基乙烷（DME）比乙腈更适用于各种杂环硫化物的电化学氟化。

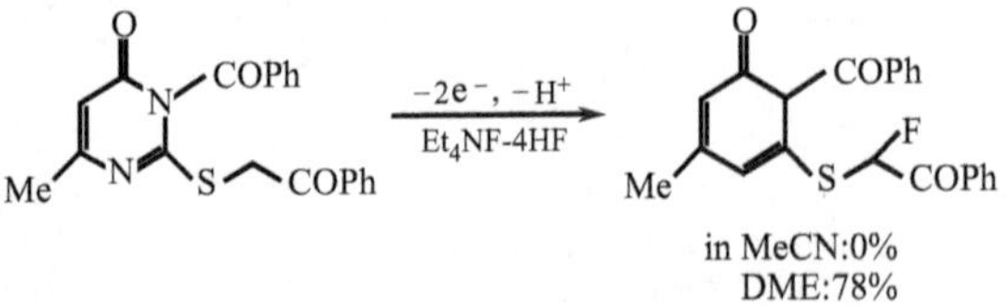

Sawamura[77]研究发现添加 3％的 PEG 可显著提高整个反应的收率，因为它提高了氟离子的阳极稳定性和抗衡阳离子的协调能力。

$-2e^-, -H^+$；$Et_4NF\text{-}5HF$

添加物	收率/%
—	35
DME	58
Dioxane	5
PEG[M_n~200]	60

由于在含有离子液体的乙腈溶液中选择性电氟化，阳极容易被钝化，造成产物收率的下降。Fuchigami 等[78~80]成功地采用了各种介质，如卤离子和三芳基胺，来避免阳极钝化。

阳极；$Et_3N\text{-}3HF$；$2F^-$；$2e^-$；4F/mol；$2Ar_3N^{+\bullet}$；$2Ar_3N$；+ PhSF

$Ar = 2,4\text{-}Br_2C_6H_3$

$R^1 = H, R^2 = C_6H_5CH_2$: 83%

$R^1 = H, R^2 = p\text{-}BrC_6H_4CH_2$: 100%

$R^1 = Me-Si(Me)(t\text{-}Bu)-O-CH(Me)-$, $R^2 = C_6H_5CH_2$: 66%

7.3.2 在纯离子液体中的电化学氟化

Meurs 等[81]首次报道了无溶剂的电化学氟化，将离子液体 $Et_3N\text{-}3HF$ 作为反应介质、支持电解质以及阳极氟化苯、萘、烃、呋喃、苯并呋喃、菲咯啉的氟源。

$-2e^-, -H^+$；$Et_3N\text{-}3HF$；34%

Lee 等[82]报道了当含有乙腈时，电化学氟化 4-氟苯乙腈得到的 α-氟化产物收率为 17％，而在不含乙腈的离子液体中得到的收率可达 87％。

$F-C_6H_4-CH_2CN \xrightarrow[70\%HF/Py]{-2e^-, -H^+} F-C_6H_4-CHFCN$

in MeCN: 17%

70%HF/Py: 87%

Suryanarayanan 和 Noel 等[83]研究了 $PhSCH_2CONH_2$ 和 $PhCH_2CN$ 在 $Et_3N\text{-}3HF$ 中的电化学氟化行为，发现无溶剂型的 $Et_3N\text{-}3HF$ 有一个较宽的阳极电位窗口，并且可以得到适中的 α-氟化产物。

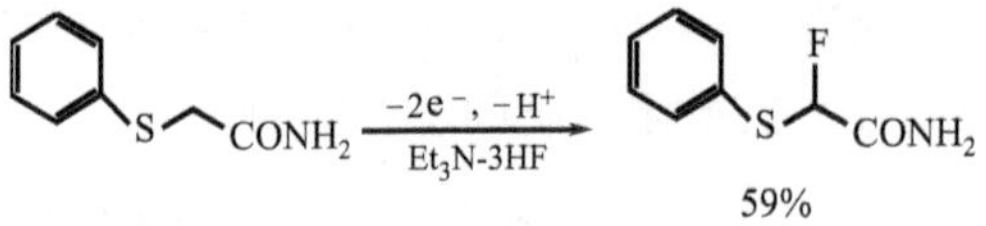

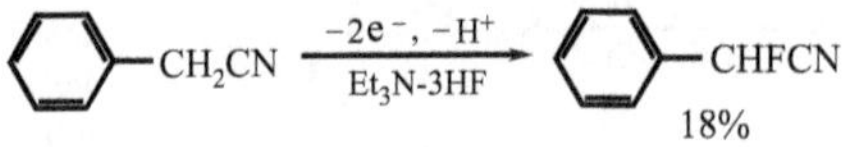

Momota 等[84~88]报道了多种芳烃的阳极氟化，如苯，1-取代、2-取代、3-取代氟苯，氯苯，溴苯，甲苯和喹啉等，在高电流密度、纯离子液体中，反应有较高的电流效率（66%～90%）。

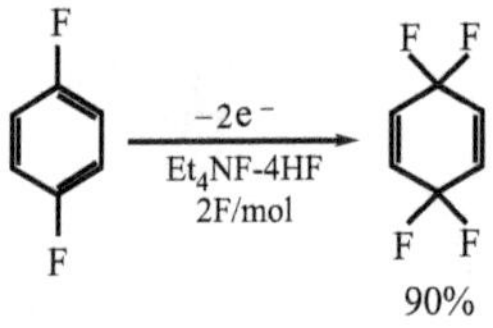

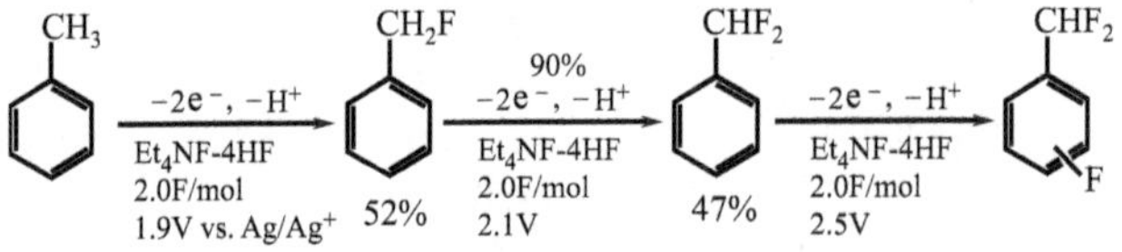

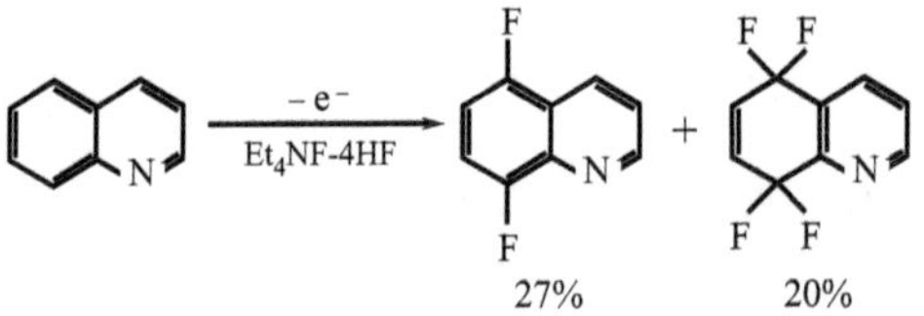

Yoneda 等[89,90]对环酮和环状不饱和酯在 Et_3N-5HF 中的选择性阳极氟化成功地进行了实验，可分别制得开环和扩环的氟化产物。他们还证实了在离子液体 Et_3N-5HF 中，可通过选择性电化学氟化脂肪醛来制备酰氟。

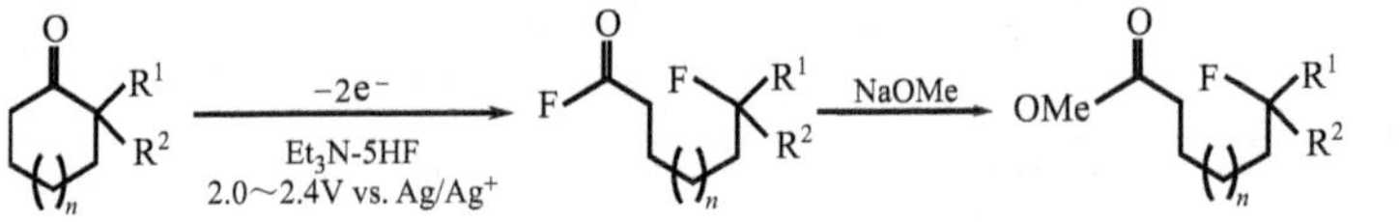

$n=0, R^1=R^2=H$	26%
$n=0, R^1=Me, R^2=H$	29%
$n=0, R^1=R^2=Me$	91%
$n=1, R^1=R^2=Me$	81%

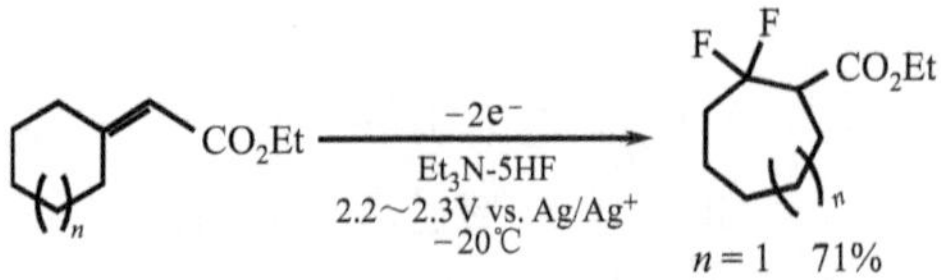

$n=1$　71%
$n=0$　56%

$R-CHO \xrightarrow[Et_3N\text{-}5HF/MeCN,\ 2.4\sim2.6V\ vs.\ Ag/Ag^+]{-2e^-} R-COF$

R = *n*-Pentyl: 70%
R = 3-Heptyl: 89%
R = Cyclohexyl: 84%
R = *tert*-Butyl: 66%

Hasegawa 等[91]报道了在离子液体 $Et_4NF\text{-}nHF$（$n=4$，5）和 $Et_3N\text{-}5HF$ 中，内酯、环状碳酸酯的直接阳极电氟化，其收率适中。

$\xrightarrow[2F/mol]{-2e^-,\ -H^+,\ F^-}$

Ilayaraja 和 Noel 等[92,93]报道了将 $Et_3N\text{-}4HF$ 作为酰胺和茚酮衍生物电氟化的电解介质。反应转化率和产物的选择性适中，且产物是两种物质的混合物。

$C_6H_5CH_2CONHMe \xrightarrow[Et_3N\text{-}4HF]{-2e^-,\ -H^+}$ 2-F-$C_6H_4CH_2CONHMe$（主要的）+ $C_6H_5CHFCONHMe$（主要的）+ $C_6H_5CF_2CONHMe$（少量的）+ 4-F-$C_6H_4CH_2CONHMe$（少量的）

1-茚酮 $\xrightarrow[6F/mol]{Et_3N\text{-}4HF}$ 3-氟-1-茚酮 + 2-氟-1-茚酮 + 2,2-二氟-1-茚酮 + 2,4-二氟-1-茚酮 + 其他

恒定电流	43.3%	16.2%	16.1%	3.4%
恒定电位	69.8%	7.3%	0%	0%

Yoneda 等[94,95]成功地在 $Et_3N\text{-}5HF$ 中进行酚的电氟化，中间首先产生 4,4-二氟化环已醇-2,5-二烯-1-酮，随后在由 Zn 参与的还原反应中转化为对氟苯酚且有较好的收率。

$\xrightarrow[Et_3N\text{-}5HF,\ Pt阳极]{-4e^-,\ -2H^+}$ 80%(C.Eff.) $\xrightarrow[H^+]{Zn}$ 80%

Hara 等[96]研究了在 $Et_3N\text{-}5HF$ 中各种酚类的电氟化，发现碳纤维布是一种较合适的阳极，可以将各种苯酚衍生物转化为 4,4-二氟环已二烯衍生物且有较好的收率。

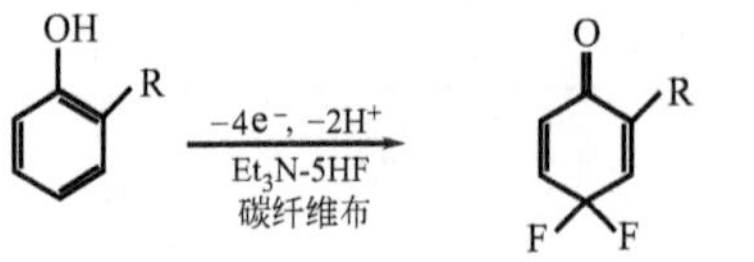

R = H: 61%
t-Bu: 70%
Ph: 77%

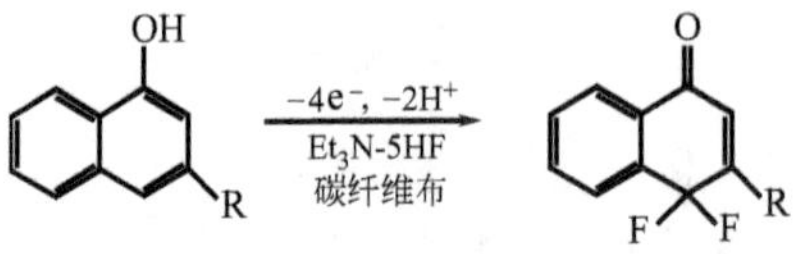

R = H: 89%
Ph: 68%

Hasegawa 等[97,98]发现在电氟化环状醚类时可以在混合了大量环状醚类的液体和少量 Et_4NF-4HF 中进行高电流密度（150mA/cm^2）的阳极氧化，并且可以很好地解决反应过程中离子液体过量的问题。

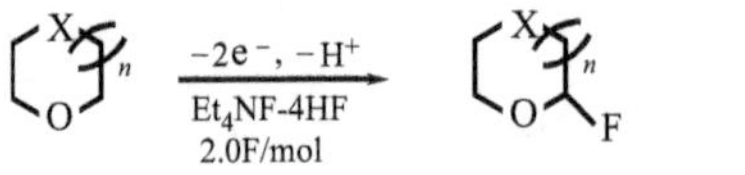

X = CH_2, n = 0 83%
X = O, n = 1 80%
X = O, n = 0 77%

上述方法[99,100]所采用的醚作为反应物可选择性地电氟化成相应的一氟化产品，反应有较高的收率和电流效率。与此相反的是，使用有机溶剂或大量的 Et_4NF-4HF 将得不到目标产物或者产物的收率非常低（约 10%）。酯、内酯以及环状和无环碳酸酯通过类似的氟化方法可得到相应的一氟化产品，且也有较高的收率。蒸馏电解后的混合反应物氟化四氢呋喃极易分离，同时可将回收到的离子液体再次利用到阳极氟化。

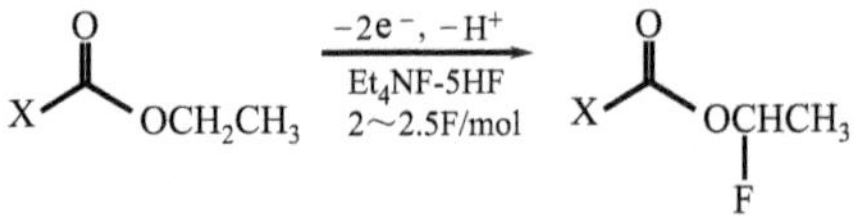

X = EtO 97%
X = Et 44%

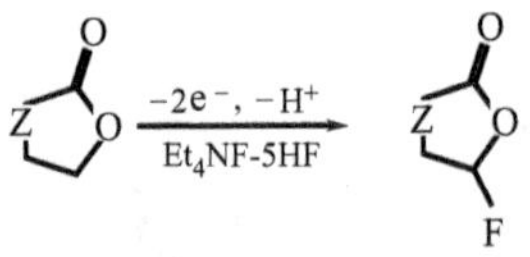

Z = CH_2 75%
Z = O 87%

Hara 等[101]还成功地实现了在 Et_3N-5HF 中电氟化金刚烷。通过控制氧化电位来选择性地制备 1,2,3,4-氟化金刚烷，同时在叔碳位的氟离子被选择性地引入。

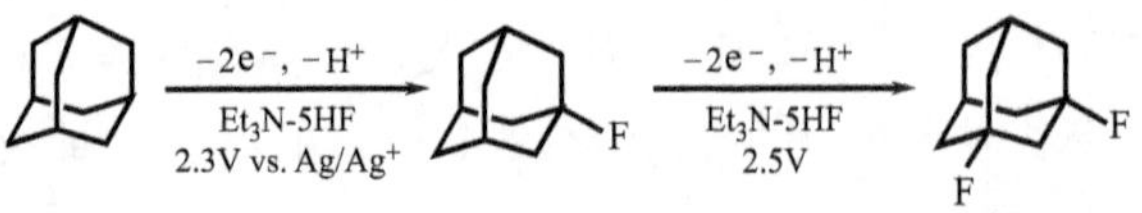

74% 79%

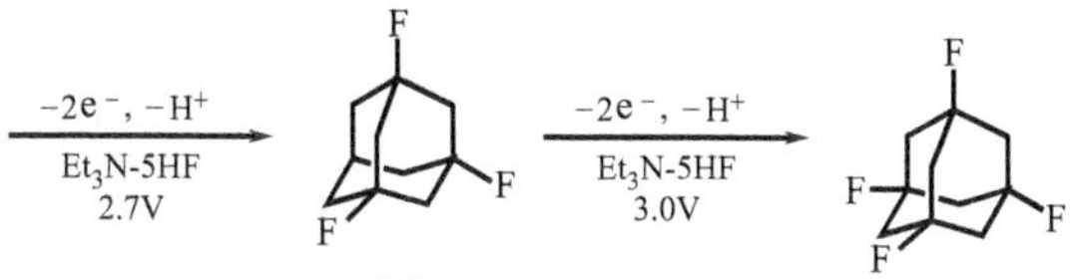

$-2e^-, -H^+$ / Et_3N-5HF / 2.7V → (61%) → $-2e^-, -H^+$ / Et_3N-5HF / 3.0V →

Kenneth 等[102]首次以咪唑类离子液体为溶剂，采用 N-F 类亲电氟化剂对芳香族化合物进行电化学氟化。

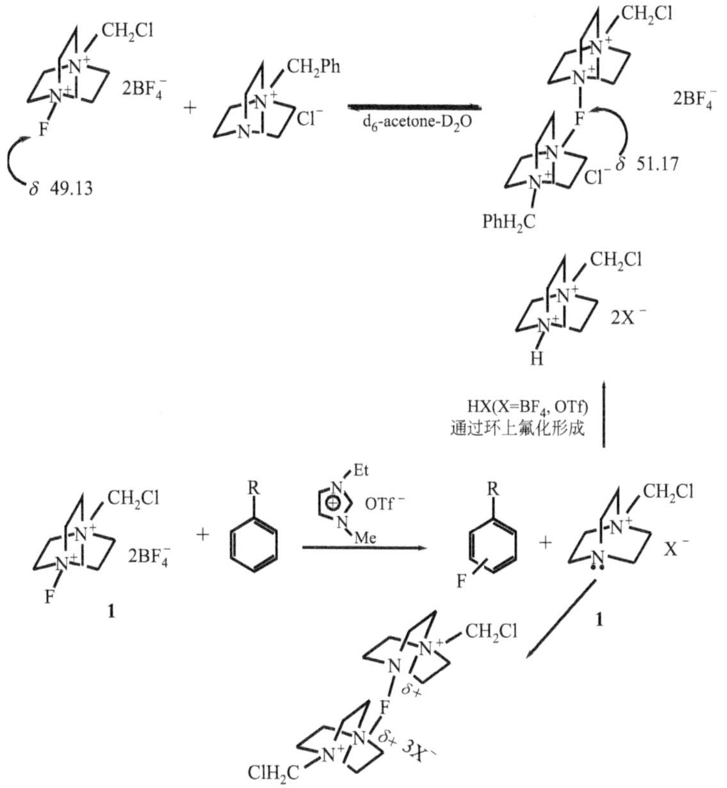

CH_2Cl $2BF_4^-$ + CH_2Ph Cl^- ⇌ (d_6-acetone-D_2O) CH_2Cl $2BF_4^-$ Cl^- PhH_2C；δ 49.13；δ 51.17

CH_2Cl $2X^-$

HX(X=BF_4, OTf)
通过环上氟化形成

CH_2Cl $2BF_4^-$ (1) + R（苯）—（Et, Me, OTf^-）→ R, F + CH_2Cl X^- (1)

CH_2Cl, δ+, δ+, $3X^-$, ClH_2C

Shinsuke 等[103]成功地研究了乙基 α-(2-嘧啶基) 乙酸甲酯和 4-苯硫基-1,3-二氧戊环-2-酮在离子液体 Et_3N-3HF，Et_4NF-4HF，Et_4NF-5HF 中无溶剂的阳极电化学氟化。实验结果表明在反应过程中加入含二甲基团的物质（DME 和 PEG）可以提高单氟取代物的收率，而且 PEG 可以提高氟原子的亲和性。

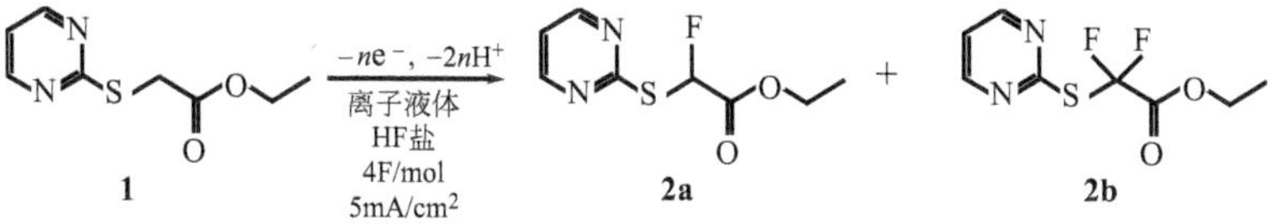

1 —($-ne^-, -2nH^+$ / 离子液体 / HF盐 / 4F/mol / 5mA/cm^2)→ 2a + 2b

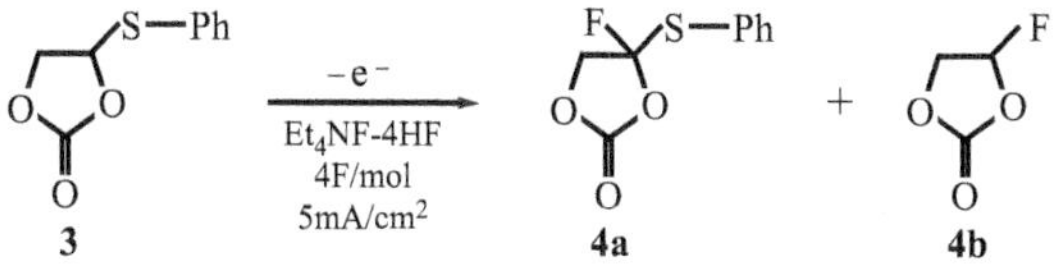

3 —($-e^-$ / Et_4NF-4HF / 4F/mol / 5mA/cm^2)→ 4a + 4b

Kim 等[104]以离子液体如 [Bmim]BF_4 为溶剂，KF 为氟化剂，对 2-甲基溴萘进行电氟化，产物 2-甲基氟萘的收率达 93%。

5eq.KF溶剂
[Bmim]BF_4,100℃
1
2a
+醇2b
+烯烃2c

Momota 等[105]报道了由 [Emim]OTf 和 Et_3N-5HF 组成的双离子液体系统，它不仅能提高 F^- 的亲核性还能增加阳离子中间体 D 的电活性。生成的中间体跟预期一样，含有一个 TfO^- 反阴离子，这个阴离子容易与 F^- 发生反应，从而可使电氟化的苯并呋喃酮获得较高的收率。

$-2e^-, -H^+, F^-$
$Et_3N \cdot nHF$
[EMIM][OTf]
n=3或5
D
活性阳离子
n = 3 78%
n = 5 90%

Hasegawa 等[106]在离子液体 Et_4NF-4HF，Et_3N-5HF，[Emim]OTf 中对苯酞及其衍生物进行了电化学阳极氟化。

$-2e^-, -H^+$
10mA/cm²
Et_3N-5HF/[Emim][OTf]
4F/mol
2b 19%
3 14%
4 9%

$-2e^-, -H^+$
10mA/cm²
Et_3N-5HF/[Emim][OTf]
4F/mol
1c
2c 19%

$-e^-$
$-H^+, -e^-$
R=Me
F^-
3
$-H^+, -e^-$
F^-
R = H:1a
= Me:1b
= MeO:1c
A
2a～2c

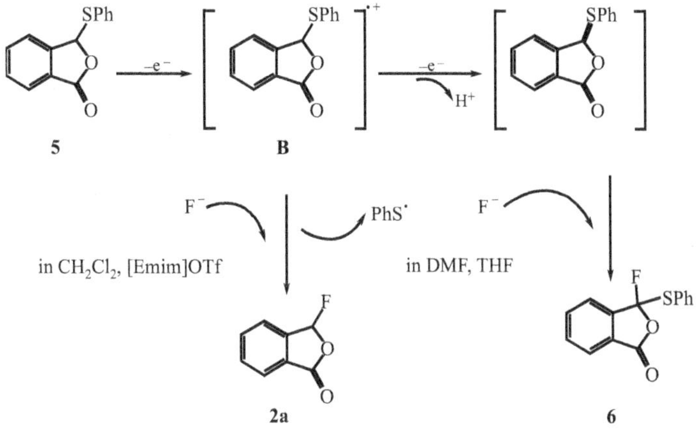

7.3.3 通过辅助手段在离子液体中的电化学氟化

Sunaga 等[107]在通过超声处理的 Et_3N-3HF 溶液中，对乙基 α-(苯硫基) 乙酸乙酯顺利地进行阳极氟化并得到高收率和高电流效率的一氟化产物，同时在阳极上没有发生钝化。在同样超声处理的离子液体中还可以实现阳极二氟化。

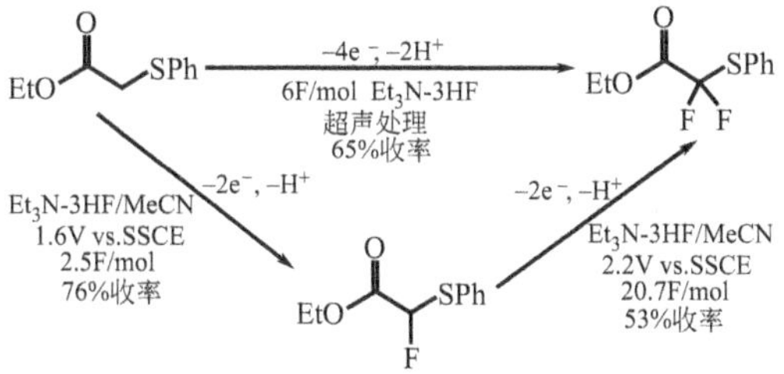

而且超声还可以大幅度提高阳极二氟化的电流效率及产物中的立体选择性。

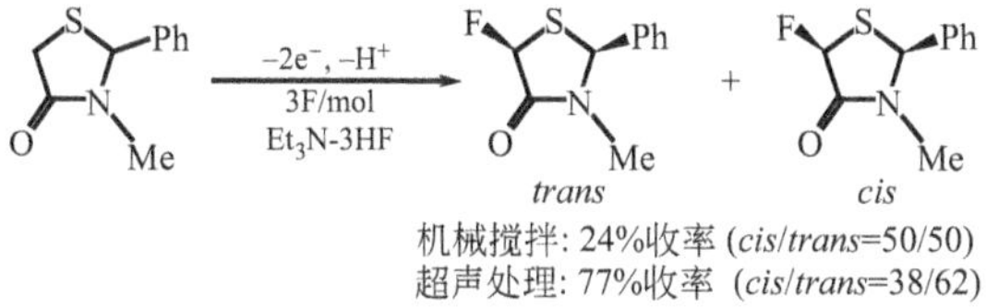

在电氟化过程中即使采用 HF 盐类离子液体，但在阳极上还经常发生钝化。Sawamura 等[108]报道了一种新型的间接电氟化反应体系，在 HF 盐中加入含有碘芳烃的功能化离子液体作为媒介，这种媒介能显著提高各种电氟化的电流效率，并且能在回收再利用的提取工艺中保持离子液体的完整性。

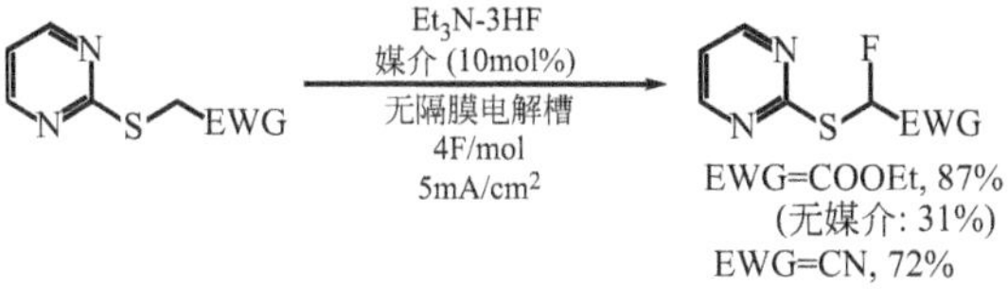

媒介:

Tf_2N^-

Et_3N-5HF
媒介 (10mol%)
无隔膜电解槽
3F/mol
$5mA/cm^2$

EWG

X=H, 42%～55%
X=Cl,Br,69%～79%

Sawamura 等[109]还报道了在离子液体 Et_3N-5HF 中加入 Et_4NCl 和聚苯乙烯为媒介的电化学氟化反应。

Et_3N-5HF
Et_4NCl PSIB
$5mA/cm^2$ 4F/mol

7.4 离子液体在电化学聚合反应中的应用

离子液体在电化学聚合反应中可作为电解质、掺杂剂、同时可回收利用，近年来在导电聚合领域的应用越来越多[110,111]。离子液体在电化学聚合领域的应用主要包括吡咯、噻吩、苯胺和苯的聚合。

7.4.1 吡咯的电化学聚合

聚吡咯（PPy）是一种空气稳定性好，易于电化学聚合成膜的导电聚合物。聚吡咯因易于电化学合成导电膜、环境友好、导电态稳定、电导率高等优点，在导电聚合物中占有重要地位。离子液体由于完全由离子组成，且具有较好的导电性而被引入到聚吡咯的电化学合成中，在离子液体中合成的聚吡咯具有更好的催化性能和更加光滑的表面。

Zhang 和陆嘉星等[112,113]分别报道了在离子液体［Bmim］PF_6 中电合成聚吡咯的研究，反应中［Bmim］PF_6 既作为培养基，又作为支持电解质。制备得到的聚吡咯，可以电化学催化氧化对苯二酚，同时多巴胺和抗坏血酸的氧化和还原都有电催化活性。

Xu 等[114]研究了在 CO_2/［Bmim］PF_6 双相体系中聚吡咯的电化学合成，发现此法制得的聚吡咯膜相比于纯离子液体得到的膜表面更加光滑，更加一致，同时随着 CO_2 压力的增加，膜的增长速度会下降，但膜的表面更光滑和一致。

Kuang 等[115]报道了在离子液体微乳液（H_2O/TX-100/［Bmim］PF_6）中电化学合成聚吡咯，相对于离子液体乙腈溶液和纯的离子液体，在离子液体微乳液中得到的聚吡咯具有更好的电化学活性和更一致的形貌。

Pringle 等[116]在［Bmim］PF_6、1-丁基-3-甲基咪唑双（三氟甲烷磺酰）、*N*，*N*-丁基甲基吡咯（三氟甲烷磺酰）中电化学合成聚吡咯膜，制得的膜表面相当光滑，与传统有机溶剂或电解质得到的膜相比，在离子液体中得到的膜其电化学活性更高，同时还发现离子液体的黏度越高，电导率越低，得到的膜的表面越光滑。

Sekiguchi 等[117]报道了在离子液体［Emim］CF_3SO_3 中吡咯的电化学聚合，实验结果发现吡咯的聚合速率较快，获得的聚吡咯膜的电容和电导都比较高，而且离子液体可以循环使用。

Deepa 等[118]报道了在离子液体 EMIPFSI 和 EMITF 中电化学聚合聚吡咯，与传统的介质三氟甲磺酸锂/乙腈相比，得到的聚吡咯具有更好的氧化还原活性和光电性质，表面形貌也更一致。

7.4.2 噻吩的电化学聚合

噻吩聚合的研究主要是在有机体系中，更多的证据表明痕量水的存在对噻吩的电化学聚合是相当有害的，它大大降低了聚噻吩的有效共轭链长和电导率，所以高电导率的离子液体，尤其是离子液体［Bmim］PF_6 已被广泛应用于噻吩的电化学聚合，同时在噻吩环的 3 位或/和 4 位上引入适当的取代基（如卤素、烷基、烷氧基等），可减少聚合反应过程中副反应的发生，而且可调节聚合物的电子能级。

（1）3 位和 4 位无取代基

石家华等[119]研究了离子液体［Bmim］PF_6 中直接采用电化学方法制备了聚噻吩膜，在电位 1.7～1.9V（vs. Ag/AgCl），可以制备均匀的聚噻吩膜。合成中离子液体［Bmim］PF_6 既作为溶剂又作支持电解质，制备得到的聚噻吩膜具有良好的稳定性和充放电能力，聚噻吩膜的电导率在 0.01～0.1S/cm。

Murray 等[120]在 1-丁基-3-甲基咪唑鎓双（三氟甲磺酰基）氨基中电化学合成了在 DMF、丙烯碳酸酯、乙腈中无法得到的掺杂阴离子染料的聚噻吩。

（2）3 位和 4 位为卤素取代基

许贺等[121]应用离子液体［Bmim］PF_6 既作为溶剂又作为支持电介质，通过恒电流、循环伏安等方法制备聚（3-溴噻吩）膜。研究结果表明，通过 1-丁基-3-甲基咪唑六氟磷酸盐制备的聚（3-溴噻吩）膜比传统方法制备的膜更致密、光滑，且具有良好的氧化还原可逆性和充放电能力，电活性高，热稳定性好。Pang 等[122]研究了在离子液体［Bmim］PF_6 中 3-氯噻吩的电化学均聚和 3-氯噻吩和 3-甲基噻吩的电化学共聚（copolymerization），均聚的颜色变化在深红和深蓝之间，而共聚的颜色变化在大红和绿之间。Song 等[123]报道了在离子液体［Bmim］PF_6 中电化学聚合形成聚 3-氯噻吩/WO_3 的纳米复合材料，得到的聚 3-氯噻吩/WO_3 的纳米复合膜比纯的 WO_3 和 PBrT 膜的电化学活性更高。

（3）3 位和 4 位为烷基取代基

Pang 等[124]研究了在离子液体［Bmim］PF_6 中 3-甲基噻吩、3-乙基噻吩、3-辛基噻吩的电化学聚合，发现处于还原态的 3-甲基噻吩、3-乙基噻吩、3-辛基噻吩聚合膜的颜色分别是大红、橙红和橙黄。当氧化这些不掺杂的聚合膜时，它们的颜色可逆地变成了翠蓝、蓝和深蓝。

(4) 3 位和 4 位为烷氧基取代基

Liu 等[125,126]以离子液体 [Bmim]BF_4 为支持电解质电化学聚合制备了可溶性的聚 3,4-亚乙基二氧噻吩，它可以溶于乙腈、丙酮、氯仿和其他有机溶剂，但是不溶于水。制得的噻吩在很长的波长范围内都具有荧光性，且有优良的电容特性，特别是它可以长时间地氧化还原循环。

Ahmad 等[127]在离子液体 EMIPFSI 中电化学合成了纳米纤维状的聚 3，4-亚乙基二氧噻吩膜。

7.4.3 聚苯胺的合成

聚苯胺 (Polyaniline) 是一种重要的导电聚合物，它的主链上含有交替的苯环和氮原子，是一种特殊的导电聚合物。聚苯胺因具有多样化的结构，独特的掺杂机制，良好的环境稳定性，原料廉价易得等优点成为最具有应用前景的导电聚合物之一。

在不同的离子液体中进行电化学聚合可得到相同的聚苯胺。Liu 等[128]在 Brønsted acid 离子液体 HEImTA 中通过循环伏安在 Pt 电极上得到了聚苯胺膜，与传统的盐酸相比，在 Brønsted acid 离子液体中得到的膜的表面更致密、树枝状聚合更有序。

He 等[129]在离子液体 [Bmim]PF_6/water microemulsion 中电化学合成了聚苯胺，得到的聚苯胺膜有更高的电容特性。

Zhang 等[130]在离子液体 [Hmim]BF_4 中进行电化学聚合得到的聚苯胺，对对苯二酚的电化学氧化具有较高活性。

同时，也有学者在离子液体中得到的聚苯胺膜具有纳米结构。李美超等[131]在 [Hemim]Tfa 中电化学聚合得到了聚苯胺，苯胺的聚合速率比在传统溶剂中的高，聚苯胺具有规则的纳米结构，既光滑又均匀，可以较好地黏合铂基体，同时聚苯胺氧化甲酸的电化学活性很高且稳定。

Di Wei 等[132]在含有 1mol/L 三氟乙酸的离子液体 [Bmim]PF_6 中利用电化学方法在修饰的 ITO 玻璃管中合成了聚苯胺纳米管，扫描电镜显示其直径约为 120nm，聚苯胺纳米管的形状为管状结构。拉曼光谱和傅立叶变换红外光谱结果表明，聚苯胺纳米管具有导电性能。

在离子液体中通过电化学聚合可以制得聚邻苯二胺。Du 等[133]在离子液体 [Emim] Br 中通过循环伏安在玻碳电极上电化学聚合制备聚邻苯二胺，结果发现，得到的聚邻苯二胺膜修饰电极在酸溶液中有很好的电化学活性。

Antonella 等[134]在离子液体 PYR (14)IM(14) 中电化学合成了聚邻苯二胺膜，并将该膜用作生物传感器中的器件。

7.4.4 聚苯的合成

聚苯又称聚对亚苯基，主链完全由对苯基连接的一类刚性链聚合物，耐辐射、耐化学腐蚀，耐摩擦，有良好的电性能。

Amautoy 等[135]报道了在 BuPyCl/AlCl$_2$(OC$_2$H$_5$)离子液体中通过电化学方法合成了聚苯。Endres 和 Abedin 分别在离子液体 1-己基-3-甲基咪唑鎓三(五氟乙基)三氟，[Hmim] FAP 和 [BMP]Tf$_2$N 中电化学合成了具有较好电化学活性且电化学行为准可逆的聚亚苯基膜和具有较高电化学活性的聚苯膜。

而 Wagner 等[136]则报道了在乙腈溶液(ACN + 0.1mol/L TBAPF$_6$)、[Bmim]PF$_6$、BMPTf$_2$N 中通过电化学聚合得到了 ppp [聚(对亚苯基)]，循环伏安实验表明在几种离子液体中，其中在 [Bmim]PF$_6$ 中形成的 ppp 膜最好，而在离子液体 BMPTf$_2$N 形成的膜比乙腈溶液(ACN+0.1mol/L TBAPF$_6$)要好，研究发现 p-掺杂电位在离子液体中的要比在乙腈溶液(ACN + 0.1mol/L TBAPF$_6$)中的更高，同时也发现 n-掺杂电位在离子液体中的比在乙腈溶液(ACN+0.1mol/L TBAPF$_6$)更负。

Carstens 等[137]在离子液体 HMImFAP 中通过电化学聚合把苯合成了聚亚苯基，并首次通过原位扫描隧道显微镜观察了苯在该离子液体中通过电化学聚合生成的聚合物是纳米级的。

参 考 文 献

[1] 邓友全. 离子液体-性质、制备和应用. 北京：中国石油出版社，2006.

[2] 张锁江. 离子液体与绿色化学. 北京：科学出版社，2009.

[3] Zhao G Y, Jiang T, Wu W Z, et al. Electro-oxidation of Benzyl Alcohol in a Biphasic System Consisting of Supercritical CO$_2$ and Ionic Liquids. J Phys Chem, 2004, 108 (34): 13052-13057.

[4] Ejigu A, Johnson L, Walsh D A, et al. Electrocatalytic oxidation of methanol and carbon monoxide at platinum in protic ionic liquids. Electrochemistry Communications, 2012, 23: 122-124 .

[5] Sun N N, Hou Y C, Wu W Z, et al. Electro-oxidation of benzyl alcohol to benzaldehyde in supercritical CO$_2$ with ionic liquid. Electrochemistry Communications, 2013, 28: 34-36.

[6] Allen G D, Buzzeo M C, Villagran C, et al. A mechanistic study of the electro-oxidation of bromide in acetonitrile and the room temperature ionic liquid, 1-butyl-3-methylimidazolium bis (trifluoromethylsulfonyl) imide at platinum electrodes. J Electroanal Chem, 2005, 575: 311-320.

[7] Zhang Y, Zheng J B. Investigation on the electro-oxidation of iodide in the room temperature ionic liquid, 1-butyl-3-methylimidazolium tetrafluoroborate at platinum electrode. Electrochimica Acta, 2007, 52: 4082-4086.

[8] Bozzini B, Gianoncelli A, Kaulich B, et al. Electrodeposition of manganese oxide from eutectic urea/choline chloride ionic liquid: An in situ study based on soft X-ray spectromicroscopy and visible reflectivity. J Power Sources, 2012, 211: 71-76.

[9] Compton R G, Silvester D S, Ward K R., et al. The electrochemical oxidation of hydrogen at activated platinum electrodes in room temperature ionic liquids as solvents Journal of Electroanalytical Chemistry, 2008, 618: 53-60.

[10] Richard G C, Rogers E I, Lawrence N S. The electrochemical oxidation of ruthenocene in various room temperature ionic liquids. Journal of Electroanalytical Chemistry, 2011, 657: 144-149 .

[11] Compton R G, Barnes E O, Aldous L b, et al. The electrochemical oxidation of catechol and dopamine on platinum in 1-Ethyl-3-methylimidazolium bis (trifluoromethylsulfonyl) imide ([C$_2$mim][NTf$_2$]) and 1-Butyl-3-methylimidazolium tetrafluoroborate ([C$_4$mim][BF$_4$]): Adsorption effects in ionic liquid voltammetry. Journal of Electroanalytical Chemistry, 2010, 646: 11-17.

[12] Zhong J F, He D L, Zhou Z, et al. Electrochemical oxidation behavior of hydroxypivalaldehyde in the ionic liquids. Chinese Chemical Letters, 2008, 19: 319-323.

[13] 马淳安，朱英红，曾红燕等. 离子液体 [Bmim]BF$_4$ 中对甲氧基甲苯的电化学氧化. 物理化学学报，

2012，28 (2)：421-426.

[14] Palombi L，Bocchino C，Caruso T，et al. Electro-and acid-catalysis in tetrafluoroborate-based ionic liquid：new alternative routes for the oxidation of sulfides with UHP. Tetrahedron Letters，2008，49：5611-5613.

[15] 褚道葆，查龙武，王树西等. 离子液体中 CNT/nanoTiO_2-Pt 膜电极电催化氧化葡萄糖. 电化学，2009，15 (3)：299-302.

[16] Ghilane J，Martin P，Randriamahazaka H，et al. Electrochemical oxidation of primary amine in ionic liquid media：Formation of organic layer attached to electrode surface. Electrochemistry Communications，2010，12：246-249.

[17] Reichert E，Wintringer R，Volmer D A，et al. Electro-catalytic oxidative cleavage of lignin in a protic ionic liquid. Phys Chem Chem Phys，2012，14：5214-5221.

[18] Ji X B，Silvester D S，Aldous L，et al. Mechanistic Studies of the Electro-oxidation Pathway of Ammonia in Several Room-Temperature Ionic Liquids. J Phys Chem，2007，111：9562-9572.

[19] Martiz B，Keyrouz R，Gmouh S，et al. Superoxide-stable ionic liquids：new and efficient media for lectrosynthesis of functional siloxanes. Chem Commun，2004：674-675.

[20] Albert J. Fry，Dennis G. Peters. USA Organic Electrochemistry，2002，10：77-80.

[21] 王欢，陆嘉星，何鸣元等. Chemcial Journal of Chinese Universitics，2005，26：326-332.

[22] Debbie S. Silvester，Andrew J. Wain ，Leigh Aldous，et. al. Electrochemical reduction of nitrobenzene and 4-nitrophenol in the room temperature ionic liquid [C4dmim] [N(Tf)$_2$]. Journal of Electroanalytical Chemistry 2006，596：131-140.

[23] Lagrost C，Preda，Volanschi E，et al. Heterogeneous electron-transfer kinetics of nitro compoundsin room-temperature ionic liquids Journal of Electroanalytical Chemistry 2005 585：1-7.

[24] 马淳安，陈松，褚有群等. 硝基苯在离子液体 $BmimBF_4$-H_2O 中的电还原. 物理化学学报，2007，23：575-580.

[25] 陈松，马淳安，褚有群等. 硝基苯在离子液体 $EmimBF_4$ 中的选择性电还原. 高等学校化学学报，2007，28：1935-1939.

[26] 陈松，马淳安，褚有群等. 硝基苯与离子液体的相互作用对硝基苯电还原传递系数影响. 物理化学学报，2009，25 (10)：2005-2010.

[27] 陈松，马淳安，褚有群等. 离子液体中的相互作用对硝基苯扩散系数的影响. 化工学报，2009，60 (10)：2426-2431.

[28] 马淳安，王晓娟，李国华等. 硝基甲烷在离子液体 $BmimBF_4$ 中的电还原特性. 物理化学学报，2007，23 (11)：1719-1722.

[29] 马淳安，王晓娟，李国华等. 硝基甲烷在离子液体 $BmimPF_6$ 中的电化学行为. 化工学报，2008，59 (3)：653-658.

[30] 马淳安，王晓娟，李国华等. 离子液体 $BmimBF_4$ 中硝基甲烷在铜盘电极上的电化学行为. 高等学校化学学报，2009，30 (12)：2469-2472.

[31] Weinberg N L，Hoffmann A K，Reddy T B. The electrochemical reductive carboxylation of benzalaniline in molten tetraethyl ammonium Pmmoniumatio fonate Tetrahedron Letters，1971，12：2271-2274.

[32] Zhao G Y，Jiang T，Han B X，et al. Electrochemical reduction of supercritical carbon dioxide in ionic liquid 1-n-butyl-3-methylimidazolium hexafluorophosphate. J. of Supercritical Fluids，2004，32：287-291.

[33] Barrosse-Antle L E，Compton R G. Reduction of carbon dioxide in 1-butyl-3-methylimidazolium acetate. Chem Commun，2009：3744-3746.

[34] Chu D B，Qin G，Yuan X M，et al. Fixation of CO_2 by Electrocatalytic Reduction and Electropolymerization in Ionic Liquid-H O Solution. ChemSusChem，2008，1：205-209.

[35] Yang H Z，Gu Y L，Deng Y Q，et al. Electrochemical activation of carbon dioxide in ionic liquid：synthesis of cyclic carbonates at mild reaction conditions Chem Commun，2002：274-275.

[36] Wang H，Zhang G，Liu Y Z，et al. Electrocarboxylation of activated olefins in ionic liquid $BMIMBF_4$. Electrochemistry Communications，2007，9：2235-2239.

[37] Inesi A，Feroci M，Orsini M，et al. Electrochemically Promoted C-N Bond Formation from Amines and CO_2 in Ionic Liquid Bmim-BF_4：Synthesis of Carbamates. J Org Chem，2007，72：200-203.

[38] 张丽，陆嘉星，罗仪文等. 温和条件下电催化 CO_2 与环氧丙烷合成碳酸丙烯酯. 催化学报，2007，28 (2)：100-102.

[39] Zhang L，J X Lu ，Niu D F，et al. Electrochemical activation of CO_2 in ionic liquid ($BMIMBF_4$)：synthesis of organic carbonates under mild conditions. Green Chem，2008，10：202-206.

[40] Liu S Q, Wang X Y, Huang K L, et al. Fixation of CO_2 by electrocatalytic reduction to synthesis of dimethyl carbonate in ionic liquid using effective silver-coated nanoporous copper composites. Chinese Chemical Letters, 2010, 21: 987-990.

[41] Cai Q H Yan C H, Lu B, et al. Electrochemical synthesis of dimethyl carbonate from methanol, CO_2 and propylene oxide in an ionic liquid. J Chem Technol Biotechnol, 2011, 86: 1413-1417.

[42] Snuffin L L, Whaley L W, Yu L. Catalytic Electrochemical Reduction of CO_2 in Ionic Liquid EMIMBF_3Cl. J Electrochem Soc. 2011, 158, 9: F155-158.

[43] Jabbar M A, Shimakoshi H, Hisaeda Y. Enhanced reactivity of hydrophobic vitamin B12 towards the dechlorination of DDT in ionic liquid Chem Commun, 2007, 1653-1655.

[44] Bhat M A, Ingole P P, Haram S K, et al. Outer Sphere Electroreduction of CCl_4 in 1-Butyl-3-methylimmidazolium Tetrafluoroborate: An Example of Solvent Specific Effect of Ionic Liquid. J Phys Chem B, 2009, 113: 2848-2853.

[45] Feng Q j , Huang K L, Yan W B, et al. Electrochemical reduction of benzoyl chloride to benzil in ionic liquid BMIMBF_4. J Phys Org Chem, 2012, 25: 506-510.

[46] 樊俊丽，吴霞琴，曹晓卫等. 离子液体中 2,4,6-三溴苯酚的电化学还原脱卤. 化学研究与应用，2010，10 (22): 43-46.

[47] Zheng D, Okajima T, Matsumoto F, et al. Electroreduction of Dioxygen in 1-n-Alkyl-3-methylimidazolium Tetrafluoroborate Room-Temperature Ionic Liquids. Journal of The Electrochemical Society, 2004, 151 (4): D31-37.

[48] Evans R G, Klymenko O V, Saddoughi S A, et. al. Electroreduction of Oxygen in a Series of Room Temperature Ionic Liquids Composed of Group 15-Centered Cations and Anions. J. Phys. Chem. B 2004, 108: 7878-7886.

[49] Huang X J, Rogers E I, Haedacre C, et. al. The Reduction of Oxygen in Various Room Temperature Ionic Liquids in the Temperature Range 293-318 K: Exploring the Applicability of the Stokes Einstein Relationship in Room Temperature Ionic Liquids. J. Phys. Chem. B 2009, 113: 8953-8959.

[50] Ernst S, Aldous L, Compton R G. The electrochemical reduction of oxygen at boron-doped diamond and glassy carbon electrodes: A comparative study in a room-temperature ionic liquid. Journal of Electroanalytical Chemistry, 2011, 663: 108-112.

[51] Giorgio F D, Soavi F, Mastragostino M. Effect of lithium ions on oxygen reduction in ionic liquid-based electrolytes. Electrochemistry Communications, 2011, 13: 1090-1093.

[52] Barhdadi R , Courtinard C, Troupel M, et al. Room-temperature ionic liquids as new solvents for organicelectrosynthesis. The first examples of direct or nickel-catalysed electroreductive coupling involving organic halides. Chem Commou, 2003: 1434-1435.

[53] Rothenberg G, Pachón L D, Elsevier C J. Electroreductive Palladium-Catalysed Ullmann Reactions in Ionic Liquids: Scope and Mechanism Adv Synth Catal, 2006, 348: 1705-1710.

[54] Mellah M, Gmouh S, Vaultier M, et al. Electrocatalytic dimerisation of PhBr and PhCH_2Br in [BMIM]+NTf_2-ionic liquid. Electrochem Commun. 2003, (5): 591-593.

[55] Lu J X, Niu D F, Zhang A J, et al. Electrocatalytic dimerisation of benzyl bromides and phenyl bromideat silver cathode in ionic liquid BMIMBF_4. Electrochemistry Communications, 2008, 10: 1498-1501.

[56] Speiser B, Schwarz M. Combinatorial micro-electrochemistry. Part 5. Electrosynthesis screening of the electroreductive coupling of α, β-unsaturated esters and allyl bromides in a room temperature ionic liquid. Electrochimica Acta, 2009, 54: 3735-3744.

[57] Compton D L, Laszlo J A. Direct electrochemical reduction of hemin in imidazolium-based ionic liquids. Journal of Electroanalytical Chemistry, 2002, 520: 71-78.

[58] Villagra C, Banks C E, Pitner W R, et al. Electroreduction of *N*-methylphthalimide in room temperature ionic liquids under insonated and silent conditions. Ultrasonics Sonochemistry, 2005, 12: 423-428.

[59] Barrosse-Antle L E, Silvester D S, Aldous L, et al. Electroreduction of Sulfur Dioxide in Some Room-Temperature Ionic Liquids. J. Phys. Chem. C, 2008, 112: 3398-3404.

[60] Huang X J, Silvester D S, Streeter I, et al. Electroreduction of Chlorine Gas at Platinum Electrodes in Several Room Temperature Ionic Liquids: Evidence of Strong Adsorption on the Electrode Surface Revealed by Unusual Voltammetry in Which Currents Decrease with Increasing Voltage Scan Rates. J. Phys. Chem. C, 2008, 112: 19477-19483.

[61] Zhang X Y, Hua Y X, Xu C Y, et al. Direct electrochemical reduction of titanium dioxide in Lewis basic AlCl-1-butyl-3-methylimidizolium ionic liquid. Electrochimica Acta , 2011, 56: 8530-8533.

[62] Knunyants I L, Rozhkov I, N, Bukhtiarov A V, et al. Kudryavtseu, Izv. Akad. Nauk. SSSR, Ser. Khim, 1970: 1207.

[63] Laurent E, Tardivel R, Thiebault H. Un nouveau moded'accès aux α-fluorocétones: l'oxydation anodique des acétates d'énol en présence d'ions fluorures. Tetrahedron Lett, 1983, 24: 903.

[64] Ventalon F M, Faure R, Laurent E G, et al. Synthesis of both enantiomers of 2-fluoro-1-tetralones. Tetrahedron: Asymmetry, 1994, 5: 1909.

[65] Fuchigami T, Shimojo M, Konno A, et al. Electrolytic partial fluorination of organic compounds. 1. Regioselective anodic monofluorination of organosulfur compounds. J Org Chem, 1990, 55: 6074.

[66] Brigaud T, E Laurent. Oxidative fluorination of sulfides in presence of Et_3N-3HF, Tetrahedron Lett, 1990, 31: 2287.

[67] Narizuka S, Fuchigami T, Med B. Electrosynthesis of 4, 4-Dimethyl-2-ethoxycarbonyl-5-fluoro-3-thiolanones: Highly Potent Human Type II PLA2 Inhibitors. Chem Lett, 1995, 5: 1293.

[68] Fuchigami T, Narizuka S, Konno A. Electrolytic partial fluorination of organic compounds. 4-Regioselective anodic monofluorination of 4-thiazolidinones and its application to the synthesis of monofluoro . beta. -lactams. J. Org. Chem., 1992, 57: 3755..

[69] Narizuka S, Fuchigami T. Electrolytic partial fluorination of organic compounds. 8. Highly regioselective anodic monofluorination of β-lactams. J Org Chem, 1993, 58: 4200.

[70] Hou Y, Higashiya S, Fuchigami T. Electrolytic Partial Fluorination of Organic Compounds. 32.[1] Regioselective Anodic Mono-and Difluorination of Flavones. J Org Chem, 1999, 64: 3346.

[71] Baba D, Ishii H, Higashiya S, et al. Electroytic Partial Fluorination of Organic Compounds. 52.[1] Regio-and Diastereoselective Anodic Fluorination of Thiazolidines. J Org Chem, 2001, 66: 7020.

[72] Baba D, Fuchigami T. Electrolytic partial fluorination of organic compounds: Part 61 The first example of direct α-fluorination of protected α-amino acids. Tetrahedron Lett, 2002, 43: 4805.

[73] Suzuki K, Fuchigami T. Electrochemical Partial Fluorination of Organic Compounds. 80. Synthesis of Cyclic α-Arylthio-α-monofluorophosphonate Esters. J Org Chem, 2005, 70: 9614 .

[74] Tajima T, Nakajima A, Fuchigami T. Electrolytic Partial Fluorination of Organic Compounds. 71. 1 Highly Diastereoselective Anodic Fluorination of Sulfides Having Oxygen-Containing Heterocyclic Groups. J. Org. Chem, 2004, 69: 1276.

[75] Shaaban M R, Inagi S, Fuchigami T. Electroorganic synthesis of gem-2, 2-difluoro-3-aryl-2*H*-1, 4-benzothiazine derivatives. Electrochim Acta, 2009, 54: 2635.

[76] Hou Y, Fuchigami T. Electrolytic Partial Fluorination of Organic Compounds XL. Solvent Effects on Anodic Fluorination of Heterocyclic Sulfides. J Electrochem Soc, 2000, 147: 4567.

[77] Sawamura T, Inagi S, Fuchigami T. J Electrochem Soc, 2009, 156: E26.

[78] Fuchigami T, Sano M. Electrolytic partial fluorination of organic compounds. Part 16. Selective indirect anodic fluorination of dithioacetals using a bromine mediator. J Electroanal Chem, 1996, 414: 81 .

[79] Fuchigami T, Mitomo K, Ishii H. Electrolytic partial fluorination of organic compounds: Part 44. Anodic gem-difluorodesulfurization using triarylamine mediators. J Electroanal Chem, 2001, 507: 30.

[80] Fuchigami T, Tetsu M, T Tajima. Indirect Anodic Monofluorodesulfurization of b-Phenylsulfenyl b-Lactams Using a Triarylamine Mediator. Synlett, 2001: 1269.

[81] Meurs J H H, Eilenberg W. oxidative fluorination in amine-hf mixtures. Tetrahedron, 1991, 47: 705.

[82] Lee S M, Roseman J M, Zartman C B, et al. Selective electrolytic fluorinations in 70% HF/30% pyridine. J Fluorine Chem, 1996, 77: 65.

[83] Suryanarayanan V, Noel M. Effect of solvents on the selective electrofluorination of aromatic compounds containing active methylene groups. J Fluorine Chem, 1998, 92: 177.

[84] Momota K, M. Morita and Y. Matsuda. Electrochemical fluorination of aromatic compounds in liquid $R_4NF \cdot mHF$—part I. Basic properties of $R_4NF \cdot mHF$ and the fluorination. Electrochim Acta, 1993, 38: 1123.

[85] Momota K, Yonezawa T, Hayakawa Y, et al. Synthesis of fluorocyclohexadienes by the electrochemical fluorination of p-difluorobenzenes on a preparative scale. J. Appl. Electrochem., 1995, 25: 651.

[86] Momota K, Horio H, Kato K, et al. Electrochemical fluorination of aromatic compounds in liquid $R_4NF \cdot mHF$—Part IV. fluorination of chlorobenzene. Electrochim. Acta, 1995, 40: 233.

[87] Momota K, Mukai K, Kato K, et al. Electrochemical fluorination of aromatic compounds in liquid $R_3NF + mHF$. Part VI. The fluorination of toluene, monofluoromethylbenzene and difluoromethylbenzene. Electrochim. Acta, 1998, 43: 2503.

[88] Momota K, Mukai K, Kato K, et al. Competitive fluorination on methyl-group and benzene-ring during the anodic fluorination of fluorotoluenes in $Et_4NF \cdot mHF$. J Fluorine Chem., 1998, 87: 173 .
[89] Chen S Q, Hatakeyama T, Fukuhara T, et al. Electrochemical fluorination of aliphatic aldehydes and cyclic ketones using Et_3N-5HF electrolyte. Electrochim. Acta, 1997, 42: 1951.
[90] Hara S, Chen S Q, Hoshio T, et al. Electrochemically induced fluorinative ring expansion of cycloalkylideneacetates. Tetrahedron Lett., 1996, 37: 8511.
[91] Hasegawa M. Electroorganic synthesis under solvent-free conditions. Highly regioselective anodic monofluorination of cyclic ethers, lactones, and a cyclic carbonate. Tetrahedron Letters, 2002, 43: 1503-1505.
[92] Ilayaraja N, Noel M. A comparative study of anodic fluorination of N-alkyl and N, N-dialkyl phenylacetamides in $Et_3N \cdot 4HF$ medium. J. Electroanal. Chem., 2009, 632: 45.
[93] Ilayaraja N, Noel M. Galvanostatic and potentiostatic fluorination of 2-indanone, indanone and 1,3-indandione in $Et_3N \cdot 4HF$ medium. Adsorption effects on yield and product selectivity. J Electroanal. Chem., 2010, 638: 39.
[94] Fukuhara T, Sawaguchi M, Yoneda N. Anodic fluorination of phenols using Et_3N-5HF electrolyte. Electrochem. Commun, 2000, 2: 259.
[95] Sawaguchi M, Fukuhara T, Yoneda N. Anodic oxidative fluorination of 2,6-di-tert-butylphenols. J. Electroanal. Chem., 2001, 507: 66.
[96] Fukuhara T, Akiyama Y, Yoneda N, et al. Effective synthesis of difluorocyclo-hexadienones by electrochemical oxidation of phenols. Tetrahedron Lett., 2002, 43: 6583.
[97] Hasegawa M, Ishii H, Fuchigami T. Electroorganic synthesis under solvent-free conditions. Highly regioselective anodic monofluorination of cyclic ethers, lactones, and a cyclic carbonate. Tetrahedron Lett., 2002, 43: 1502.
[98] Hasegawa M, Ishii H, Cao Y, et al. J. Electrochem. Soc., 2006, 153, D162 .
[99] Hasegawa M, Ishii H, Fuchigami T. Highly regioselective anodic monofluorination of cyclic ethers, lactones, and a cyclic carbonate. Tetrahedron Lett., 2002, 43: 1502.
[100] Hasegawa M, Ishii H, Cao Y, et al. Regioselective Anodic Monofluorination of Ethers, Lactones, Carbonates, and Esters Using Ionic Liquid Fluoride Salts. J. Electrochem. Soc, 2006, 153: D162.
[101] Aoyama M, Fukuhara T, Hara S. Selective fluorination of adamantanes by an electrochemical method. J. Org. Chem., 2008, 73: 4186.
[102] Kenneth K, Borodkin G. First application of ionic liquids in electrophilic fluorination of arenes; Selectfluor™ (F-TEDA-BF_4) for "green" fluorination. J. Chem. Soc. Perkin Trans, 2002, 2: 953-957.
[103] Inagi S, Sawamura T, Fuchigami T. Effects of additives on anodic fluorination in ionic liquid hydrogen fluoride salts. Electrochem. Commun., 2008, 10: 1158-1160.
[104] Kim D W, Song C E, Chi D Y. New Method of Fluorination Using Potassium Fluoride in Ionic Liquid: Significantly Enhanced Reactivity of Fluoride and Improved Selectivity. J. Am. Chem. Soc., 2002, 124: 10278-10279.
[105] Momota K, Hagiwara R, Matsumoto K, et al. Physicochemical properties of 1, 3-dialkylimidazolium fluorohydrogenate room-temperature molten salts. J. Electrochem. Soc., 2003, 150: D195.
[106] Hasegawa M, Ishii H, Fuchigami T. Selective anodic fluorination of phthalides in ionic liquids. Green Chem., 2003, 5: 512-515.
[107] Sunaga T, Atobe M, Inagi S, et al. Highly efficient and selective electrochemical fluorination of organosulfur compounds in $Et_3N \cdot 3HF$ ionic liquid under ultrasonication. Chem. Commun., 2009: 956.
[108] Sawamura T, S Kuribayashi, Inagi S, et al. Use of Task-Specific Ionic Liquid for Selective Electrocatalytic Fluorination. Org. Lett., 2010, 12: 644.
[109] Sawamura T, S Kuribayashi, Inagi S, et al. Recyclable Polymer-Supported Iodobenzene-Mediated Electrocatalytic Fluorination in Ionic Liquid. Adv. Synth. Catal. 2010, 352: 2757-2760.
[110] 褚道葆. 基于离子液体电解液的有机电化学反应. 化学进展, 2010, 22 (12): 2313-2327.
[111] 董彬. 离子液体应用于电合成导电聚合物. 化学进展, 2009, 21 (9): 1792-1799.
[112] Zhang A J, Liu Y Z, Wang H, et al. Electrochemical Synthesis of Polypyrrole in a Room Temperature Ionic Liquid and Its Properties. Chin. J. of Chem., 2009, 27: 248-252.
[113] Lu J X, Zhang A J, Chen J, et al. Electrochemical polymerization of pyrrole in BMIMPF6 ionic liquid and its electrochemical response to dopamine in the presence of ascorbic acid. Synthetic Metals , 2009, 159: 1542-1545.

[114] Xu F F, Wang W M, Li Z L, et al. Electropolymerization of a pyrrole film in Supercritical CO_2/BMI-MPF_6 biphase system. Advanced Materials Research, 2012, 382 : 300-302 .

[115] Kuang Y F, Zhang G P, Zhou HL, et al. Electropolymerization of Pyrrole in Ionic Liquid Microemulsion. Journal of Applied Polymer Science, 2012, 125: 2342-2347.

[116] Pringle J M, Efthimiadis J , Howlett P C, et al. Electrochemical synthesis of polypyrrole in ionic liquids. Polymer, 2004, 45: 1447-1453.

[117] Sekiguchi K, Atobe M, Fuchigami T. Electropolymerization of pyrrole in 1-ethyl-3-methylimidazolium trifluoromethanesulfonate room temperature onic liquid. Electrochem Commun, 2002, 4: 881-885.

[118] Deepa M, Ahmad S. Polypyrrole films electropolymerized from ionic liquids and in a traditional liquid electrolyte: A comparison of morphology and electro-optical properties. European Polymer Journal, 2008, 44: 3288-3299.

[119] 石家华，杨春和，高青雨等. 聚噻吩在离子液体中的电化学合成. 化学物理学报，2004，17（4）：503-507.

[120] Murray P S, Ralph S F, Too C O, et al. Electrosynthesis of novel photochemically active inherently conducting polymers using an ionic liquid electrolyte. Electrochimica Acta, 2006, 51: 2471-2476.

[121] 许贺，庞月红，黎小宇等. 离子液体中聚（3-溴噻吩）的电化学合成和电色效应研究，化学学报，2006，64（22）：2254-2258.

[122] Pang Y H, Xu H, Li X Y, et al. Electrochemical synthesis, characterization, and electrochromic properties of poly (3-chlorothiophene) and its copolymer with 3-methylthiophene in a room temperature ionic liquid. Electrochem. Commun., 2006, 8: 1757-1763.

[123] Song X C, Zheng Y F, Ma R, et al. Electrochemical polymerisation of poly (3-bromothiophene)/WO_3 nanocomposite films. Micro & Nano Lett., 2011, 6 (4): 273-276.

[124] Pang Y H, Li X Y, Ding H G, et al. Electropolymerization of high quality electrochromic poly (3-alkyl-thiophene) s via a room temperature ionic liquid. Electrochimica Acta, 2007, 52 : 6172-6177.

[125] Liu K K, Hu Z G, Xue R, et al. Electropolymerization of high stable poly (3,4-ethylenedioxythiophene) in ionic liquids and its potential applications in electrochemical capacitor. Journal of Power Sources, 2008, 179: 858-862.

[126] Liu K K, Xue R, Hu Z L, et al. Electrochemical Synthesis of Acetonitrile-Soluble Poly (3,4-Ethylenedioxythiophene) in Ionic Liquids and Its Characterizations. J. of Nanoscience and Nanotechnology, 2009, 9 (4): 2364-2367.

[127] Ahmad S, Deepa M, Singh S. Electrochemical Synthesis and Surface Characterization of Poly (3,4-ethylenedioxythiophene) Films Grown in an Ionic Liquid. Langmuir, 2007, 23: 11430-11433.

[128] Liu B Y, Xu D Q, Xu Z Y. Electrochemical Synthesis of Dendritic Polyaniline in Brønsted Acid Ionic Liquids. Chin. J. of Chem., 2005, 23: 803-805.

[129] He D L, Xia S B, Zhou Z, et al. Electropolymerization of polyaniline in ionic liquid ([bmim]PF_6)/water microemulsion. J. of Experimental Nanoscience, 2013, 8 (1) : 103-112.

[130] Zhang A J, Zhang G R, Yang G D, et al. Study on Electrochemical Copolymerization of Aniline and 3-Methylthiophene in HMIMBF_4 Ionic Liquid and Its Properties. Chin. J. of Chem., 2007, 25: 268-271.

[131] Mei Chao Li, Chun An Ma, Bao You Liu et al. A novel electrolyte 1-ethylimidazolium trifluoroacetate used for electropolymerization of aniline. Electrochem. Commun., 2005, (7) : 209-212.

[132] Di W, Kvarnstrom C, Lindfors T, et al. Polyaniline nanotubules obtained in room-temperature ionic liquids. Electrochemistry Communications, 2006, (8) : 1563-1566.

[133] Du Y F, Qi X M, Zhao P, et al. Electropolymerization of O-phenylenediamine in an ionic liquid. Chin. Chem. Lett., 2004, 15 (9) : 1098-1100.

[134] Antonella C, Bianchini C, Zane D. Electrosynthesis of Poly (o-phenylendiamine) in a Room Temperature Ionic Liquid. Part II: Assembling of Interference-Free Glucose Electrochemical Biosensor. Sensor Lett., 2009, 7 (6): 1030-1038.

[135] Amautoy S A. Electrochemical Synthesis of Polyphenylene in a New Ionic Liquid. Synth. Metals, 1997, (84): 295-296.

[136] Wanger M, Kvarnstrom C, Ivaska A. Room temperature ionic liquids in electrosynthesis and spectroelectrochemical characterization of poly (para-phenylene) . Electrochimica Acta , 2010, 55: 2527-2535.

[137] Carstens T, Abedin S Z E, Endres F. Electrosynthesis of Poly (para) phenylene in an Ionic Liquid: Cyclic Voltammetry and in Situ STM/Tunnelling Spectroscopy Studies. Chem. Phys. Chem., 2008, 9: 439-444.

索　引